SHAZHI HAIAN
ZHENGZHI XIUFU GONGCHENG XIAOGUO
PINGGU FANGFA YU SHIJIAN

砂质海岸
整治修复工程效果评估方法与实践

张明慧　索安宁　编著

中山大學出版社
SUN YAT-SEN UNIVERSITY PRESS
·广州·

图书在版编目（CIP）数据

砂质海岸整治修复工程效果评估方法与实践/张明慧，索安宁编著. —广州：中山大学出版社，2022.12
ISBN 978-7-306-07670-0

Ⅰ.①砂…　Ⅱ.①张…②索…　Ⅲ.①砂质海岸—整治—研究 Ⅳ.①P753

中国版本图书馆CIP数据核字（2022）第254669号

出 版 人：王天琪
策划编辑：曾育林
责任编辑：曾育林
封面设计：曾　斌
责任校对：梁嘉璐
责任技编：靳晓虹
出版发行：中山大学出版社
电　　话：编辑部020-84113349，84110776，84111997，84110779，84110283
　　　　　发行部020-84111998，84111981，84111160
地　　址：广州市新港西路135号
邮　　编：510275　　传　　真：020-84036565
网　　址：http://www.zsup.com.cn　E-mail：zdcbs@mail.sysu.edu.cn
印 刷 者：广东虎彩云印刷有限公司
规　　格：787mm×1092mm　1/16　16.75印张　340千字
版次印次：2022年12月第1版　2022年12月第1次印刷
定　　价：48.00元

前 言

砂质海滩倚陆临海，背靠翠绿如屏的海岸防护林，面向开阔无垠的蔚蓝大海，海面随波荡漾，海鸥盘旋飞翔，海滩沙软滩平，风光靓丽迷人，是人们十分喜爱的滨海旅游休闲娱乐胜地。我国砂质海滩遍及沿海各地，有著名的北戴河海滩、大连金石滩海滩、青岛石老人海滩、北海银滩、三亚亚龙湾海滩、茂名“中国第一滩”等。由于砂质海滩表层为松散的沙粒沉积物，极易在海洋波浪、潮汐、风力等作用下或侵蚀或堆积，极具脆弱性。受全球变化、自然风浪、不合理的开发利用等多种因素影响，砂质海岸海滩侵蚀、景观损毁、环境污染等资源环境问题十分突出。

砂质海岸整治修复工程是恢复砂质海岸资源环境品质的重要手段，受到许多沿海国家和地区海岸管理部门的认可。我国自从20世纪80年代以来开始探索对损毁沙滩实施养护工程，目前已形成了包括沙滩养护、沙坝修复、堤坝防护、岬角掩护等一整套砂质海岸整治修复工程体系，并在全国多个砂质海岸进行了工程实践，取得了一定的海滩养护效果。砂质海岸整治修复工程效果评估是在砂质海岸整治修复工程实施效果全面调查/监测工作的基础上，对砂质海岸整治修复工程实施前后的海岸资源环境状况进行的比较分析，是揭示砂质海岸整治修复工程效果的基本途径。

关于砂质海滩养护效果评价，欧美发达国家很早就开始探索研究，并建立了不同的海滩养护效果评价指标。但这些评价指标和评价方法基本都是基于欧美国家海滩自然环境和休闲娱乐需求而设计制定的，不完全适合我国砂质海岸整治修复工程效果评估需求。为解决我国砂质海岸整治修复工程效果评价方法缺失问题，研究团队从2010年以来一直关注砂质海岸整治修复工程及其效果评价，在海洋行业公益性科研专项、营口市月亮湾砂质海岸整治修复工程、大连金石滩整治修复工程等项目的支持下，探索构建

了一套适合我国砂质海岸带综合整治修复工程的效果评估指标体系与评估方法。

本书是作者在砂质海岸整治修复工程效果评估方法方面研究工作的阶段性总结，在系统分析国内外砂质海岸整治修复工程效果评估方法的基础上，结合我国砂质海岸整治修复工程资源环境效果陆海关联的实际情况，从海滩资源、景观生态、海水环境三位一体，陆海统筹，建立了一套适合我国砂质海岸整治修复工程的效果评估方法体系，并以营口月亮湾和大连金石滩砂质海岸整治修复工程为案例进行了实践应用。全书共分为9章，第1章介绍了我国砂质海岸分布及其资源环境问题；第2章分析了砂质海岸整治修复工程效果评估国内外进展及我国实践应用需求；第3章梳理了砂质海岸整治修复工程主要类型；第4章介绍了砂质海岸海滩整治修复与养护工程效果评价方法；第5章介绍了砂质海岸景观生态修复工程效果评价方法；第6章介绍了砂质海岸近岸水动力水环境整治工程效果评价方法；第7章介绍了砂质海岸整治修复工程效果综合评价方法；第8章介绍了营口月亮湾砂质海岸整治修复工程效果评价实践案例；第9章介绍了大连金石滩砂质海岸整治修复工程效果评价实践案例。

作者在构建砂质海岸整治修复工程效果评估方法与应用案例研究过程中得到大连理工大学海岸与近海工程国家重点实验室孙昭晨教授（作者导师）、梁书秀教授的悉心指导，也得到国家海洋环境监测中心孙家文研究员的全力协助。在本书撰写过程中得到广东省国土空间修复协会海洋生态修复专委会、集美大学海岸带生态环境科学与工程研究中心丁德文院士创新团队的大力支持。本书出版得到南方海洋科学与工程广东省实验室（广州）人才引进重大专项（GML2019ZD0402）的资助。在此，一并致以诚挚的感谢。

本书可为砂质海岸整治修复工程管理部门、科研机构开展砂质海岸整治修复工程效果评估提供参考依据，也可作为高等学校海洋资源环境管理、海岸工程管理相关专业研究生实验教材。

本书在撰写过程中，作者力求做到系统性、前沿性和实用性的有机结合，然而砂质海岸整治修复工程类型多样，工程实施的海岸资源环境水沙动力耦合机制十分复杂，加之认识程度和研究水平有限，书中难免有不足和谬误之处，敬请广大读者批评指正。

本书作者

2022 年 7 月

目　　录

第一章　我国砂质海岸带分布及其主要资源环境问题

第一节　我国砂质海岸带分布

砂质海岸带指海岸表层由粒径大小为0.063～2 mm的沙、砾等沉积物质组成的海岸带。砂质海岸带多分布于基岩海湾的内缘或直接毗连于海岸台地（平原）前缘。砂质海岸带在垂直海岸线方向多发育有包括水下岸坡、海滩、沿岸沙坝、海岸沙丘及潟湖等组成的海岸水沙、风沙地貌体系。砂质海岸带形成时代可追溯至晚更新世，其规模取决于海岸轮廓、物质来源和海岸动力等因素（陈欣树、陈俊仁，1993；陈吉余等，1989；陈子燊，2008）。砂质海岸带一般沙滩细软、日光明媚、海水清澈、环境优美，是重要的滨海旅游休闲资源。

我国砂质海岸分布广泛，但又相对集中，李震等2006年勾绘出的我国砂质海岸的分布图，可以看出我国沿海各省市都有砂质海岸带分布，其中辽东半岛东西海岸、山东半岛、华南海岸3个区域分布相对集中。黄渤海沿岸受风沙影响的砂质海岸带长达1000多千米，分布总面积达700 km^2（傅命佐等，1997）。粤东海岸的大部分地区，粤西广海湾和漠阳江口以西至鉴江口，雷州半岛东西两岸，海南岛东岸、南岸和西岸是华南地区砂质海岸的主要分布区，仅广东和海南两省，砂质海岸带就长达1861 km，占总长37.7%（陈欣树，1989）。闽南、两广和海南省砂质海岸总面积达到2378 km^2（陈欣树，1989；陈欣树、陈俊仁，1993）。

辽宁省砂质海岸带长度达到315.4 km，占岸线总长的17%，主要分布在辽东湾东西两侧，东侧砂质海岸带从大连市大黑石开始，呈岬湾状分布，有大黑石、夏家河子、仙浴湾、红沿河、卧龙山庄、李官海岸、大风口海岸、白沙湾、月亮湾、北海海岸等；西侧砂质海岸带从锦州市笔架山开始，到葫芦岛兴城市、绥中县，一直延伸到河北省秦皇岛市北戴河海岸，辽东湾西海岸多为平直的砂质海岸带。辽东湾砂质海岸带地貌体系齐全，水下沙坝、海滩、沿岸堤、海积平原、沙咀潟湖等海滨系列地形发育良好。

河北省砂质海岸带主要分布于河北省北部的秦皇岛市和唐山市，从山海关的张庄直至乐亭县的大清河口，砂质岸线全长162.91 km，占河北省大陆岸线总长度的37.2%，其中秦皇岛境内的砂质岸线长62.76 km，唐山的砂质岸线长100.15 km（图1-1）。以滦河口为界，河北省砂质岸线可分为南北两段。北段沿岸发育一系列高大的链状沙丘，为典型的风成沙丘海岸，沙软潮平，岸滩开阔，适宜开辟海水浴场和开展多种岸滩游乐活动；南段，受滦河丰富泥沙和海洋动力的共同影响，岸滩外侧发育有离岸沙坝，为典型的潟湖-沙坝复式海岸，受离岸沙坝庇护，岸线稳定，距深水区较近，近岸陆域地势平坦开阔，为宜港、宜旅游岸线（河北省国土资源厅，2007）。

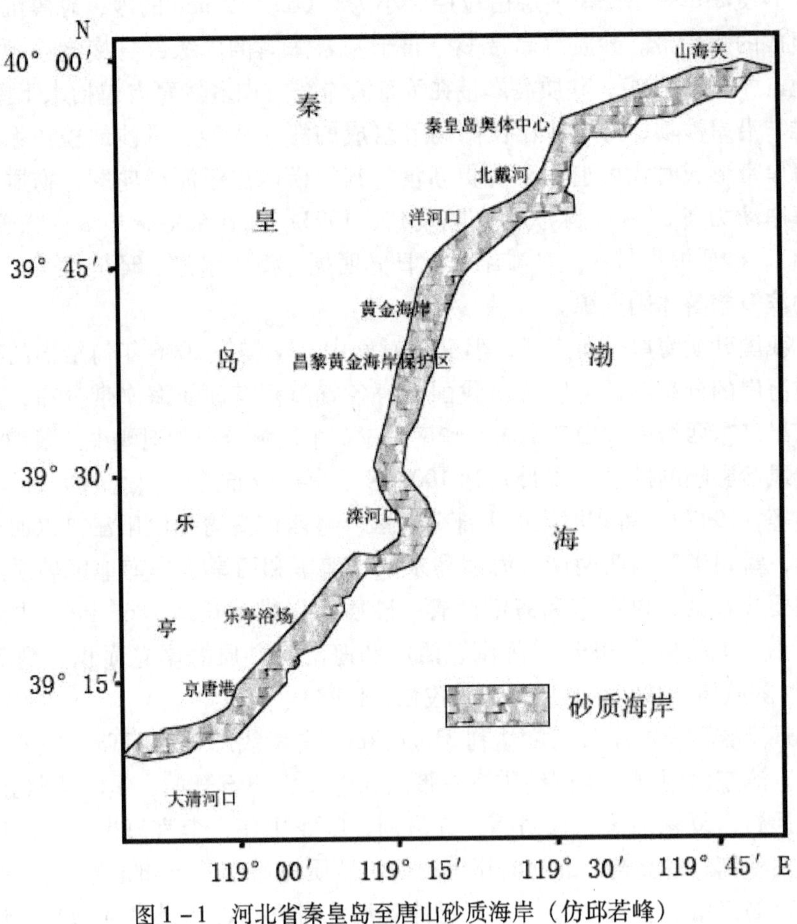

图1-1　河北省秦皇岛至唐山砂质海岸（仿邱若峰）

河北省沙滩多分布于基岩海岸岬角之间的海湾内及砂质海岸近岸区域，面积13.62 km^2，占全省滩涂总面积的1.44%（河北省国土资源厅，2007）。秦皇岛至唐山有多条河流入海，如戴河、洋河、滦河、大蒲河、大清河等，

是沿岸重要的泥沙来源。沙滩沉积物组成以中砂、中细砂为主。近些年，受自然和人为因素的影响，已出现不同程度的侵蚀后退现象，如滩面变窄、海滩砂粗化、滩面坡度变陡等。

山东省砂质海岸带长度约为 758 km，约占全省大陆海岸线总长度的 23%，主要分布在山东半岛的烟台市、威海市、青岛市和日照市，烟台市砂质海岸带最长，且占海岸线总长度的比例最高，日照市砂质海岸带最短。砂质海岸带连续延距大于 30 km 的有 4 段：屺姆岛—石虎嘴、栾家口—屺姆岛、双岛港—金山港、奎山咀—岚山头，最长延距达 40 km。延距超过 10 km（所谓万米海滩）的岸段更多，至于两岬角间的小型砂质海岸则随处可见（王文海，1993）。

山东省共有沙滩长度 283.5 km^2，烟台市、威海市、青岛市和日照市的沙滩面积分别为 100.3 km^2、33.0 km^2、97.9 km^2、52.3 km^2，分别占各市滩涂面积的 25.6%、8.1%、18.5% 和 55.6%（表 1-1）。日照市沙滩面积最大，日照市沙滩比例最高。山东省海滩普遍较窄，日照市平均海滩宽度相对较宽，威海市最窄。

表 1-1　山东省砂质海岸概况

山东省	砂质岸线长度/km	砂质海岸比例	海滩面积/km^2	海滩比例	平均海滩宽度/km
烟台市	339	44.3%	100.30	25.6%	0.30
威海市	252	25.8%	33	8.1%	0.13
青岛市	119	15.2%	97.9	18.5%	0.82
日照市	48	28.7%	52.3	55.6%	1.09
合计	758	—	283.5	—	0.37

注：平均海滩宽度通过砂质岸线长度和海滩面积算出，未考虑人工岸线拥有海滩的情况。

广东省砂质海岸主要分布在红海湾、海门湾、靖海湾、神泉港、碣石湾、海陵湾等岸段，砂质岸线长达 1005.1 km，占岸线总长的 48.5%。广东砂质海岸具有古海岸砂质堆积地貌，主要见于粤东沿岸、粤西水东等处。现代砂质海岸则具有平直砂岸、岬湾砂岸或称弧形砂岸、河口沙嘴、连岛沙坝等多种地貌形态，尤以弧形砂岸较为普遍。弧形砂岸在平面上呈弧形，以弧形的滨外坝为基干，一般同时具有潟湖、通道等地貌单元。

海南岛的砂质海岸带主要分布在东北部、东部和西部，东北部由海口市的新海至文昌县的木栏头，东部由木栏头至万宁县的乐南村，西部由儋县的白马井至乐东县莺歌海，以及莺歌海至九所一带。砂质岸线共长546 km，占总长度的32.5%（黄少敏、罗章仁，2003，图1-2）。

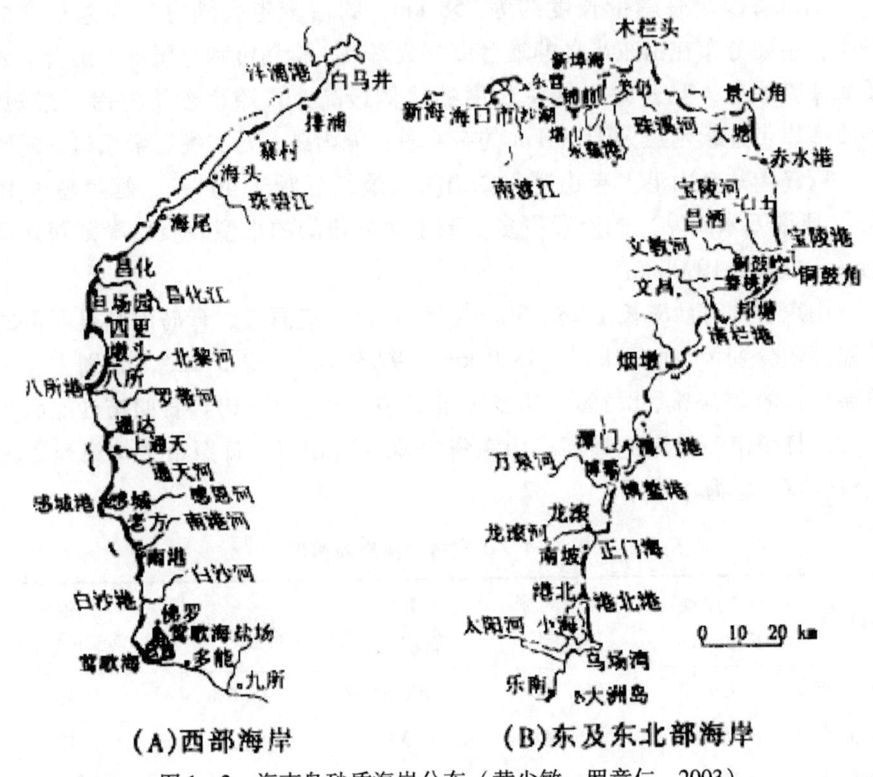

图1-2　海南岛砂质海岸分布（黄少敏、罗章仁，2003）

福建以基岩质海岸为主，砂质海岸主要分布在闽江口两侧，大港、深沪湾、厦门港、六鳌半岛以东等，岸线长455.3 km，仅占大陆岸线总长的18.3%。江苏省砂质海岸全部分布在连云港市海州湾，从赣榆县绣针河口至兴庄河口，长度约为30 km，仅占全省海岸带总长度的3%。

广西壮族自治区砂质海岸带较少，主要分布在北仑河口以东，大风江两侧，大鹿塘到牛坪子岸段，主要砂质海岸有北海市银滩岸段、钦州市三娘湾岸段、防城港市金滩岸段，长度为204.6 km，约占大陆海岸线总长度的21.6%。天津市和上海市没有砂质海岸带，近年来为了发展滨海旅游，天津市在滨海新区、上海市在金山区分别建造了一段人工沙滩。

第二节　砂质海岸带地貌与资源特征

海岸地质构造是砂质海岸带形成的地质基础，河流来沙、海崖侵蚀供沙、陆架来沙、离岸输沙、风力输沙、生物沉积等海岸动力输沙是砂质海岸带发育的必要物质保障。砂质海岸带动力输沙包括波浪作用、潮汐作用、风力等，是泥沙运动、沉积和输移的动力条件。砂质海岸带一般宽几十米至几百米，长可顺岸延伸近百千米，呈断续分布。砂质海岸的组成物质以沙为主，结构松散，流动性大，它们的形成发育过程相当复杂，因地而异，各种地貌类型受动力、供沙、岸线轮廓、人为活动等因素的影响而变化。

一、砂质海岸带地貌特征

根据砂质海岸带地貌特征，可将现代砂质海岸分为海岸沙丘、风成沙地、滨岸沙堤、岬湾沙堤、河口沙咀、湾口沙坝、离岸坝、连岛沙洲和堆积沙岬等地貌类型。

1. 海岸沙丘

海岸沙丘是砂质海岸带风沙堆积形成的山丘状地貌形态，根据海岸沙丘走向，可以分为横向沙丘、纵向沙丘、斜向沙丘、冢形沙丘。横向沙丘根据沙丘形态可以分为抛物线沙丘、新月形沙丘、横向沙脊。抛物线沙丘是海岸沙丘的主要形态，在河北省滦河口以北海岸广泛分布有抛物线沙丘链，单个沙丘的脊线多呈向西南或西向凸出的马蹄形，西南坡—西坡陡而凸，东北坡—东坡平缓而凹进，沙丘和沙丘链总体向西南或西移动。新月形沙丘的沙丘脊线呈新月形，一般冬季海岸沙丘在北向风强劲的吹蚀作用下，滑落面朝南，形成较典型的抛物线沙丘；夏季在南向风吹蚀作用下，滑落面在北坡上部，朝北的丘臂变成两翼前进角，沙丘形态呈新月形。横向沙脊指海岸沙丘脊线与海岸线平行或近似平行的风成沙脊。横向沙脊广泛分布在海岸沙坝、沙咀和滩脊阶地上，海岸沙坝、沙咀和滩脊阶地前沿的横向沙脊（岸前横向沙脊）规模较小，一般高程仅为5 m，相对高差2 m，多呈流动状态或半固定状态。横向沙脊在剖面上多具有“二元结构”，上部为风成砂盖帽，下部为较粗砂组成的沙坝或老海滩沉积层。海岸滩脊阶地上的横向沙脊（后岸沙脊）规模较大，多由沙丘链组成，剖面上具有典型的沙丘前积层理和顶积层理。纵向沙丘可以分为新月形沙垄和纵向沙垄。新月形沙垄一般是在风向成锐角相交的盛行风交替作用下，新月形沙丘的一侧翼角不断发育向前伸展，另一翼角停止发育甚至受侵蚀而消失，形成的单翼伸展的沙垄。新月形沙垄的延伸方向与两组盛行风的合成风向大致平行，而与海岸线大致垂直。新月形沙垄主要分布在山东半岛西北岸与辽东半岛西北岸宽阔的滩脊阶地上。纵向沙垄是在呈锐角相交的盛行风交替作用下形成的形态单一的长条形沙垄，沙垄脊线与盛行风的合成风向平行，与海岸线大致垂直。斜向沙丘的沙脊线一般与海岸线呈30°～50°的锐角相交，仅分布在河北省昌黎滦河口—大蒲河口海岸，大多数由抛物线沙丘链组成，少数为新月形沙丘链。横剖面上呈东北坡长而平缓、西南坡短而陡的不对称形态。冢形沙丘是指地貌形态呈圆形或椭圆形，断面上呈馒头形或坟堆形的沙丘。冢形沙丘没有明显的指示风向的标志，广泛分布在海滩后滨带，海岸沙坝、沙咀、滩脊阶地以及大沙丘群的丘间低地上。

2. 海岸沙地

海岸风成沙地分为海岸沙坝、海岸沙咀、潟湖、海积阶地和海岸平原。海岸沙坝是由海岸横向泥沙运动形成的水上堆积地貌。在波浪向海岸传播的过程中，水深逐渐变浅且受海底摩阻影响发生变形，在水深减小到临界水深时（理论上等于波高的1.28倍），将发生波浪破碎，形成破波带。在破波带附近，由于破波掀沙作用强烈，把该处岸坡冲成凹槽，同时部分淘刷的泥沙在外侧沉积下来，形成堤状堆积地貌，称为水下沙坝。水下沙坝进一步发育露出水面后成为海岸沙坝。海岸沙坝与海岸之间常形成潟湖。海岸沙咀是沿岸漂移的沙砾绕过突然转折的岸段，一部分沙砾逐渐沉积下来，形成一端衔接海岸，一端沿着漂移方向伸延入海的狭长堆积地貌。海岸沙咀进一步增长，在堆积地形与基岸间形成海湾。沙咀宽度取决于波浪的大小，波浪愈大，在折射后其能量储备愈大，沙咀周边沉积加强，宽度也更大。海岸沙咀泥沙来源一旦中断，沙咀根部就会受冲刷，沙咀增长速度也不断减小。沙咀形成的边界条件以湾口、海峡口、河口和凸岸最为常见。由于泥沙来源不同及波浪方向和大小的变化，会出现形态不一的沙咀。

在海岸带泥沙的横向运动下，泥沙平行于海岸堆积，形成高出海水面的离岸沙坝，沙坝将海水分割，内侧便形成半封闭或封闭式的潟湖，形成离岸沙坝-潟湖地貌组合。在潮流的作用下，海水可以冲开离岸沙坝，形成潮汐通道，使潟湖成为半封闭形海湾，可以在潮汐作用下定期与外海进行水体交换。涨潮流带入潟湖的泥沙，在通道口内侧形成潮汐三角洲。潟湖沉积由潟湖河流、海岸沉积物和潮汐三角洲物质充填，多由粉砂淤泥质夹砂砾石物质组成，往往有黑色有机质黏土与贝壳碎屑等沉积物。潟湖内海水体由于不完全隔绝或周期性隔绝，会发生水介质的咸化或淡化。在河

口区域由于河流径流大量注入而发生淡化；在干旱半干旱地区因强烈蒸发而发生咸化；尤其在小潮差条件下，这种盐度变化可相当大。因此，可分为淡化潟湖和咸化潟湖两个亚相。当盐度大于3.5%时为咸化潟湖，当盐度小于3.5%时为淡化潟湖，淡化潟湖与咸化潟湖在沉积物成分、生物特征等方面均有显著的不同。

海积阶地是指由海蚀作用形成的海蚀平台（包括其后方的海蚀崖）或由海积作用形成的海滩，以及因海平面的相对升降而被抬升或下沉后的海蚀平台和海滩。这些呈阶梯状的海蚀阶地和海积阶地，统称为海积阶地。海积阶地一般具有双层结构，上部由细砂、中砂组成，下部由粗砂、砾砂、珊瑚砾石组成，陡坎高1.5～3 m，坡高60°～70°。海积阶地对海平面具有一定的指示意义。海南岛海岸普遍存在着两级海积阶地，一级海积阶地高程在3～5 m，如鹿回头半岛中部隆起的珊瑚礁和以珊瑚为主的生物碎屑堆积而成的椰庄海积一级阶地，沉积年代为3600±190年以前；二级海积阶地高程因各地新构造差异而有所不同，为15～30 m。

二、砂质海岸带主要资源与功能

1. 砂质海岸带主要资源

砂质海岸为人类提供了丰富的资源，例如景观资源、水产资源、矿产资源、林业资源、潟湖与沼泽资源和港口资源等（王文海，1993）。基岩海岸以港口资源和海蚀地貌为优，淤泥质海岸以渔业资源和土地资源为优，而砂质海岸的景观资源得天独厚，矿产资源、林业资源、潟湖沼泽和港口资源也毫不逊色。砂质海岸是资源承载最丰富的海岸类型，因此所提供的功能也较其他海岸丰富。

砂质海岸往往背依低山丘陵，碧海蓝天、青山绿树、金黄色沙滩形成了非常幽静而美丽的环境，有的砂质海岸上或其附近有著名的人文景观，如山东的蓬莱阁、秦皇庙等与之相互辉映，有些砂质海岸处可见海岛星罗海上，景色优美。砂质海岸有各种贝类，如菲律宾蛤仔、四角蛤蜊、文蛤、大小竹蛏等，水产资源丰富。砂质海岸蕴含多种矿产，山东砂质海岸矿种主要有建筑砂、玻璃砂、锆英石、磁铁矿、砂金等；广东沿海较广泛分布的变质岩、混合岩、中生代的岩浆岩和火山岩不同程度地含有锡、钛铁矿、金红石和独居石等有用矿产，它们的风化产物常被地面径流带进大海，经波浪淘洗富集形成砂矿。砂质海岸岸外水深一般都较大，虽然泥沙问题比较突出，但经过工程处理，可以建设大型深水码头，我国秦皇岛港油码头、唐山港即建在砂质海岸上。

砂质海岸旅游资源丰富，凡有砂质海岸的地方，多辟为滨海旅游区。河北省秦皇岛北戴河、南戴河旅游区久负盛名。辽宁海水浴场资源70多处，大连海滨、旅顺口、金石滩、兴城海滨、丹东鸭绿江口、锦州大小笔架山、瓦房店仙浴湾等均为砂质海岸旅游区。山东烟台、威海、青岛、日照的滨海风景带即依砂质海岸而建，威海国际浴场、青岛第一海水浴场、金沙滩、银沙滩、万平口景区均十分有名。广东和海南砂质海岸资源丰富，目前已辟为海滨浴场旅游点的有汕头妈屿岛，大亚湾霞涌，深圳小梅沙，台山上川、下川岛，阳江闸坡港，电白虎头山，海南岛三亚大东海和天涯海角等地，它们多属基岩海湾的沙滩。其中，已驰名中外的上川岛飞沙滩位于连岛沙堤面向大洋一侧，砂粒均匀，底板硬，坡度平缓，水质清，沙滩前缘水下岸坡常激起拍岸浪花，形成卷浪，十分壮观，有中国“夏威夷”的美称，吸引不少游客。

2. 砂质海岸带主要生态功能

砂质海岸因上述资源条件具有多种功能，包括物质生产功能、文化娱乐服务功能、生物多样性保育功能、防灾减灾功能等。物质生产功能主要指砂质海岸是一些渔业品种的繁育场，同时后滨的砂质海岸通过种植防护林，改善土壤，可以作为农田使用，种植各种粮食作物和经济作物。砂质海岸药用植物还为人类提供各种药材。文化娱乐服务功能主要通过砂质海岸的景观资源和旅游资源来实现，砂质海岸多作为滨海景观带、沙滩浴场以及水上娱乐场所，具有极高的休闲娱乐价值。砂质海岸还具有生物多样性保育功能，它是沙生植被的重要分布区，是底栖生物产卵、生长和栖息的场所，也是鸟类觅食、中转、休憩的重要生境。砂质海岸防灾减灾功能体现在对抗海水入侵、台风、风暴潮、海平面上升等，降低灾害对海岸带的破坏。原生砂质海岸是以海岸地质构造为基础，以陆源和海源泥沙为物质条件，以水动力环境为动力条件而形成的，可以反映一定时期地质、地貌的演变过程，具有重要的科研价值；同时，砂质海岸也是重要的湿地类型，是湿地生物、水文、物质循环等研究的天然实验室。

3. 我国砂质海岸带保护

我国的海洋自然保护区中，以砂质海岸地貌、景观为保护对象的保护区有两个，一个是河北昌黎黄金海岸国家级自然保护区，另一个是辽宁绥中原生砂质海岸和生物多样性自然保护区。

昌黎黄金海岸国家级自然保护区是国务院1990年9月30日批准建立的首批5个国家级海洋类型自然保护区之一。该区位于河北省东北部秦皇岛市昌黎县沿海，面积300 km^2，分陆域和海域两部分，其中陆域北起大蒲河南岸，南至滦河口北岸，东起低潮线，东西纵深2～4 km，面积91.5 km^2。海域部分北起北纬39°37′，南至北纬39°32′，西起低潮线，东至东经119°37′，面积208.5 km^2。保护区的主要保护对象为沙丘、沙堤、潟湖、林带和海洋生物等构成的砂质海岸自然景观及所在海区生态环境和自然资源，是研究海洋动力过程和海陆变化的典型岸段，具有重要的生态价值、科研价值和观赏价值。这里的砂质海岸分布有40多列沙丘，最高处达44 m，为全国海岸沙丘的最高峰。陡缓交错的沙丘，绵延无尽的沙滩和碧蓝的大海，构成了国内独有、世界罕见的海洋大漠风光。被动物分类学家誉为“活化石”的文昌鱼是本区底栖动物的优势物种，在浅海10～12 m等深线附近（是目前我国文昌鱼分布密度最高的地区之一，栖息密度达到1035尾/平方米），具有重要的保护价值。这里是鸟类的王国，几乎可以找到全国1/3以上的鸟类的踪影，其中属于国家重点保护的鸟类就有68种之多，这里是世界珍禽黑嘴鸥的主要栖息繁殖地之一。

绥中原生砂质海岸和生物多样性自然保护区，位于辽宁省绥中县南部，东起六股河入海口，西至万家开发区红石礁，保护区岸线总长75 km，面积2077 km^2，其中陆域面积402 km^2，海域面积1675 km^2。绥中原生砂质海岸和生物多样性自然保护区是1996年12月经绥中县人民政府批准建立的，绥中原生砂质海岸海洋生态结构完整、地貌类型齐全，子系统发育完善，海滩、河口、三角洲、潟湖、岩脊滩、沙生植物、防护林、文昌鱼、碣石宫遗址、元代沉船等共同为保护区增添了观赏价值、科研价值及生态价值。保护区的主要保护对象有原生砂质海岸及海岸防护林带，即六股河—团山角；该岸段为天然刺参、魁蚶等海洋珍稀生物栖息地及芷锚湾、姜女坟礁石区。根据专家研究，绥中原生砂质海岸的形成始于距今9000～6000年前，其中河口沙咀形成约在4000年前。海滩以平直沙岸居多，细沙为主，沙质纯净，南北幅长，东西延长宽，后缘有永久性植物地带或沙丘地，为辽宁原始风景海岸线段。海岸次一级地貌类型众多、景观奇特，是辽宁重要的自然资源。

第三节　砂质海岸带存在的主要资源环境问题

21世纪以来，伴随着我国沿海地区经济社会的高速发展，对砂质海岸带空间资源的需求逐年增大，围填海造地、围海圈海养殖等各种开发利用活动随处可见，这种高强度的开发利用活动在为沿海地区经济社会快速发展提供基础空间保障的同时，也降低了砂质海岸的开发利用价值与持续利用潜力，导致局部砂质海岸出现了海岸侵蚀、沙滩退化、景观破碎等资源环境问题[3-4]。这些问题已经严重威胁到砂质海岸的可持续利用，不仅对国家海洋强国战略部署与海洋生态文明建设战略的实施造成了诸多不利影响，同时也对我国海洋经济发展、百姓安居乐业等带来了严重影响。

砂质海岸带对周围环境因子的变化极为敏感，这些变化既包括自然因素，也包括人为因素。最为显著的自然因素有：海平面上升、海岸宽度、气候变化、主导风向、植被覆盖度和砂源补给等，它们往往决定了砂质海岸系统的形态和发展规模，同时，地球第三大营力——人类活动，对砂质海岸带也产生重要的影响（杨世伦，2003）。砂质海岸带是人类经济和社会活动比较频繁的区域和生产生活的重要场所。人类活动如沿海岸工业区、居民区的建设，地下水的过度抽取，掠夺性的开采砂矿，甚至一些微小的活动，如旅行者在海岸的足迹、车辆的痕迹，等等，都能改变砂质海岸的结构，破坏沿岸植被和砂质海岸地貌的稳定性，从而进一步影响砂质海岸的演化（李震、雷怀彦，2006）。根据研究，在海平面上升 50 cm 的情况下，我国的青岛、汇泉、浮山 3 个海湾海滩损失面积超过 17 万平方米，损失率在 30% 以上，滨海后退达 3410 m 之多；秦皇岛的北戴河、西向河寨、山东堡 3 个砂质海滩损失面积达 63 万平方米，损失率在 33%～57%，滨海后退达 4310 m。陆源供沙减少影响海岸变化以现代黄河三角洲最为明显。黄河自 1976 年钓口流路改道由清水沟流路入海后，原钓口流路的套儿河口至四号桩东海岸，由于缺少黄河输沙补给而严重溃退，退速高达 50300 m/a。海岸带采砂使海滩遭受侵蚀以蓬莱西庄海岸最具代表性。蓬莱市西庄至栾家口海岸原有较宽阔的优质海滩，自 1986 年有人从此段海岸以北 215 km 外海域的登州浅滩采砂后，海岸就开始遭受侵蚀后退，一次大浪过后海岸线后退达 20 m（许国辉、郑建国，2001）。

对于砂质海岸带，其海岸线长度是海岸空间资源的一个基本要素，也是海岸带生态系统的重要支撑；良好的海岸自然景观具有很高的美学价值和经济价值；近岸海域是很多海洋生物栖息、繁衍的重要场所，海岸带系统尤其是滨海湿地系统在防潮消波、蓄洪排涝等方面起着至关重要的作用，是内陆地区良好的屏障。砂质海岸带丰富的自然资源和支持功能为人类提供多种用途。目前，我国砂质海岸存在的主要资源环境问题可归纳为以下三点。

一、海岸侵蚀

砂质海岸带的无序开发，特别是无限制地掠夺性挖砂采砂，打破了砂质海岸带脆弱的水沙平衡状态，造成了砂质海岸带砂源侵蚀。海岸侵蚀是我国砂质海岸带普遍存在的问题。据统计，我国砂质海岸约 70% 在遭受侵蚀，侵蚀速率多在 1 ～ 3 m/a 的范围。海南文昌地区的砂质海岸侵蚀后退速率高达 10 ～ 15 m/a[6]。中国科学院地球科学部对海平面上升造成的海岸线变化进行了预测，当海平面上升 0. 5 m 时，砂质海岸线平均后退 23. 7 m。按照中华人民共和国自然资源部 2019 年发布的信息，中国海平面的年上升率为 2 ～ 3 mm。按这个速度计算，海平面上升 0. 5 m 需要百年的时间，而按照我国砂质海岸侵蚀后退速率，达到 23. 7 m 只需短短几年的时间。由此可见，人类活动是砂质海岸侵蚀问题产生的主要原因，海平面上升对砂质海岸侵蚀的影响是有限的。砂质海岸的侵蚀后退，不仅会破坏沿海的动力系统，引起海岸重塑，还会危及滩后的生态环境，导致海水入侵，破坏沿海工程建筑，给沿海地区的社会经济带来巨大损失。以福建东山岛为例，为了固定流动沙丘，曾在西北海岸营造了一条长 30 km、宽 50 ～ 100 m 的防护林。但是，近些年人们大量开采海滩沙引起海岸侵蚀后退，海岸防护林也遭到破坏，根据《中国海岸灾害公报》，该岛的马銮湾和金銮湾因为海岸后退，现已无海湾，涨潮时海水直接冲入林区破坏生态环境，风沙满天的现象重现。青岛流清河一带，因为海岸后退波及公路、桥梁安全，迫使公路内迁，而我国唯一的黄土海岸也因为海滩开挖加剧海岸侵蚀，几近消失。

二、海岸围填海

砂质海岸带滩平沙细，水深较浅，围填成本低，成为围海晒盐、围海养殖、填海造地等围填海活动的集中区域。其中，围海晒盐、围海养殖是砂质海岸带围海利用的主要形式。利用沙坝后低地或干潟湖围海晒盐较为常见，如山东万平口、涛雒、潮里、朝阳港、双岛港、金山港等处均有盐田，每年生产大量海盐。围海养殖主要在城乡接合部或沿海农村，缺乏其他开发方式的市场条件，而随着国家海水养殖政策导向的指引，开辟出大面积的养殖池，包括虾池、鱼池、蟹池及海珍品养殖池等。围海养殖在河口、海湾、潟湖十分普遍，大面积的围海养殖对砂质海岸带的影响不亚于填海造地的影响。砂质海岸围填海造地在各海湾都十分普遍。虽然目前砂质海岸不是围填造陆的主要海岸类型，但砂质海岸围填海形势不容乐观，一方面城镇填海造地不断增多；另一方面填海造地规模宏大，其环境影响深远。砂质海岸带围填海活动很容易破坏砂质海岸原有的水沙动力平衡，导致部分岸段发生更为严重的海岸侵蚀，另一些岸段则会发生砂源堆积，影响砂质海岸带资源品味和正常的开发利用活动。另外，在砂质海岸带，有很多港口就建于潟湖内或通道口，称潟湖港。它们与砂质海岸的发育、演变密切相关。据统计广东和海南岛沿海大小潟湖港就有 20 ～ 30 个。山东的日照港、岚山港、石岛渔港，河北的秦皇岛港油码头、唐山港、曹妃甸深水港等均建在砂质海岸。

三、风沙灾害

海岸沙丘是砂质海岸带最常见的地貌形态。它是在风力作用下，海岸地表沉积沙粒被吹蚀、搬运、堆积而成。据调查研究，全球除南极洲外，其他各大洲几乎都有海岸沙丘分布，总面积约 2×10^7 ha。靠海的沙丘一般高 1 ～ 2 m，一方面它能够有效地缓解近地面由海向陆的强劲风势，使海滨来砂在此沉降，抵挡被风扬起的海滨风沙向内陆长驱直入，抵御波浪、潮汐的侵蚀，过滤并提高海岸水分的质量；另一方面，海岸沙丘具有流动性。由于沿海风力十分强劲，使得风沙向内陆移动。研究表明，海岸沙丘因为自身形态和稳定性的不同，向陆移动的速率也不同。较稳定的沙丘移动速率不足 0. 25 m/a；流动性强的沙丘每年可移动几米到数十米，其中新月形沙丘的移动速率可高达 100 m/a。[4] 上覆植被的多少对海岸沙丘的流动性也有影响，当其上覆植被不足以固定沙丘，或因其他人为因素破坏了沙丘稳定性时，沙丘流动性加强，严重的可吞没良田、村庄，成为近海岸带灾害之一。

我国砂质海岸带绵长，砂粒粒径多在 0. 21 ～ 4. 41 mm 之间，属于中细砂。据吴正（1995）试验观测，粒径 0. 25 ～ 0. 1 mm 的砂粒在干燥状态下启动风速为 3. 8 m/s，而海岸带地区又是我国最大的风力资源区，强劲的风力搬运砂质海岸带海岸沙丘移动，对附近工农业生产和居民生活造成严重影响。据朱瑞兆（1981）报道，沿海地区有效风力出现的百分率达 80% ～ 90%，其中大于 3 m/s 的风速全年出现 7000 ～ 8000 h，大于 6 m/s 的也有 4000 h 左右。特别是闽南地区，大于 17 m/s 的年平均大风日数为 30. 2 d/a。因大风引起的风沙灾害一直困扰着我国沿岸居民的生产生活。据统计，[5] 福建省东山县近百年来被风沙埋没的村庄有 13 个，良田 2 万多亩；广东省潮

阳县海门镇，近50年来被风沙埋没的村庄有14个，良田数千亩；广东陆丰县甲子镇，目前风沙成灾，屋顶积沙不止；广东电白县，近80年来埋没村庄8个，良田4300多亩，迁移人口2400人；海南省文昌县白砂、砂头、录内等5个村庄，因风沙侵袭已搬迁3次。虽然各级部门都极为关注，并采取了各种措施来改善砂质海岸的生态环境，但因为砂质海岸生态环境严酷、砂丘植被生长困难、风潮暴来袭等，都不能有效地达到风砂治理的目的。

第二章　砂质海岸带整治修复工程效果评估概述

第一节　砂质海岸带整治修复工程效果评估社会需求

国家高度重视海岸资源环境的持续利用问题，《“十三五”规划纲要》专章提出“开展蓝色海湾整治行动。加强水生态保护，系统整治江河流域，连通江河湖库水系，开展退耕还湿、退养还滩”。《全国海洋功能区划(2011—2020 年)》把“2020 年底完成海岸整治修复 2000 km”作为总体目标之一，国务院批复的沿海 11 个省级海洋功能区划也都将海岸整治修复长度和面积作为各自区域的区划实施目标（表 2 - 1）。党的十九大报告中明确提出“着力解决突出环境问题，实施流域环境与近岸海域综合整治”。2010 年以来，原国家海洋局、财政部以及地方各级政府利用海域使用金、财政资金、企业资金等支持实施了重要海岸带、近岸海域/海岛资源环境综合整治修复工作，在全国海岸带支持开展了海岸带景观美化、海岸空间资源整理、砂质海岸侵蚀防护、滨海湿地纳潮通道贯通、近岸海域清淤疏浚等 100 多项海岸带资源环境整治生态修复工程项目。这些工程的实施在美化海岸带景观生态、提升海岸带空间资源价值、改善海岸带生态环境等方面初步展现了显著的生态、环境与社会经济效益。

表 2 - 1　沿海各省（市/自治区）海岸整治修复目标

区域	海岸整治修复目标	区域	海岸整治修复目标
辽宁省	200 km	浙江省	300 km
河北省	80 km	福建省	300 km
天津市	50 km	广东省	400 km
山东省	240 km	海南省	200 km
江苏省	300 km	广西壮族自治区	360 km
上海市	60 km		

虽然国家和地方政府已实施了上百项的海岸带整治修复工程项目，相

关领域的专家学者也从水沙动力、地形地貌、生物群落重构等方面开展了大量的研究工作[5-8]。但是，由于我国海岸带资源环境毁损机制复杂，受损原因与问题类型多样，解决这些问题的整治修复工程技术要求集成度高，加上各个区域海岸带资源环境利用方向不一，恢复目标迥异，使得海岸带整治修复工程实施后的海岸资源环境功能恢复状况十分复杂。很多海岸带整治修复工程技术研究往往只侧重于某一种类型的整治修复技术或针对单一的整治修复对象提出整治修复工程技术方法，且海岸带整治修复工程技术方法研究和海岸带整治修复工程实施很多只重视工程的规划设计与施工，很少关注海岸带整治修复工程的实施效果，而海岸带整治修复工程效果是海岸带整治修复工程实施的最终目的。目前，我国海岸带整治修复工程仍然缺乏各类海岸带整治修复工程实施效果的监测与评价理论方法研究，导致海岸带整治修复工程没有系统完整的效果监测评价理论与技术方法可供参考，无法满足国家和地方政府对各类海岸带整治修复工程实施效果评价的管理实际需求。

基于上述分析，本书选择砂质海岸带整治修复工程效果评估方法为选题，目的是针对砂质海岸带整治修复工程效果评价工作的实际技术需求，研究建立一套包括海滩资源整治修复效果评价、海岸景观生态整治修复效果评价、海湾水文水环境整治修复效果评价、海岸带整治修复工程的自然环境－社会经济综合效果评价等在内的砂质海岸带整治修复工程效果评价理论方法，为当前正在开展的砂质海岸带整治修复工程效果评价提供技术支撑，解决我国砂质海岸带整治修复工程效果监测与评价方法的不足问题。

通过对砂质海岸带整治修复工程实施整体效果的监测（调查）与深入剖析，遴选可行的监测与评价指标，建立一套砂质海岸带整治修复工程效果评价技术方法，为我国砂质海岸带整治修复工程效果评价探索可行的技术方法体系。这对于科学确定砂质海岸带整治修复工程预期效果目标、督促正在实施的各项砂质海岸带整治修复工程按照预期效果严格规范执行、评价已完成的砂质海岸带整治修复工程实施成效等都具有重要的应用价值和实际指导意义。科学完善的砂质海岸带整治修复工程效果评价方法体系的建立，可提高我国砂质海岸带整治修复工程的实施效果，也可为其他类型海岸带整治修复工程效果评价提供方法借鉴，保障每年数亿元的国家海域海岸带整治修复资金的高效利用，加快落实国家生态文明战略部署，推动美丽中国建设有序开展。

第二节　砂质海岸带整治修复工程效果评价国内外研究进展

海岸带整治修复工程是指采用工程技术措施对海岸带空间各类资源环境问题进行综合整理、资源恢复、生态修复、环境治理等，目的是恢复海岸带生态环境功能，提高海岸带资源的开发利用价值。海岸带整治修复工程主要包括海岸地貌景观修复工程、海岸构筑物拆除与清淤工程、海岸侵蚀防护与海滩养护工程、滨海湿地生态修复与整治工程、海岸带景观格局优化工程等。海岸带整治修复工程不仅是一种全新的海岸工程类型，也是海岸带生态环境科学研究的一个新兴领域，受到国内外相关学者的普遍关注，不同学者分别从海岸带资源环境问题诊断、海岸带整治修复工程技术方法探索与实验、海岸带整治修复工程技术方案勘察设计、海岸带整治修复工程实施效果监测评价等方面开展了深入的模拟、试验与分析探讨[9-11]，为我国海岸带整治修复工程实施提供了有效的技术支撑，但目前还存在较多的技术欠缺亟待填补。

一、海岸带整治修复工程技术方法研究进展

自从20世纪70年代以来，全球海洋生态、环境、资源问题不断加剧，美国、日本、欧洲等发达国家都十分重视海洋生态环境与资源相关问题及其相应的海岸带综合资源环境整治与生态修复工程。20世纪70年代，美国、日本分别针对切萨皮克海湾的水体污染问题和濑户内海的生态环境恶化问题实施了海岸带陆海统筹综合整治与生态修复工程。海岸带综合整治与生态修复工程实施后，切萨皮克海湾和濑户内海在水环境质量和自然景观方面都得到了很大改善，渔获量、船舶吞吐量都逐年增加，滨海旅游产业迅速发展[12-13]。同一时期，波罗的海沿岸的俄罗斯、挪威、芬兰等7个国家联合签署了《赫尔辛基公约》，共同开展波罗的海环境综合治理。

海滩资源修复工程也叫海滩资源养护工程，是海岸带整治修复工程的重要内容，也是海岸带整治修复工程最早的关注内容。它是指采用人工方式将一定数量的沙体抛到海滩上，填补和修复受侵蚀损毁的海滩地形地貌景观的综合工程措施。海滩修复工程被认为是一种具有社会、经济、生态环境等多方面综合效益的环境友好型海滩侵蚀防护工程，受到世界各国的普遍关注。全球最早开始的海滩养护工程是20世纪初的美国东海岸海滩养

护工程。1919 年，美国加利福尼亚州实施了南部海岸圣佩德罗（San Pedro）海滩修复与养护工程；1922 年，纽约州实施了科尼岛（Coney Island）海滩修复工程。20 世纪 90 年代以来，相关学者从各自专业技术领域探索开展了海岸带资源环境问题形成机制研究[14]，Mark 等（1995）研究认为美国佛罗里达州海岸线快速变化与附近海岸防波堤工程建设及其近岸海域泥沙输运过程改变有关，探索建立了定性描述和定量分析相结合的海岸线变化评价模型[15]。Omer 等研究认为人工采砂和填滨造陆是引起土耳其黑海东岸海岸线侵蚀后退问题的主要原因，并提出减缓海岸线侵蚀后退的相关措施[16]。Todd（2002）采用奇偶分析法（Even odd analysis）模拟分析了各种不同沿岸复杂输沙情景下的海岸线变化过程，探讨了航道浚通挖深、海岸工程建设等对海岸线走向变化的影响[17]。Thampanya 等（2006）采用时间序列遥感影像和海滩横断面监测方法分析了泰国南部海岸带红树林存在与否对海岸变化的影响，发现有红树林存在的岸段海岸线侵蚀较少或淤涨，围海养殖破坏红树林后海岸侵蚀加剧，河流输入泥沙量也会影响海岸线变化[18]。

随着水沙冲淤水池物理模拟技术和海岸水沙冲淤数值模拟技术的不断成熟，建立大型水池来模拟波浪、潮汐等水动力环境对海岸泥沙冲淤过程的影响机制以及通过数值模型模拟海滩泥沙冲淤的波浪、潮汐等水动力机制，指导海岸整治修复工程技术方案设计已成为海岸整治修复工程技术研究的热点[19-21]。Leont 创建了风暴潮驱动下的海滩剖面动态模拟模型，并进行了实测数据验证[22]。Arved（2002）采用物理模型模拟和实测数据分析方法探讨了修建透水式“丁”字坝、嵌入式隔膜和人工补沙等海岸防护工程的有效性[23]。Wang & Kraus 研究了“丁”字坝不同设计方案对近岸海域泥沙输运过程的影响差异[24]。Badier 等研究了在斜向不规则波入射情景下“丁”字坝不同设计方案对海岸线冲淤变化过程的影响[25]。Mimura 等模拟分析了在纯波浪动力作用下离岸堤附近海滩地形变化过程[26]。Gravens & Wang 采用大型水槽泥沙输运设施模拟研究了波浪和潮流动力过程共同作用下 T 形“丁”字坝、离岸堤附近海床地形变化[27]。Sakashita 等分别模拟研究了纯波浪动力过程、波浪和海流共同动力过程作用下防波堤对海岸线侵蚀防护的作用机制[28]。有研究分别采用 Delft3D 模型模拟了修筑长“丁”字坝对泰瑟尔海岸附近海底地形变化的影响和修筑防浪堤对格雷斯港口门附近海底地形变化的影响，模拟结果再现了海岸工程附近海域海底冲刷坑的形成过程，与实测结果符合度较好[29-30]。David 采用偶然价值法模拟研究了英国一个滨海度假区各种不同海岸修复与保护工程方案实施后的海滩养护与生态保护效果[31]。Walton 以奇偶分析法为主要手段研究了复杂海岸输沙过程对海岸线形态变化的影响，并深入剖析了海岸工程构筑物建设、航道浚深等开发活动通过输沙过程对海岸线的可能影响[32]。砂质海岸带海滩资源养护工程是目前世界各国都比较重视的海岸整治修复工程，从20世纪70年代开始，德国、美国、英国、西班牙、丹麦等西方国家都在探索实施海滩资源养护工程，并提出了相关的海滩资源养护工程参数（表2-2）[33-35]。

表2-2 世界主要国家海滩养护工程相关参数[57]

参数	法国	意大利	德国	荷兰	西班牙	英国	丹麦
抛沙年数（*Y*）	33	37	48	10	13	44	24
总抛沙体积（*V*）/$\times 10^6$ m^3	12	15	50	60.20	110	20	31
养护岸线长度（*LN*）/km	35	73	128	152	200	n/a	80
全部养护工程总长度（*LP*）/km	190	85	313	291	525	n/a	515
软物质（沙和砾石）海岸总长度（*LS*）/km	1960	3620	602	292	1760	3670	500
海滩养护海岸每米年均抛沙量（*AVN*）/（$m^3 \cdot m^{-1} \cdot a^{-1}$）	10.40	5.60	10.00	39.60	42.30	n/a	16.00
全部工程平均单位抛沙量（*AVP*）/（$m^3 \cdot m^{-1}$）	63	176	210	207	210	n/a	60
全部岸线每米平均抛沙体积（*AVS*）/（$m^3 \cdot m^{-1} \cdot a^{-1}$）	0.19	0.11	1.70	20.60	4.80	n/a	2.60
工程中平均养护点的数量（*ANF*）	5.4	1.2	2.4	1.9	2.6	n/a	6.4
平均再养护时间间隔（*ARI*）/a	6.1	31.8	19.6	5.2	4.9	n/a	3.7
（*LN*/*LS*）%	1.8	2.0	21.3	52.1	11.4	n/a	16.0
单项工程单位抛沙体积范围（*RUV*）/（$m^3 \cdot m^{-1}$）	3.3～400	19～511	30～500	31～59	70～450	n/a	100～110

注：n/a表示不适用；*AVP*＝*V*/*LP*；*ARI*＝*Y*/*ANF*；*ANF*＝*LP*/*LN*。

我国最早的海岸带整治修复工程是1990年实施的香港浅水湾海滩养护与修复工程。1994年，大连星海广场实施了人工沙滩营造工程，宋向群等开展了大连星海湾沙滩修复工程方案设计方法研究[36]。21世纪以来，国内学者逐渐开始关注海岸带整治修复工程技术方法研究，季耀华等针对飞雁滩油田海滩侵蚀问题，研究提出了多种海岸侵蚀防护工程技术方案，并通过技术方案理论对比，遴选出海滩侵蚀防护的最优工程技术方案[37]。蔡峰等通过详细分析大埕湾海滩泥沙冲淤过程及其演化趋势，制定了针对性的海滩侵蚀防护工程技术方案[38-40]。董吉田、喻国华等分别分析了胶州湾东北部海滩侵蚀问题和江苏吕泗港附近海滩侵蚀问题，提出了具体的海滩整治修复工程技术方案[41-42]。王广禄等深入分析了厦门香山—长尾礁人造沙滩修复理论技术方法，制定了人造沙滩工程的具体技术方案，缓解了海滩继续侵蚀问题[43]。季小梅等就三亚海滩整治修复工程进行了方案设计方法研究[44]。杨燕雄、张振克等在分析美国沙滩养护工程技术的基础上，制定了我国海滩修复与养护工程技术[45-46]。庄振业、耿宝磊等就海湾清淤疏浚的水沙动力过程进行了模拟研究，并探讨了利用疏浚物重建滨海湿地的方法[47-49]。张伟等采用数值模型Ecomsed模拟预测了威海湾整治修复工程完成后近岸海域水动力过程及其泥沙冲淤变化，模拟预测结果与实际监测结果极为符合[50]。邓宗成等建立了海湾潮汐流水动力数值模型及其污染物平流-扩散浓度数值模拟模型，模拟分析了胶州湾整治修复工程完成后海湾水动力、水质环境状况[51-53]。吴炎采用二维水动力、泥沙数学模型Mike2，模拟分析了长江口南支扁担沙海滩养护工程效果[54]。此外，原国家海洋局也极为重视海岸带整治修复技术研究，海洋公益性行业科研专项先后支持开展了砂质海岸生境维护与修复技术研究、东海沿岸狭长形海湾综合整治集成技术研究、新型工业区海岸生态修复技术研究、人工海岸生态化修复技术研究等项目。

河口海岸整治修复工程是对河口航运、防洪、排涝、挡潮及生态环境保护等功能的综合性环境整治与生态修复工程。河口海岸整治修复工程主要研究方法与技术途径有：数值模型模拟计算、水池物理模型模拟试验以及河床演变分析等。主要整治修复工程技术内容有：河口航道疏浚及防淤工程、河口筑堤与建闸防潮促淤工程、潮滩地形修复与植被恢复工程、河口围塘拆除与空间整理工程、湿地潮沟体系贯通工程等。罗肇森在对河口水沙冲淤复杂动力环境深入研究的基础上，提出了河口海岸整治修复工程实施方式的三个重要原则[55-56]。

二、海岸带整治修复工程效果评价研究进展

海岸带整治修复工程效果评价主要通过观测、监测、调查、模拟等方法分析对比海岸带整治修复工程实施前、完成后海岸带生态、环境与资源变化情况，分析评价海岸带整治修复工程在恢复生态、整治环境、改善资源、美化社会、发展经济方面的效果。国外许多学者探索开展了海滩养护工程效果评价指标遴选与评价方法研究，形成了多种海滩养护工程效果评价指标体系[35,57]。

在美国，Benedet 等对佛罗里达州东海岸的海滩养护效果进行了深入分析评价，认为海滩养护工程引起的海滩岸线走向变化导致的沿岸流增强及泥沙运移能力增加是影响海滩养护效果的主要因素[58]。Browder & Dean 对佛罗里达州西北海滩养护工程实施 8 年后的效果进行了分析，认为影响海滩养护工程效果的主要因素是风暴潮发生及潮流通道的改变[59]。Capobianco 等认为不确定因素的识别及海滩养护工程实施后的适当管理措施对维护海滩养护工程效果具有重要作用[60]。Leonard 等针对美国 154 个海滩养护工程采用海滩实际寿命与设计寿命之比（即海滩保存系数）开展了海滩养护效果评价。[61] Van 对海滩填补长度、沙质填补量、沙质粒度、防波堤建设、风暴潮活动等海滩养护工程效果评价指标进行了适宜性分析[62]。总体上，美国海滩养护工程效果评价主要关注点包括：海滩实际寿命、海滩剖面形态演变、海滩底质粒径变化、沙滩颜色变化、海滩生态适宜性改善等方面[63-64]。

荷兰 1987 年编制了《人工海滩养护手册》，并根据该手册开展海滩养护工程效果评价，主要关注海滩养护工程实施后的自然环境演变因素，包括海滩养护工程实施前、实施后的海滩侵蚀速率变化，海滩养护工程的实际寿命与设计寿命比率，海滩养护工程实施前、实施后的滩肩宽度变化，海滩养护工程设计的海岸沙丘稳定寿命与实际海岸沙丘稳定寿命比，海滩剖面设计寿命与实际寿命之比等，并制定了海滩养护工程效果评价指标及其评价结果等级标准[65-66]。Roelse 采用以上 5 个方面指标评价了荷兰 10 个海滩养护工程效果（表 2－3），认为 8 个海滩养护工程是成功的[67-68]。Hillen & Roelse 讨论了 7 种海滩养护工程效果评价指标，其中 5 项指标与《人工海滩养护手册》的 5 项指标相同[69]。

表 2-3　荷兰一些海滩养护工程评价指标及评价结果[66,68]

项目名称	养滩时间	设计寿命/a	抛沙体积		特征参数					评价结果	
			10^6 m^3	m^3/m	效率系数	保存系数	改造系数	自然指数	防洪指数	结果	效果
Ameland	1980	8～10	2.20	365	>2	1.6	0.9	1.4	1.5	++	+
Eierland	1979	5	3.05	510	0.7	0.9	0.9	0.8	0.9	+	—
Eierland	1985	5	2.85	480	0.9	0.7	0.9	0.7	0.8	+	+
De Koog	1984	10	3.02	500	0.6	0.7	1.1	0.8	1.0	—	—
Callantsoog	1986	13	1.30	440	0.3	0.5	1.1	0.7	n^c	+	—
Zwanenw	1987	15～20	1.70	400	0.8	0.7	1.0	0.7	1.0	+	+
Coeree	1977	5	1.27	420	n^c	1.4	n^c	n^c	n^c	++	
Coeree	1985	5	0.86	290	n^c	2.4	n^c	n^c	n^c	++	
Schouwen	1987	5	1.83	1080	0.8	1.9	1.3	1.0	1.0	++	+
Cadzand	1989	5	1.02	560	0.3	2.1	2.4	>1	>1	++	—

注：n^c表示无法确定；“++”表示效果很好；“-”表示效果中等；“+”表示效果好；“--”表示效果差；空白处表示无数据；“$\times 10^6$ m^3”为抛沙总体积；“m^3/m”为每米沙滩抛沙体积。

英国的海滩养护工程主要将滨外采来的泥沙填补到海滩，其中将粉砂和淤泥填充到防波堤内，从而增加海岸稳定性。英国海滩养护工程效果评价要按照《海滩管理手册》进行，评价指标主要包括：成本/收益比、实际有效使用寿命、抵御洪灾功能及环境影响因素[70]。丹麦海滩养护工程效果评价主要基于每年开展的海滩 200 m 剖面调查数据和每两年一次的海岸线调查研究数据开展，主要效果评价参数包括：海滩自然侵蚀系数、海滩使用寿命、海滩补沙效率等[71]。

我国海岸带整治修复工程效果评价方法研究还处于探索阶段，雷刚等[72]采用海岸地貌演变历史资料分析、海滩剖面定期观测等手段，研究了厦门会展中心砂质海岸带海滩养护工程的实施效果，认为海滩养护工程实施后海滩防护方式由硬防护转变为软防护，海滩剖面形态基本稳定。包敏等[73-77]对北戴河海滩养护工程实施后海滩剖面形态及表层沉积物进行定期监测，表明工程实施后海滩表层沉积物的粒度整体粗化，但分选性变好；工程完成一年以后，海岸线较填沙工程竣工时出现明显的侵蚀后退现象，填沙区外海滩剖面出现稍微淤积。段以隽对比分析了海州湾西墅沙滩整治修复工程实施前、后海滩剖面形态及表层沉积物粒度变化[78]。康瑾瑜等[79]就秦皇岛近岸海域环境综合整治进行了定性及预期效果分析。于文胜、管博等研究了黄河三角洲重度退化滨海湿地碱蓬、柽柳等植被恢复工程在土壤肥力、植被结构、植物生物量等方面的修复效果[80-81]。李元超等对比分析了西沙赵述岛的珊瑚礁生态修复工程效果[82]。张悦等从长期、短期两个方面，遴选了5个滨海湿地植被修复工程效果评价指标，并提出了相关评价指标的监测方法[83]。赵薛强开展了茅尾海整治修复工程效果评价研究[84]。由此可以看出，目前砂质海岸带整治修复工程效果评价研究主要集中在海滩修复养护工程效果评价方面，对于砂质海岸带整治修复工程整体效果评价研究尚未见到报道。作者近年来从砂质海岸带整治修复工程整体效果角度，研究建立了砂质海岸空间整治工程效果的遥感监测评价方法、海滩整治修复工程效果的GIS空间差异化评价方法等[85-86]。砂质海岸带整治修复工程不仅仅是海滩资源整治修复工程，还包括海岸景观美化优化、海水游乐环境改善等其他工程方面。因此，砂质海岸带整治修复工程效果评价亟待从更宏观层面探索区域性的综合效果评价理论与方法体系。

三、我国海岸带整治修复工程研究存在的主要问题

2010年以来，随着我国海洋经济的发展壮大，海岸带资源环境在维护生态安全、推动社会进步、支撑经济健康持续发展方面的重要作用日益突显。为推动海岸带地区高质量发展，沿海各地陆续实施了一批海域海岸带/海岛工程实践，对资源环境问题突出的海岸带局部区域进行了环境整治与生态修复[87-93]。虽然国内外许多专家、学者对海岸带整治修复工程从不同角度进行了深入分析与研究探讨，但是由于海岸带生态系统复杂，资源类型多样，加上人类活动干扰与破坏强度较大，海岸带资源环境损毁问题极为复杂。在我国海岸带环境整治与生态修复工程实践中，发现海岸带整治修复项目仍然缺乏较为系统的工程技术与管理支撑技术研究，海岸带整治修复工程实施面临着诸多实践应用技术瓶颈[3,92]。

通过分析海岸带整治修复工程国内外研究进展可以看出，目前海岸带整治修复工程技术研究主要集中在砂质海岸海滩整治修复工程技术方案的模拟研究、海滩整治修复工程技术参数的确定，以及海滩养护工程效果评价指标的制定。其中，在海岸整治修复工程效果评价方法方面，美国从海滩实际寿命、海滩剖面形态演变、海滩底质粒径变化、沙滩颜色变化、海滩生态适宜性改善等方面提出了海滩养护效果评价指标[63-64]；荷兰从海滩

养护工程实施前、实施后的海滩侵蚀速率变化，海滩养护工程的实际寿命与设计寿命比率，海滩养护工程实施前、实施后的滩肩宽度变化，海滩养护工程设计的海岸沙丘稳定寿命与实际海岸沙丘稳定寿命比，海滩剖面设计寿命与实际寿命之比等方面提出了海滩养护效果评价指标，并制定了海滩养护效果评价等级标准[66,68]。我国海岸带整治修复工程效果评价还处于探索研究阶段，少量研究只是针对海岸带整治修复工程效果评价的技术需求，对比分析了海岸带整治修复工程实施前、后海滩地形剖面变化，海滩表层沉积物粒度变化等内容，没有提出陆海统筹的海岸带整治修复工程效果评价的可行指标和评价方法[75-78]。

目前，我国海岸带整治修复工程技术研究还存在许多空白区亟待深入研究与探讨，主要概括为如下三个方面：①在海岸带资源环境损毁问题诊断研究方面，对海岸侵蚀动态监测与成因分析方面研究相对深入，但对于人类高强度活动引起的局部海岸冲淤过程长期定位观测研究不足，导致一些盲目的海滩补沙养滩工程效果不是很理想[94-96]。例如，大连星海湾通过工程补沙营造海岸人工沙滩浴场，但由于离岸向的波浪动力过程过于强劲，补沙工程完成两年后局部海滩出现了高度超过2.0 m的侵蚀陡坎。②在海岸带整治修复工程技术方案设计研究方面，对于海岸侵蚀防护工程中的岬角工程、潜堤工程、“丁”字坝工程有一定深度的研究探讨，但在构筑物拆除与清淤工程、海岸地貌景观恢复工程、海滩潮沟体系疏通工程等方面研究不多[97-98]。例如，在辽宁省辽河口碱蓬湿地植被修复工程中，只重视碱蓬植被群落的培育和移栽，而缺乏对海滩地形和潮沟形态的贯通与整治，工程实施后海滩咸淡水比例达不到碱蓬植被生长要求，导致“红海滩”（翅碱蓬）景观恢复效果甚微。③在海岸带环境整治与生态修复工程实施效果评价研究方面，研究多集中于海滩资源整治修复工程实施前后海滩资源环境数据的对比分析，缺乏海岸带整治修复工程效果评价方法与评价模型研究。例如，厦门市五缘湾海湾综合整治工程包括海湾空间整理、海湾疏浚清淤、湿地植被景观恢复等多项内容，整治修复效果也体现在资源、生态、环境、经济、社会多个方面，但由于评价方法欠缺，迄今的整治修复工程效果评价只反映了海湾环境整治效果与生态修复效果[99-100]。因此，海岸带整治修复工程效果评价亟待开展区域性的资源－环境－社会－经济复合生态系统综合评价方法研究。

第三节　砂质海岸带整治修复工程效果评价基本框架

围绕砂质海岸带整治修复工程效果评价方法这一研究命题，本书深入剖析我国砂质海岸带整治修复工程，以旅游休闲娱乐功能开发和生态环境保护为导向实施的包括海滩补沙养护、岬角防护、潜堤掩护、海岸景观整治等系列海岸整治修复工程，工程效果主要体现在海滩资源养护、海岸景观生态优化、水文水环境改善和社会经济整体发展等方面。根据我国砂质海岸带整治修复工程以上特点，本书将研究命题分解为海岸带整治修复工程海滩资源养护效果评价方法、海岸带整治修复工程景观生态修复效果评价方法、海岸带整治修复工程海湾水动力水环境整治效果评价方法和海岸带整治修复工程自然环境－社会经济综合效果评价方法共四个方面评价方法研究，并以营口月亮湾、大连金石滩砂质海岸带整治修复工程效果评价为实践应用案例，开展以上四个方面海岸带整治修复工程效果评价方法的应用实践研究，检验本书研究建立的砂质海岸带整治修复工程效果评价方法在具体海岸带整治修复工程效果评价工作中的适用性。

一、砂质海岸带整治修复工程效果评估主要内容

根据研究思路，本书设计了砂质海岸带整治修复工程效果评价方法包括海滩资源养护效果空间差异化评价方法、景观生态修复效果评价方法、海湾水动力水环境改善效果评价方法、自然环境－社会经济综合效果评价方法，以及营口月亮湾海岸带整治修复工程效果评价应用研究、大连金石滩海岸带整治修复工程效果评价应用研究。本书的主要研究内容如下。

1. 海滩资源养护效果空间差异化评价方法研究

将海滩资源养护效果评价方法进一步划分为沙滩资源养护效果评价方法和潮滩资源养护效果评价方法两部分，分别建立评价指标，沙滩资源养护效果评价指标包括沙滩面积指数、沙滩厚度指数和沙滩底质指数；潮滩资源养护效果评价指标包括潮滩游乐指数、潮滩侵淤指数和潮滩底质指数。采用GIS空间叠加分析方法，建立砂质海岸带整治修复工程的海滩资源养护效果空间差异化评价方法，实现砂质海岸带整治修复工程海滩资源养护效果多要素空间差异化评价。

2. 景观生态修复效果评价方法研究

采用高空间分辨率卫星遥感影像，通过监测砂质海岸带整治修复工程

实施前的景观格局和实施后的景观格局，对比分析景观格局变化特征，研究建立海岸空间整理效果评价方法、海岸景观生态修复效果评价方法、海岸景观格局优化评价方法、海滩资源养护效果评价方法，其中在海岸空间整理效果评价方法方面，研究建立和遴选景观主体度指数；在海岸景观生态修复效果评价方法方面，研究建立和遴选景观自然度指数、景观丰富度指数；在景观格局优化效果评价方法方面，研究建立和遴选景观多样性指数、景观破碎度指数。

3. 海湾水动力水环境整治效果评价方法研究

通过现场观测/监测、数值模拟计算等手段，在深入剖析砂质海岸带整治修复工程实施前、实施后的水动力环境和水质环境变化特征的基础上，研究提出反映砂质海岸带整治修复工程水动力整治效果的定量评价指标，包括落潮流速变化指数、水体半交换变化率；研究提出反映砂质海岸带整治修复工程海洋水环境质量改善效果的定量评价指标，包括单因素海洋水环境污染指数、海洋水环境质量指数。

4. 自然环境－社会经济综合效果评价方法研究

采用模糊综合评价法和层次分析法，研究建立砂质海岸带整治修复工程效果多层次模糊综合评价方法，从自然环境效果、景观生态效果、海滩资源效果和社会经济效果四个方面研究建立包括目标层、准则层、因素层和指标层在内的砂质海岸带整治修复工程效果模糊综合评价模型，以及各评价指标量化方法和权重确定方法，确定砂质海岸带整治修复工程效果综合评价结果等级划分及划分阈值。

5. 营口月亮湾海岸带整治修复工程效果评价应用研究

通过系统监测营口月亮湾砂质海岸带整治修复工程实施前、实施后的海岸地形地貌、海滩底质、景观格局、水动力及水环境和社会经济状况等，将研究建立的砂质海岸带整治修复工程效果评价方法应用于营口月亮湾海岸带整治修复工程效果评价，分别开展了营口月亮湾海岸带整治修复工程的海滩资源养护效果评价、景观生态修复效果评价、海湾水动力水环境整治效果评价和海岸整治修复工程自然环境－社会经济综合效果评价应用研究，全面验证研究建立的砂质海岸带整治修复工程效果评价方法的适用性和可靠性。

6. 大连金石滩海岸带整治修复工程效果评价应用研究

通过调查/监测与分析大连金石滩海岸带整治修复工程实施前、实施后的海岸地形地貌、海滩底质、海岸带景观格局、海湾水动力与水环境和区域社会经济状况等海岸带资源环境变化，将研究建立的砂质海岸带整治修复工程效果评价方法应用于大连金石滩海岸带整治修复工程效果评价，分别开展了海滩资源养护效果评价、海岸带景观生态修复效果评价、近岸海域水动力水环境整治效果评价和海岸带自然环境－社会经济综合效果评价应用研究。进一步验证了研究提出的砂质海岸带整治修复效果评价方法的有效性。

二、砂质海岸带整治修复工程效果评估整体思路

本书从分析问题→提出问题→评价方法建立→应用研究案例检验的逻辑关系，设计了砂质海岸带整治修复工程效果评价整体框架结构。首先，分析了我国海岸带整治修复工作面临的形势，剖析了国内外海岸整治修复工程研究进展及其存在的主要问题，提出了本书的研究命题——砂质海岸带整治修复工程效果评价方法。其次，针对研究命题，从砂质海岸带整治修复工程效果评价的技术需求角度，将研究内容分解为基于 GIS 技术的海滩养护效果空间差异性评价方法研究、景观生态修复效果评价方法研究、海湾水动力水环境整治效果评价方法研究和自然环境－社会经济综合效果评价方法研究，形成砂质海岸带整治修复工程效果评价的方法体系。再次，以营口月亮湾砂质海岸带整治修复工程和大连金石滩砂质海岸带整治修复工程为应用研究案例，通过监测/观测/调查海岸带整治修复工程实施前、实施后的海岸带资源环境状况，分析了应用研究案例海岸带整治修复工程效果的监测/观测/调查数据的变化特征；分别开展了营口月亮湾海岸带整治修复工程海滩资源养护效果评价、景观生态修复效果评价、海湾水动力水环境整治效果评价和自然环境－社会经济综合效果评价应用研究；大连金石滩海岸带整治修复工程的海滩资源养护效果评价、景观生态修复效果评价、近岸海域水文水环境整治效果评价和自然环境－社会经济综合效果评价应用研究。最后，总结了本书在砂质海岸带整治修复工程效果评价方法研究中的主要结论，提出了本书的主要特色和创新点，并就进一步完善砂质海岸带整治修复工程效果评价方法提出了未来的研究设想。

第三章　砂质海岸带整治修复工程主要类型

第一节　沙滩养护工程

沙滩养护工程也叫人工养滩工程，是为了修复因侵蚀受损的沙滩资源而开展的工程修复措施。目前，国内外沙滩养护工程可以分为沙滩修复和人工造滩两种方式。沙滩修复就是在沙滩侵蚀比较严重的岸段，采用人工补沙促淤等方法修复形成沙滩的原始地貌形态，以减缓沙滩侵蚀趋势甚至促进海滩的淤积。人工造滩是在基岩海岸或淤泥质海岸通过人工填补粒径适宜的砂源，并通过工程措施维持填补砂源稳定的修复工程。为了尽量减少填补沙量，沙滩养护工程还需要设计必要的堤坝等起护滩作用的辅助工程设施。对于侵蚀比较严重的沙滩岸段，可以通过突堤、离岸堤、沙坝、人工岬角等工程来维护沙滩填补砂源的稳定性。

一、沙滩养护工程补沙位置

人工补沙是砂质海岸沙滩养护的核心工程，人工补沙根据补沙位置，可以分为沙丘补沙、滩肩补沙、剖面补沙及近岸补沙（图 3 －1）。沙滩养护工程施工中要综合考虑当地波浪动力条件、沙滩地形及项目投资预算确定抛沙位置，不同的抛沙位置方案会产生不同的效果。

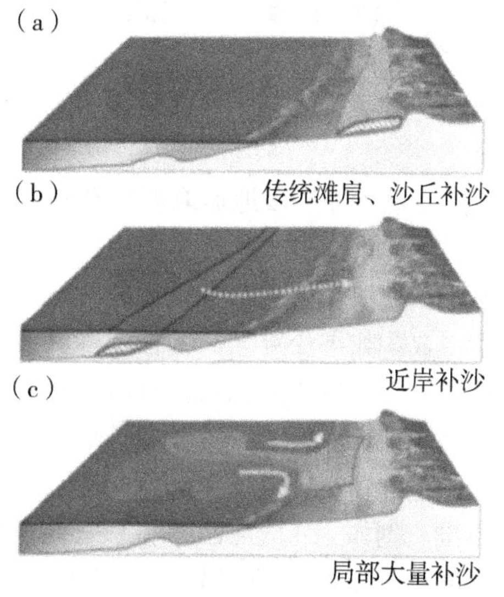

图 3 －1　不同抛沙位置养滩方式示意图

（1）沙丘补沙：所有补给泥沙堆积在平均高潮位以上，不直接增加干滩，能够阻挡风暴浪期间的沙越顶迁移，流失小、抛沙技术低，可用来补充滩肩部分的流失。

（2）滩肩补沙：将补给泥沙主

要堆积在平均潮位以上，增加干滩宽度，效果显著，抛沙技术中等，流失量较大，是以前使用较为频繁的抛沙方案。

（3）剖面补沙：将补给泥沙吹填在整个海滩剖面上，施工时直接以剖面的平衡形态来抛沙，短期效果显著，抛沙技术较高且易遭受风暴潮的破坏。

（4）近岸补沙：将补给泥沙抛置在近岸平均低潮位以下，形成平行于海岸的若干条水下沙坝，提前消减波能稳定海滩，并且依靠自然波浪的作用将泥沙向岸滩输移达到养滩的作用，短期效果不明显，容易实现，但多用于横向水文动力作用强于纵向水文动力作用的海岸。近岸补沙在沙滩养护工程中的潜在作用有“喂养”效应和“遮蔽”效应两方面。“喂养”效应是抛填泥沙在波流作用下向岸输移，在沙滩潮间带位置落淤，形成对海滩的养护；“遮蔽”效应，就是通过波浪破碎削弱波能，形成水平环流，降低遮蔽区水体的挟沙能力，为沿岸运动泥沙在抛填沙体后沉积提供条件，发挥潜堤的作用。

相对而言，滩肩补沙是比较常见的类型，而水深8 m以内的近岸补沙因其经济性和在环保方面的优势，使其在海岸防护工程措施中极具发展潜力。与海滩补沙等人工育滩形式相比近岸补沙有两点优势：施工作业不会干扰海滩的休闲娱乐活动；无须直接在岸滩上抛沙，省去输沙到岸滩的施工工序，节约费用。根据欧盟开展的NOURTEC专题研究结果表明，近岸补沙能有效地防止海岸进一步侵蚀，海滩和近岸组合补沙效果优于单纯海滩补沙，并且水下沙坝比滩肩补沙稳定。

二、沙滩养护工程滩肩高度和宽度确定

自然沙滩岸段地形地貌复杂多样，有的岸段受海岸侵蚀作用，没有滩肩；有的岸段受泥沙淤泥作用，存在多道滩肩，一般情况下，低滩肩是由于潮汐波浪作用冲淤堆积形成，而高滩肩则是在暴风浪作用下波浪夹沙堆积形成。如果沙滩养护工程填沙高程低于正常滩肩，高潮时波浪会越过滩肩顶部在滩后产生积水，所以沙滩养护工程滩肩高程一般要大于正常滩肩高程。沙滩养护工程滩肩高程原则上以平均潮位年2～3次再现频率有效波所产生的爬高决定。如果原海岸有沙滩滩肩，可以沙滩滩肩高程作为高程标准。例如，北戴河西海滩原来就有优质的沙滩，历史监测数据表明，沙滩滩肩高程在1.70～1.80 m之间，沙滩养护工程滩肩高程可以此高程为设计依据。沙滩后缘可设计为缓坡或沙丘，高程要高于沙滩滩肩高程。

滩肩高程的确定参考《堤防工程设计规范》中正向规则波在斜坡堤上的波浪爬高（图 3－2）计算公式

$$R = K_{\Delta} R_1 H \tag{3.1－1}$$

式中，R 为波浪爬高，H 为波高，糙渗系数 K_{Δ} 按 0.5～0.55 计算，R_1 为 $K_{\Delta}=1$，$H=1.0$ m 时的波浪爬高（m）。

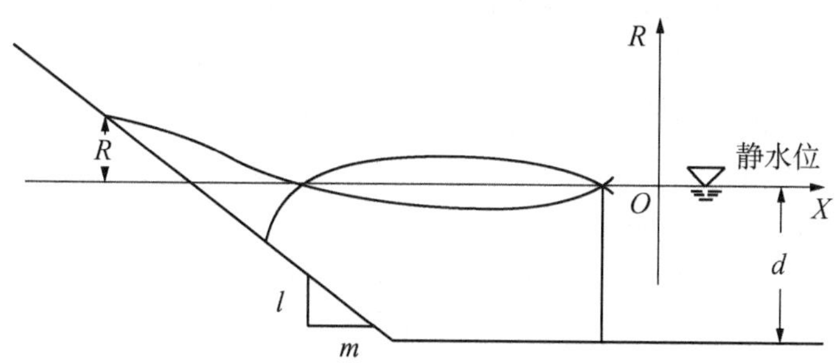

图 3－2　斜坡上波浪爬高示意

如仅考虑海岸侵蚀的防治，滩肩宽可由某再现年（约 5 年）风暴潮期可能侵蚀损失量再加保护后滩肩最小要求宽估计，为 20～30 m 宽，但如考虑溢淹防治再考虑灾害损失，防灾和减灾效果应采用较长期的设计。滩肩宽度与工程费成正比，虽然滩肩越宽越安全但成本相对增加，因此经济性也是决定滩肩宽度的重要因素。如做休闲游泳用则应由休闲人口及每人海滩使用面积推算造滩需求面积。每人海滩需求面积因国情而异，美国每人 13 m^2，日本每人 7 m^2，海滩宽度最少需 30～60 m。工程滩肩后缘如有覆植沙丘的保护，允许越浪量取 5×10^{-2} m^3/（s·m），即极端高水位时允许出现漫滩，滩肩宽度设计为不小于 50 m。

三、沙滩养护工程剖面设计

1. 坡度计算

沙滩养护工程坡度设计的目的在于估算填砂量。外滩坡度可依据当地或邻近海岸低潮位下至移动水深间的平均坡度计算，以 1：30～1：20 坡度自低潮位斜线延伸至与原海床相交处。据 Vellinga 研究，原有沙滩沙粒沉降速度为 ω_1，沙滩养护填砂沙粒沉降速度为 ω_2，则某一等深线的原海岸离岸距离 l_1 与新海滩经波浪作用后同一水深的离岸距离 l_2 的关系为：

$$l_2 = \left(\frac{\omega_1}{\omega_2}\right)^{-0.56} l_1 \tag{3.1－2}$$

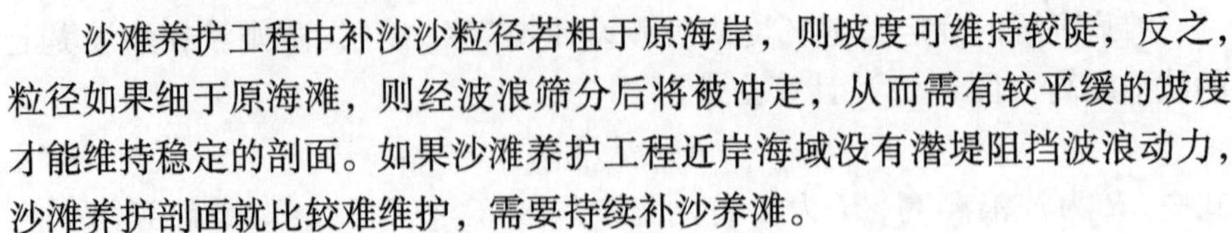

沙滩养护工程中补沙沙粒径若粗于原海岸，则坡度可维持较陡，反之，粒径如果细于原海滩，则经波浪筛分后将被冲走，从而需有较平缓的坡度才能维持稳定的剖面。如果沙滩养护工程近岸海域没有潜堤阻挡波浪动力，沙滩养护剖面就比较难维护，需要持续补沙养滩。

2. 剖面预测

砂质海岸沙滩养护形成交会型剖面，客沙粒径需大于原沙粒径。在低水位以上的填沙坡度，大致与天然岸坡平行。参考相似条件下的海滩坡度与泥沙粒径的相关关系，综合美国《海岸工程手册》、荷兰《人工海滩补沙手册》的推荐值，确定人工海滩低水位以上的设计坡度为 1∶10，低水位以下的坡度采用自然休止角。

养滩后平衡剖面可由 Bruun 或 Dean 指数函数式预测：

$$h = Ay^{2/3} \tag{3.1-3}$$

式中，A 为常数（$m^{1/3}$），$A = \left(\frac{24}{5} \cdot \frac{D_*}{pg^{3/2}K^2}\right)^{2/3}$，$h$ 为水深，y 为离岸距离，$K = H_o/h_o$，D_* 为能量减衰率，ω 为 d_{50} 之沉降速度（cm/s），A 为常数（$m^{1/3}$），$A = 0.067\omega^{0.44}$（cm/s）。

GENESIS 建议当 $d_{50} < 0.40$ mm 时 $A = 0.4d_{50}^{0.94}$，依 Moore 分析，粒径为 0.15～0.30 mm 时 $A \approx 0.083\ m^{1/3}$。依密西根湖及佛州资料，粒径为 0.20～0.35 mm 时，$A = 0.087 \sim 0.10\ m^{1/3}$。或由 Vellinga（1984）：

$$h = 0.70\,(H_0L_0)^{0.17}\omega^{0.44}y^{0.78} \tag{3.1-4}$$

3. 剖面形式

沙滩养护工程海滩剖面在离岸方向达到平衡状态大概需要几个月的时间，其周期取决于当地的波浪状况和风暴潮频率。通常在剖面设计时会绘制原滩剖面和新滩平衡剖面的叠加图，用以确定随着时间的推移补给的沙源将会如何运移。本书绘制了不同的客沙粒径条件下所形成的平衡剖面与原始剖面的对比图（图 3-3），可以分为 3 种代表性剖面：客沙粒径 > 原沙粒径，将会形成交会型剖面；客沙粒径 < 原沙粒径，将会形成潜没型剖面；客沙粒径 = 原沙粒径，将会形成无交会型剖面。假设养滩剖面宽度为 30 m，客沙粒径大于、等于、小于原始粒径 3 种情况下将会呈现 3 种剖面形式。

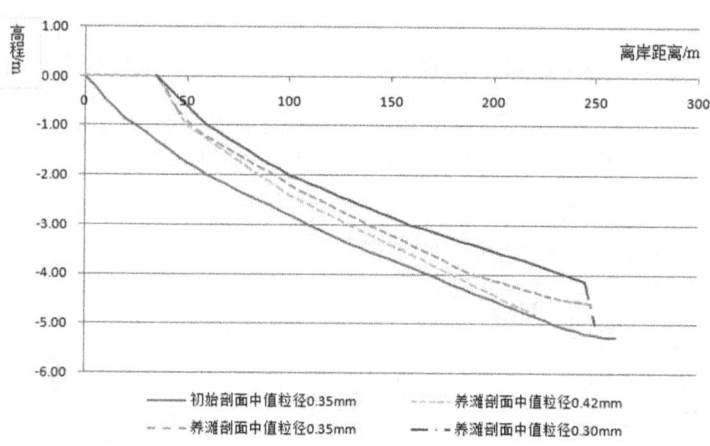

图3-3　不同客沙粒径下的海滩剖面形式

四、沙滩养护工程填砂粒径

填砂粒径的确定是沙滩养护工程效果的关键性因素。自然沙滩潮滩沉积沙粒的粒度成分与波浪动力平衡过程相适应，波浪动力较强海滩的坡度陡，以粗沙砾石为主；波浪动力较弱海滩的坡度缓，以中、细沙为主。沙滩养护工程填补沙粒粒径应比原沙滩沉积沙粒粒径稍粗，这样沙滩填补的砂源就不会被波浪动力冲力悬移而带出海滩，略粗的填补砂源在水动力作用下将会形成较为稳定的新交会型剖面。

Dean 提出的海滩补沙的粒度公式如下：

$$W_s < \frac{\delta_h}{T} \tag{3.1-5}$$

式中，W_s 为泥沙沉降速度；δ_h为悬浮泥沙离海底的高度；T 为波浪周期。根据实验结果，如果填补砂源的 δ_h 为 10 cm，T 为 10 s，则 $W_s < 1$ cm/s，1 cm/s为细沙（0.125 mm）的沉降速度。沙滩养护工程试验结果表明，如果填补砂源的粒径粗于原沙滩沉积沙粒粒径，则海岸侵蚀后退较小；如果填补砂源粒径细于原沙滩沉积沙粒粒径，则海岸岸线侵蚀后退较大，填补的细沙粒会被波浪悬浮而带到岸外。沙滩养护工程实际经验认为人工补沙的砂料中值粒径 D_{50}可取原来海滩上 D_{50}的 1.0～1.5 倍。除了粒径以外，沙滩养护工程填补砂源的组成对填砂的稳定性也有重要影响。一般在陆上沙丘或是海底表层取得的砂料，不但细而且分选好（级配差），易于流失，在冲积河道或者海中浅滩上取得的常是较粗且级配好的砂料，则较稳定。

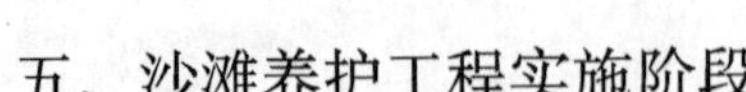

五、沙滩养护工程实施阶段

沙滩养护工程通常包括调查设计，抛沙重建和监测修补3个阶段。

1. 调查设计阶段

沙滩养护工程实施之前，必须充分调查目标岸段，包括波浪、潮流的水文分析与计算、沉积物粒度分布、海滩泥沙运动、海岸与海底地形状况以及本地侵蚀速率等内容。一般还需进行模型计算和试验，初步设计可行的实施方案，预测滩肩宽度和高度，评估养滩效果、使用寿命、再补沙时间间隔以及对上下游海岸环境的可能影响。

2. 抛沙重建阶段

第1次抛沙量要充足，加高扩宽滩肩，将岸线向海推出数十米甚至百米以上，原则上应达到或大于海岸受侵蚀之前的海滩规模。国内外许多沙滩养护工程经验表明，若首次补沙不足，往往造成连年补沙连年被侵蚀光的后果，导致沙滩养护工程失败。

3. 监测修补阶段

抛沙重建后，岸线外推，滩坡变陡。重建后的新沙滩仍处于波浪背景侵蚀和新海滩平衡剖面塑造的作用之下，导致重建海滩的侵蚀，所以重建后1～2年侵蚀率仍将大于重建之前，应进行再补沙，可每年补沙1次或3～5年补沙1次，按监测评估的结果而定。

沙滩养护工程的3个阶段是相互依存、相互制约的，如果调查不够清楚，重建是盲目的，重建抛沙不足，修补也无济于事。若重建后不能定期及时修补，新海滩仍会遭受严重侵蚀。

六、人工岬湾沙滩养护

岬湾养滩，以最少的刚性构筑物（非直线突堤、离岸潜堤等）作为人工岬头，在海岸的自我冲淤调整下，或者配合人工养滩，布置静态平衡海岸线。波浪从外海向海岸传播，在岬头附近发生绕射，从而改变沿岸输沙方向，营造出良好的岬湾型海滩。这种养滩方法对自然环境的破坏程度较轻，如与当地景观及生态规划相配合，能达到良好的近自然平衡海岸。这种岸线布设方法理论较为成熟，在国内外海滩养护实践应用中较为常见。如日本的Shirarahama海滩实施岬湾养滩后，岬头的存在使原来消失殆尽的湾底海滩岸线向外淤长，养滩效果良好，见图 3－4（a）；新加坡的 South Island 海滩在实施养滩工程前几乎无沙存在，养护工程后十几年间海湾内营造出宽阔且岸线弧线优美的海滩，见图 3－4（b）。

（a）日本的Shirarahama 海滩　　（b）新加坡的South Island海滩

图 3－4　人工岬湾养滩案例

天然情况下岬湾海岸大多为不对称形状，由遮蔽区域、平滑过渡区域和下岸的切线段组成。波浪从外海向海岸传播时，波浪在岬头附近发生绕射，波峰线方向偏转，沿岸输沙方向改变。在波浪大小和主波向变化不大的情况下，这种弧形岸线可以达到动态平衡。动态平衡从泥沙运动角度来看，是指岸弧上每一点的沿岸输沙为零。

这主要表现在如下两个方面：①波向处处垂直于岸弧；②岸弧上由于波高不等引起的沿岸梯度流可以忽略。久而久之，将营造出岸线形态稳定且弧线优美的岬湾型海滩。

根据海滩稳定性特征，岬湾海滩可以分为静态平衡海滩、动态平衡海滩和不稳定海滩。如果优势浪向传至整个海湾边缘时同时破碎，就会形成静态平衡海滩，此时的沿岸输沙几乎为零，曲线型海湾可长时间保持稳定，除风暴潮情况下会产生的强烈侵蚀。动态平衡海滩能保持海岸线不变的关键因素是泥沙收支平衡，即存在沿岸输沙，只要保证沿岸净输沙为零则可以保持岸线稳定。然而，当上岸的泥沙供给或湾内某河流的泥沙供给不足时，输沙平衡被破坏，岸线将受侵蚀而后退，直至后退到静态平衡岸线位置处。相反，对于不稳定海滩类型，多为工程建筑物影响下形成的，由于建筑物的存在使得岸线发生自然重塑过程，结构物后方波影区内岸线淤长，同时伴随下岸区的侵蚀。其中，静态平衡的岬湾海岸是一种稳定形态，因此将静态平衡形态方程运用到海岸保护与修复中，成为一种值得推崇的方法。

第二节 人工沙坝工程

人工沙坝是指将清洁的疏浚沙使用人工水力抛置于浅水水域，形成平行于海岸的、水下的、有一定起伏的沙堆，是沙滩养护的一种补沙方式，属于近岸补沙。近岸沙坝按其稳定性一般分为两种类型，活动型沙坝（喂养型沙坝）和稳定型沙坝。活动型沙坝通过将清洁的沙铺设在相对较浅的低潮位海域来实现，可以消减侵蚀性波浪的波能并向海岸系统提供额外的物质来源，对人工养滩的海滩系统具有遮蔽功效和喂养功效。遮蔽功效是近岸沙坝的间接功效，就是使侵蚀性波浪提前破碎，降低风暴潮期间向海的沉积物的运移能量，减少风暴浪对海滩滩面的侵蚀以及形成人工防风暴浪坝，通过破浪削弱波能，形成水平环流，促使遮蔽区水体的挟沙能力减低，为沿岸运动泥沙在近岸沙坝后沉积提供条件，发挥人工岬头的作用。喂养功效是在波浪破碎变形期间，沙坝物质向海滩方向的运移可以对海滩剖面提供物质补充，从而成为海岸系统的一部分，为海滩的恢复提供一定的物质来源。人工近岸沙坝即指活动型沙坝。

Hallermeier（1978，1981）提出活动性沙坝的临界深度（即闭合水深）是由波高、波周期组成的函数，公式如下：

$$h_* = 2.28H_e - 6.85\left(\frac{H^2}{gT^2}\right) \tag{3.2-1}$$

式中，h 代表闭合水深；H_e代表有效深水波高；T 为周期；g 为重力加速度。

Birkemeier（1985）通过增加更加精确的实际地形数据对 Hallermeier 的方程进行改进，并给出了不同常数：

$$h_* = 1.75H_e - 57.9\left(\frac{H_e^2}{gT^2}\right) \tag{3.2-2}$$

一、沙坝的位置参数

人工养滩工程的近岸沙坝为具有喂养功效的活动型沙坝，最佳方案是沙坝位置尽可能靠近海岸，顶部水深尽量减小，增加沙坝破波的潜力，更好地保护海滩免遭受波浪侵蚀，并促使沙坝沉积物向岸运移。波浪在沙坝处破碎发生的频率越高，表明沉积物向岸运移的潜力越大。在物理模型试验中，同一高程的沙坝在不同的离岸位置处对波浪的消减作用也不同，3 个位置消减作用相比较，总体趋势为：沙坝距离 250 m > 沙坝距离 300 m > 沙

坝距离 200 m。在剖面物理模型试验中，沙坝高程 0.0 m，对 0.00 m 水位波浪高度消波作用，在沙坝距离为 200 m、250 m、300 m 处分别为 56%、90%、88%。

活动型沙坝的临界深度是波高、波周期和沉积物大小组成的函数，它可以通过参考重复的剖面测量和水深测图来确定。在没有充足的剖面数据的情况下，Hallermeier 提出的分析方法可以用于估算该临界深度：

$$D\frac{d_{sa}}{H_{012}} = 2.3 - 10.9\left(\frac{H_{012}}{L_{012}}\right) \qquad (3.2-3)$$

式中，H_{012}代表有效深水波高，每年超过 12 个小时；$L_{012} = gT^2/(2\pi)$ 是深水波长，可以通过 H_{012}所对应的波周期来计算，其中 g 是重力加速度；使用十进制单位，$g/(2\pi) = 1.56\ m/s^2$。沙坝位置应在得出的临界水深 d_{sa} 的等深线以内来考虑，可形成海岸带中的一个活跃的部分，并起到喂养型沙坝的功能。

二、沙坝的结构参数

在沙坝的结构参数高度、顶宽、长度和边坡坡度中，决定沙坝的功效的关键参数是沙坝的高度，即沙坝的坝顶高程。坝顶高程决定了坝顶的相对水深，进而控制了沙坝透射系数，沙坝透射系数随着相对坝顶水深 R/H 的减小而减小，并且基本上呈线性变化关系。相对坝顶水深越小，沙坝透射系数就越小，沙坝的遮蔽功效越大。一般情况下，沙坝的透射系数应控制在 0.7 以下。

沙坝长度与波浪因折射在坝后波能聚集的程度相关，为避免波能聚集效应，沙坝的长度至少应是平均波长的 2.5 倍。沙坝顶宽目前尚没有明确的设计方法，Zwamborn、Fromme、Fitzpatrick（1970）进行了一定比例尺的模型试验。对于试验条件下，在防御侵蚀性波浪时，坝顶宽度自 0 m 向 30 m 的增加，可以增加接近 50% 保护程度，由 30 m 增加到 60 m，增长速率变小，保护程度可达到 90%，推荐沙坝最佳顶宽为 30～60 m。沙坝的边坡坡度与泥沙粒径和组成以及工程区海洋动力条件有关，Allison、Pollock（1991）研究表明，中粗沙型沙坝向岸坡度 1/25，向海坡度 1/50，最终坡度 1/125 为最佳边坡坡度。

三、沙坝泥沙的粒径

Larson & Kraus（1989）提出的适合于人工近岸沙坝建造的一个判别标

准，该判别式合并了深水波波高和泥沙的沉降速度参数：

即 $H/\omega T$

式中，H_0代表深水时的波高；ω 代表沙在静水中的沉降速度；T 代表波浪的周期。

Kraus（1990）进一步证实了该标准。

$$H_0/(\omega T) < 3.2 \text{ 淤积} \quad (3.2-4)$$

$$H_0/(\omega T) > 3.2 \text{ 侵蚀} \quad (3.2-5)$$

如果沉降速度参数小于 3.2，则海滩将会趋于淤积；如果其大于 3.2，则海滩将会趋于侵蚀。在侵蚀公式中，使用了有效深水波高和谱峰周期。由于方程是通过数据推导得出的，这些数据描述了大量的淤积或侵蚀事件，要强调的是该准则可以运用于由于纵向海岸泥沙运移导致的海滩变化，而不考虑沿岸过程的情况。为有效发挥沙坝的养滩功效，沙坝材料宜选用有利于淤积的分选良好的中粗沙。

第三节　海岸突堤工程

突堤（groins）为垂直于海岸线或与海岸线形成某一夹角，由沙滩向海兴建且突出海岸的构筑物，用以拦截沿岸漂沙、控制海滩地形、改变海岸线方向、阻挡沿岸流或压迫潮流方向，进而减小保护区域内的海岸侵蚀。

一、突堤的类型

突堤构筑的材料有抛石、消波块、板桩等，根据突堤结构与形状的不同，可以将突堤分为三类：

1. 非透水堤与透水堤

相对于非透水堤而言，透水堤的优点是：①反射波小、消波效果好；② 沿岸波能量小；③堤趾冲刷小；④维护容易；⑤漂沙可输送至下游侧，可获沙源补给而减少侵蚀。

2. 高堤与低堤

高堤能完全拦截漂沙，低堤则在下游可拦截沙源，减少侵蚀发生。

3. 固定式与调节式

调节式突堤较具弹性，视水位高低或拦沙量调整所需的高度。

突堤兴建后将改变海岸原有漂沙的特性而引起邻近海岸地形的变迁。

图3－5说明突堤设置后，沿岸漂沙量的变化与海岸线的变迁。由于突堤的拦截，上游侧漂沙量在沿岸方向渐减，而下游侧则渐增，因此从图3－5可以看出，漂沙在上游侧形成堆积，在下游侧发生侵蚀。图3－6则为突堤群兴建后的海岸地形变化。

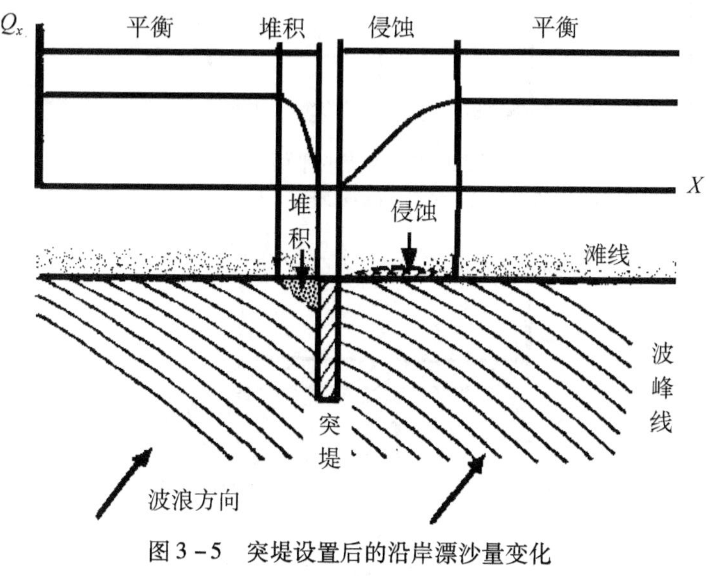

图3－5　突堤设置后的沿岸漂沙量变化

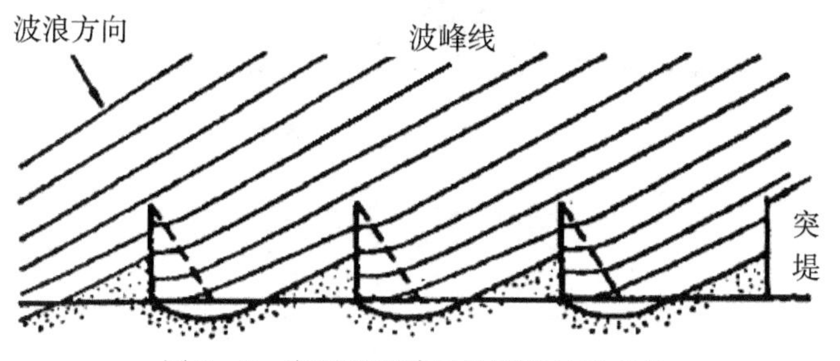

图3－6　突堤群兴建后的海岸地形变化

二、突堤的平面形态

突堤的平面形态有突堤形、T形、L形、Z形、斜形，如图3－7所示。T形突堤为在突堤形突堤的前端加一横堤，此种功能类似离岸堤，两横堤的中央位置能发挥堆沙效果。图3－8中入射波在T形突堤横堤堤端产生绕射现象，实线为波峰线，虚线则为等波高线，堤内漂沙往突堤内部集中。L形与Z形突堤横堤的作用与T形突堤相同。图3－9说明突堤型突堤与T形突堤不同季节风浪作用所产生的堆沙情况。图 3-10 为 L 形、Z 形及倾斜型突堤面的堆沙情况。

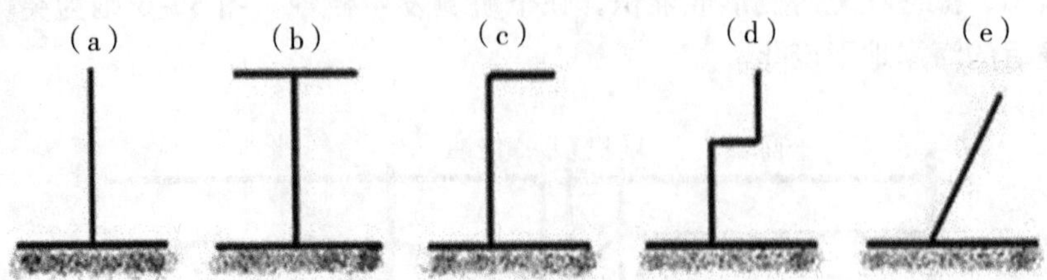

图 3-7　突堤的平面形态

(a) 突堤形；(b) T 形；(c) L 形；(d) Z 形；(e) 斜形

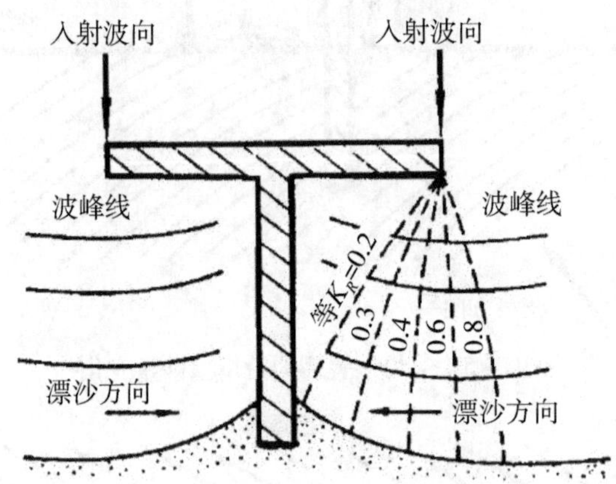

图 3-8　T 形突堤的波浪绕射现象

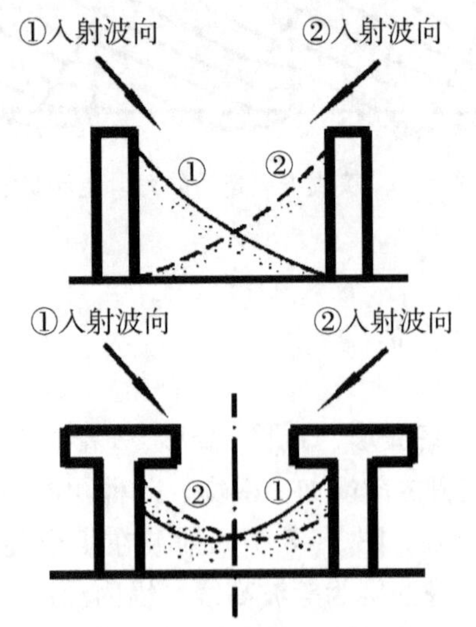

图 3-9　突堤形与 T 形突堤的滩线变化比较

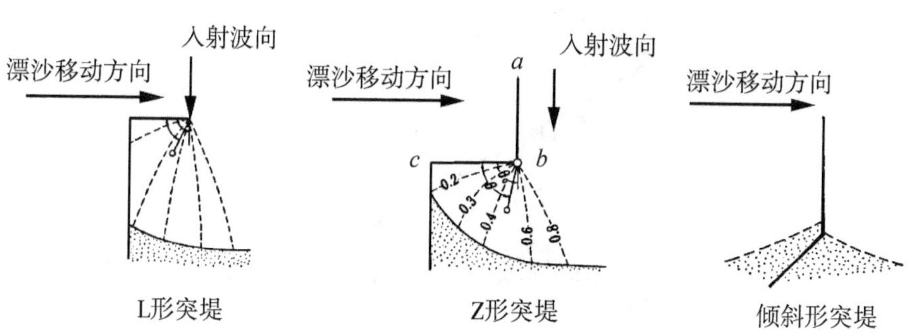

图 3－10　L 形、Z 形突堤与倾斜性突堤的滩线变化

三、突堤的设计参数

突堤设计参数有漂沙通过率、突堤方向、突堤长度、突堤高度、突堤间隔、突堤平面布置等。

1. 漂沙的通过率

已知入射波的特性，并由已知的海岸地形推算波浪变形，则可进一步估算各地点的沿岸漂沙量。图 3－11 为沿岸漂沙量随着不同地点的变化，图中编号 1～10 地点的沿岸漂沙量以 Q_1～Q_{10} 表示，突堤设置后漂沙通过量为 Q_1'～Q_{10}。其中 $Q_1'=a_1Q_1$，$Q_2'=a_2Q_2$，…，$a_9'=a_9Q_9$，a_1，a_1，…，a_9 表示漂沙通过率，漂沙通过率在最下游侧为零（$a_{10}=0$），各地点的漂沙量满足下列方程式。

$$a_1Q_1-a_2Q_2=0, a_2Q_2-a_3Q_3=0, \cdots, a_9Q_9-a_{10}Q_{10}=0 \tag{3.3-1}$$

由图 3－11 的沿岸漂沙量分布，可得 $Q_{10}=6.8\times10^3\ \mathrm{m^3/a}$；$Q_9=14\times10^3\ \mathrm{m^3/a}$；$Q_8=33.6\times10^3\ \mathrm{m^3/a}$。利用式（3.3－1）求出各地点的漂沙通过率分别为 $a_9=0.48$；$a_8=0.20$；$a_7=0.25$；…。

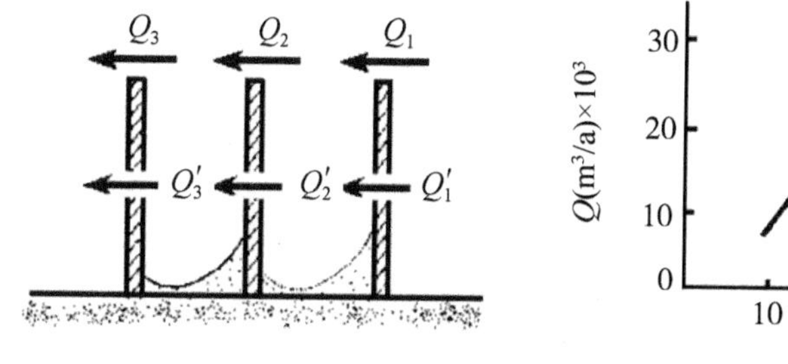

图 3－11　突堤的漂沙通过率计算

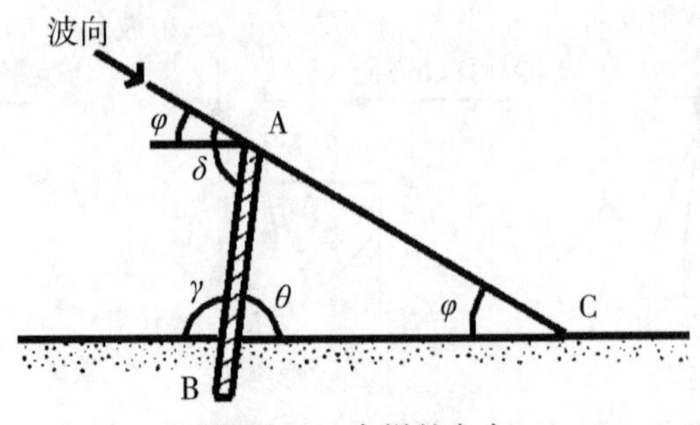

图 3-12　突堤的方向

2. 突堤的方向

突堤配置一般与滩线垂直，但如果波向大致一定时应依波向选择最易堆沙的方向。据永井（1955）的试验，入射波与防沙堤的交角 δ 以 100°～110°较适当，此时不论冲刷及波力均较小，120°以上则不佳。在图 3-12 中，为产生最大堆沙效果，则应选择遮蔽积最大角的 θ 角

$$\theta = \frac{180^\circ - \varphi}{2} \tag{3.3-2}$$

上式中 φ 满足 $\varphi = 30^\circ \sim 55^\circ$ 时，$\varphi = 63^\circ \sim 75^\circ$，最易堆积，此时入射波与防沙突堤的夹角 $\delta = \theta + \varphi = 105^\circ \sim 180^\circ$。

3. 突堤的长度

突堤完成后的滩线可由一线模式预测，图 3-13 中 m、n 线大致垂直波向线，若由图中线 c、n 之间的距离再加若干长度，使土沙满时自堤基绕到下游即为水平长度。另外，突堤在水中的长度以滩线至碎波点距离的 40%～60% 为最有效的设置距离。

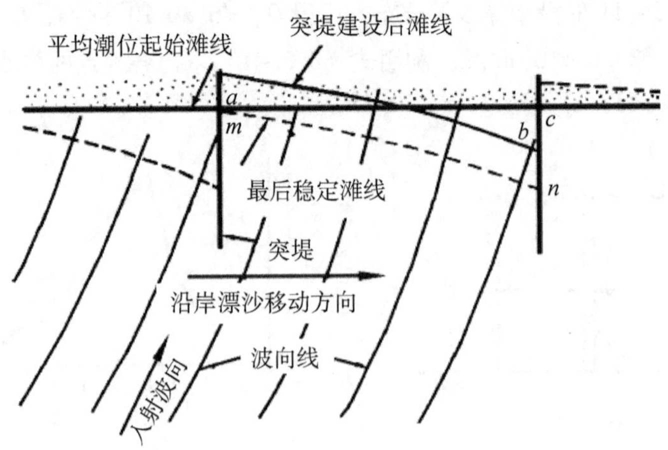

图 3-13　突堤长度

4. 突堤的高度

突堤高度一般可分为3段（图3-14）：

（1）岸侧水平段：自平台顶至上游侧预定的稳定滩线。

（2）中间倾斜段：起自岸侧水平线末端，堤顶大致与前滩坡度平行，末端高度依施工方法及欲阻挡的土沙量决定，一般延长至平均潮位。

（3）海侧水平段：包括中间倾斜段以外部分，通常此部堤顶保持水平，高度视堤的透水性通过下游沿岸的漂沙量而定。

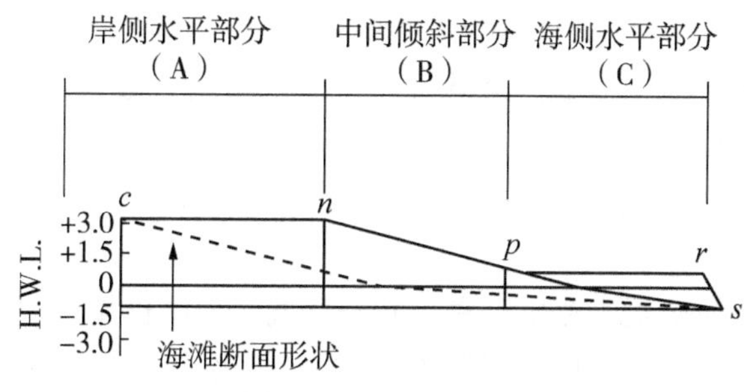

图3-14　突堤断面

5. 突堤间隔

突堤群的间隔视实际长度与预期蓄沙量而定。长度与间隔必须相互配合，一般L形与T形突堤的间隔为堤长的2.5～3.5倍。

6. 突堤平面布置

由于突堤设置时将拦截上游沿岸漂沙，可能使下游海岸因沙源短缺而产生侵蚀。为减少下游海岸侵蚀而使海滩稳定，通常突堤群的长度从上游往下游逐渐减少，其长度减少的倾斜角通常为6°（美国工程兵团，SPM，1984），如图3-15所示。图3-15中渐变段第一座的突堤长度为

$$L_1 = \frac{1 - \left(\frac{R}{2}\right)\tan 6^\circ}{1 + \left(\frac{R}{2}\right)\tan 6^\circ} L_n \qquad (3.3-3)$$

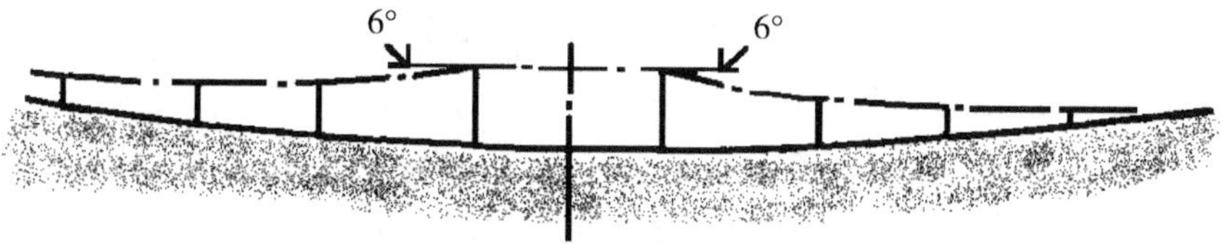

图3-15　突堤群渐变段设计（美国工程兵团，SPM，1984）

式（3.3－3）中，为 L_1 渐变段第一座突堤的长度，R 为突堤间距与堤长比例，L_n 为突堤群的一般长度。而渐变段第一座突堤的间距 S_1 则为：

$$S_1 = \frac{R}{1 + \left(\frac{R}{2}\right)\tan 6^\circ} L_n \tag{3.3-4}$$

上式中 R 的值视突堤长度及预期的蓄沙量而定，通常 R 的值为 2.5～3.5。

7. 突堤断面

突堤断面构造类似于海堤，堤顶宽度通常以能抵抗波力的作用为原则，堤越宽效果越佳，但堤太宽不合乎经济效益，一般以 3 m 为宜。突堤断面可为直立堤或采取护坡坡度，混凝土块的护坡坡度一般为 1∶1～1∶2.5。

四、“丁”字坝

“丁”字坝是突堤工程的一种，它是一端与堤岸连接呈“丁”字形向海岸伸出的护岸建筑物，具有保滩护岸、挑流促淤等作用，可以控制海湾内泥沙的季节性输运，减缓其他大型海岸工程建设引起的波浪冲刷。

海岸“丁”字坝工程的作用主要是阻止或减缓沿岸流及拦截沿岸流引起的沿岸输沙，因此多用于防护沿岸输沙率较大的侵蚀性岸段或者阻止下游河口的泥沙淤积。

“丁”字坝工程的促淤效果取决于“丁”字坝的方向、长度、高度以及它们的间距。“丁”字坝一般与岸线垂直，但如果波向大致一定时应根据波向选择最易堆沙的方向。根据永井（1955）的试验，入射波与“丁”字坝的交角 δ 以 100°～110°为宜，此时冲刷和波浪力均较小。

“丁”字坝工程在拦截沿岸输沙的同时常在其上游侧形成向海方向的沿堤流，沿堤流挟带泥沙向海输运会引起海岸泥沙流失（图 3－16）。为解决上述不利影响，“丁”字坝工程常与离岸堤等措施并用，或将“丁”字坝坝头筑成“丁”字形，能够有效防止沿堤流的形成和泥沙流失。岸滩促淤可采用“丁”字坝工程群以及“丁”字坝工程群与潜堤（离岸堤）相结合的措施。当波浪的传播方向与堤线交角较大或近乎正交时，宜采用“丁”字坝与潜堤（离岸堤）组成坝田相结合的方式。

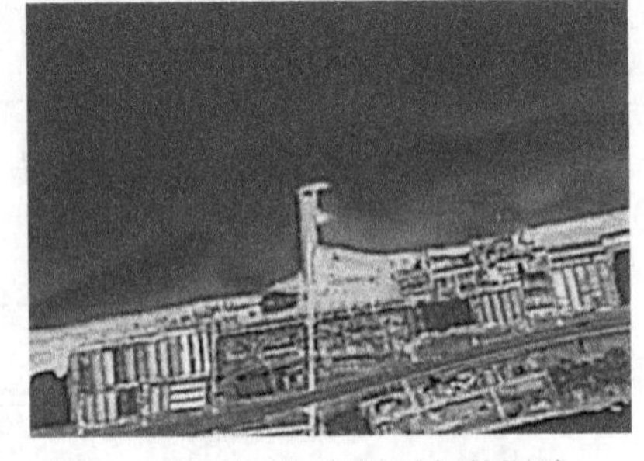

图 3－16 “丁”字坝引起的泥沙冲淤失衡

第四节　离岸堤坝工程

离岸堤（detached breakwater）为一离开陆地且约平行海岸线的堤坝，离岸堤能使波浪在堤前减衰，漂沙在堤后堆积，间接发挥稳定海滩的功能。一般而言，离岸堤工程费用高，施工不易，维护费用高，以往海岸保护甚少采用离岸堤。近年来，各欧美国家使用离岸堤的案例已日渐增多，究其原因如下：①以往设置离岸堤地区，大部分能发挥防护功能。②过去对侵蚀海岸的防护措施以海堤为主，最多再补以突堤，但效果不甚理想，故思考较新的工程方法。③海岸地带因经济繁荣，大幅开发利用，不宜在该地带施设防护措施，故设置离岸堤来达到稳定海滩和土地开发利用的目的。④沿海地区相继加速开发，人口集中，足以负担较高的工程费用，且近年施工技术进步，海中施工已非难事。

一、离岸堤后的岸滩线变迁

离岸堤由于其背后波浪绕射形成遮蔽区，区内波高变小，堤后水位梯度的变化产生堤后环流，使沿岸漂沙淤积堤后，形成突出于原海岸地形的沙舌（salient），如设计得当则可形成沿岸沙坝（tombolo）。

有关离岸堤的设计过程，大多采用经验方法，目前缺乏普遍设计的准则。建造时单一离岸堤，欲使堤体发挥最大的防护功能，必须探讨堤后堆沙效果与影响因素的关系。离岸堤背后海岸线变迁与影响因素的关系式为

$$\frac{X_s}{B} = f(H_0/L_0, S/B, \tan\beta, \alpha, G_0, \gamma) \tag{3.4-1}$$

式中，X_s 为离岸堤的背后的沙舌长度，B 为堤长，S 为离岸距离，G_0 为开口宽度，γ 为堤体的孔隙率。

离岸堤背后沙舌的几何形状，可以利用人工岬湾的原理予以描述，或以椭圆函数描述。McCormick（1993）及许等人（1998）以实测资料分析结果证实，离岸堤背后的滩线能以椭圆方程式适当描述，McCormick（1993）的经验式所绘形状符合堤后滩线变化特性。根据其分析结果显示，堤后海岸线变迁与两个参数有密切的关系，其中波浪条件为 ξ_0，定义为

$$\xi_0 = \frac{H_0/L_0}{\tan\beta} \tag{3.4-2}$$

式中，H_0 及 L_0 分别为深海波高及波长，$\tan\beta$ 为海滩的前滩坡度。在堤体布

置方面，则与离岸堤距 S 及堤长 B 的比值 S/B 有关。McCormick（1993）以试验数据回归参数，代入椭圆方程式，描述单堤背后滩线的几何形状，其定义如图 3－17 所示，而椭圆的长短轴则由实测的数据回归经验式，据此探讨沙舌长度或系岸沙洲的宽度与影响因素的关系。堤后滩线的椭圆函数为

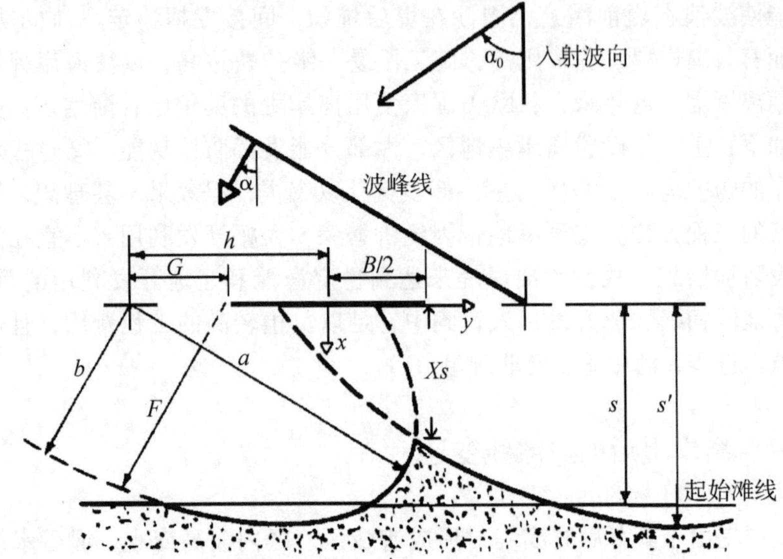

图 3－17　椭圆方程式描述离岸单堤海岸线变化示意

$$\frac{(y \mp h_c)^2}{a^2} + \frac{x^2}{b^2} = 1 \qquad (3.4-3)$$

如图 3－17 所示，h_c 为椭圆中心至离岸堤中心的距离，α 为椭圆长轴，b 为椭圆短轴。短轴 b 的经验式为

$$\frac{b}{s} = 1 + 0.2\xi_0 \sin(\lambda\xi_0) \qquad (3.4-4)$$

式中，λ 为回归参数，表示如下：

$$\lambda = -1.92\left(\frac{S}{B}\right)^2 + 9.92\left(\frac{S}{B}\right) \qquad (3.4-5)$$

椭圆中心至堤端的水平距离 G 的经验式为

$$\frac{G}{b} = \exp[\ln(\mu) + \sigma\ln(\xi_0) - v\xi_0] \qquad (3.4-6)$$

而式中的 μ、ν 及 σ 的经验式分别表示为

$$\ln(\mu) = 19.4\tanh\left(0.91\frac{S}{B}\right) \qquad (3.4-7)$$

$$v = 20.0\tanh\left(0.99\frac{S}{B}\right) \tag{3.4-8}$$

$$\sigma = 17.0\tanh\left(0.59\frac{S}{B}\right) \tag{3.4-9}$$

将式（3.4－7）、式（3.4－8）及式（3.4－9）代入式（3.4－6）则可求得 G，再代入下式可求得椭圆长轴 a 如下：

$$a = \sqrt{G^2 + b^2} \tag{3.4-10}$$

波浪斜向入射时，可先用波场模式计算堤体附近的波向角 α，或以 Snell 定理计算：

$$\alpha = \arcsin\left(\frac{L}{L_0}\sin\alpha_0\right) \tag{3.4-11}$$

式中，α_0 为入射波的波向角，L 为堤址水深的波长，可由散播方程式求得如下：

$$L = L_0\tanh\left(\frac{2\pi h}{L}\right) \tag{3.4-12}$$

图 3－17 中，斜向入射的椭圆函数必须坐标转换，即

$$B_\alpha = B\cos\alpha;G_\alpha = G\cos\alpha;S_\alpha = S/\cos\alpha \tag{3.4-13}$$

$$a_\alpha = a\cos\alpha;b_\alpha = b\cos\alpha \tag{3.4-14}$$

而坐标系统的转换如下：

$$X = x\cos\alpha - y\sin\alpha;Y = x\sin\alpha + y\cos\alpha \tag{3.4-15}$$

旋转坐标后，椭圆方程式表示如下：

$$\frac{(Y \mp h\cos\alpha)^2}{a^2\alpha} + \frac{(X \pm h\sin\alpha)^2}{b^2\alpha} = 1 \tag{3.4-16}$$

二、离岸堤工程设计

离岸堤工程设计要考虑的因素包括离岸堤距离、离岸堤长度、开口宽度、布置水深、堤顶高程、堤顶宽度等，其中以离岸距离及开口宽度最为重要。离岸堤工程设计主要参数分述如下。

1. 离岸距离

在固定的波浪条件作用下，$S/B < 0.53$，随着离岸距离的减少，更能形成沿岸沙坝。当 $S/B < 0.53$ 时，离岸距离越远，离岸堤背后所形成的沙舌规模越小；当 $S/B < 2.0$ 时，即于离岸距离大于堤长的 2 倍情况，则沙舌不易形成。

一般而言，离岸堤设置位置离岸太近或太远均不易形成沙舌或沿岸沙

坝。若布置于碎波带附近，能产生较佳的堆沙效果。日本水工模型试验结果发现，离岸距离在40～150 m时，沿岸沙坝形成且宽度很大，在波浪条件较差的情况下也能形成堤后堆沙。表3－1及表3－2列出了不同无因次离岸距离所形成的沙舌或沿岸沙坝的条件。

表3－1　沙舌形成的条件

离岸距离	可能结果	参考文献
$S/B<1.0$	无系岸沙洲	SPM（1984）
$S/B<0.4\sim0.5$	沙舌	Gourlay（1981）
$S/B=0.5\sim0.67$	沙舌	Dally 和 Pope（1986）
$S/B<1.0$	无系岸沙洲（单堤）	Suh 和 Dalrymple（1989）
$S/B<2G_0/B$	无系岸沙洲（堤群）	Suh 和 Dalrymple（1989）
$S/B<1.5$	充分形成沙舌	Ahrens 和 Cox（1990）
$S/B<0.8\sim1.5$	沙舌形成不明显	Ahrens 和 Cox（1990）

表3－2　沿岸沙坝形成的条件

离岸距离	可能结果	参考文献
$S/B>2.0$		SPM（1984）
$S/B>2.0$	两个沿岸沙坝	Gourlay（1981）
$S/B>0.67\sim1.0$	沿岸沙洲（浅水）	Gourlay（1981）
$S/B>2.5$	周期性沿岸沙坝	Ahrens 和 Cox（1990）
$S/B>1.5\sim2.0$	沿岸沙坝	Dally 和 Pope（1986）
$S/B>1.5$	沿岸沙坝（群堤）	Dally 和 Pope（1986）
$S/B=1.0$	沿岸沙坝（单堤）	Suh 和 Dalrymple（1989）
$S/B>2G_0/B$	沿岸沙坝（群堤）	Suh 和 Dalrymple（1989）

离岸堤背后形成沙舌的长度，Suh & Dalrymple（1989）根据试验结果，建议单一离岸堤形成的沙舌长度 Y_s 如下：

$$\begin{aligned} Y_s/B &= 0.156; X_B/S = 0.5 \\ Y_s/B &= 0.317; 0.5 < X_B/S = 1.1 \\ Y_s/B &= 0.156; X_B/S = 1.0 \end{aligned} \tag{3.4-17}$$

式中，X_B 表示碎波点的离岸距离。离岸堤群的沙舌长度为

$$Y_s = 14.8\frac{G_0 S}{B^2}\exp[-2.83\sqrt{(G_0 S/B^2)}] \tag{3.4-18}$$

2. 堤长

离岸堤堤长越短，则对波浪的遮蔽效果不佳，堤后淤沙的可能性亦相对降低。根据日本离岸堤的经验，堤长在 50 m 以下时，不会形成沙舌或沿岸沙坝，堤长介于 50～200 m 时，能获较佳的淤沙效果（田中，1983）。

3. 开口宽度

离岸堤开口部分一则可使水流及波浪自开口部分灌入，保持良好水质，亦可使漂沙自开口处输入，同时也可为渔船进出通道。开口部分大可节省不少工程费，但开口太大则波浪遮蔽不良，不利漂沙沉积，同时堤防溯升及越波量增高无法达到海岸保护的目的。如何调整堤长与开口宽比及离岸距离，才能使堤背后能产生最大拦沙量达到保护海岸的目的，是离岸堤设计的重点。

开孔宽度 G_0 与离岸堤长大致维持如下关系：

$$
\begin{aligned}
G_0 &= 0.3\,B; & B &< 160\ \text{m} \\
G_0 &= 1.8 \sim 2.3\,B; & B &> 160\ \text{m}
\end{aligned}
\qquad (3.4-19)
$$

欧和许等人（1986）曾进行试验研究，规划一般性离岸堤设计准则，试验时堤顶高度固定为 1 m，堤体所在水深有平均水位及碎波带附近两种，入射波向有 10°及 30°两种波向，海滩坡度为 1/60，变换堤长及开口宽度试验，研究各种不同条件下的堤后堆沙量。当堤长为 80 m 时，堤体布置于在碎波点附近，由波向 10°入射的试验结果显示，当 G_0/B 的值为 0.4～0.5 时，所获堆沙效果为最佳。日本离岸堤的经验为 $h/L = 1/3$ 时，离岸堤背后的堆沙效果良好（田中，1983）。

4. 布置水深

根据日本的经验，离岸堤应布置于水深 3.0～7.0 m 之间的区域，形成沿岸沙坝的高峰水深为 4.0 m（田中，1983）。通常堤体所在水深如为碎波带，则活跃的漂沙可提供较佳的淤沙效果。

5. 堤顶高度

离岸堤堤顶高度考虑设置水深、潮位、波浪、地层及地层下陷等因素。通常，堤顶高度 = H. W. L. + 设置水深波高的一半 + 沉陷量，或堤顶高度 = H. W. L. + 1.0～1.5 m + 沉陷量。

6. 堤顶宽度

离岸堤容易受到越波的损害，若使用消波块兴建离岸堤，必须考虑消波块被波浪冲击而滑落或溃散，通常堤必须有 3 个消波块并排的宽度。

第五节　海岸防护堤坝工程

海岸防护堤坝工程，也叫海堤工程，是为了防御海潮和风浪的侵袭、阻止岸线后退、保护陆域免遭侵蚀，在海水、陆地交界地带修筑与岸线平行的防护性建筑物工程。海岸防护堤坝工程是砂质海岸带海岸防护的最常见工程类型。

一、海堤工程断面结构

海岸防护堤坝工程结构由挡水结构、防渗土体和防浪结构三部分组成，按结构形式可分为斜坡式、直立式及混合式3种（图3－18）。

图3－18　海岸防护堤坝工程（左：无防浪墙，右：有防浪墙）

1. 斜坡式海堤

斜坡式海堤的向海面为斜坡式，斜坡式海堤主要构筑于中、强潮区临海坡面，适用于高、中、低潮带圈堤，同时也通用于深水围堤。斜坡坡面设抛石护坡，背海坡面用植物保护，边坡1∶2～1∶3，堤身高度一般为3～5 m；在弱潮区，堤坡较缓，一般仅用植物保护。

斜坡式海堤的优点有：①堤坝基础与地基接触面积大，地基应力较小，能较好地适应滩涂的软土地基条件，整体稳定性较好；②能有效地吸收波浪，消浪效果明显，对强风浪区有较强的适应性；③筑堤土料和围内填土抬高地面一般可就地取材；④施工工艺不复杂；⑤斜坡面结构及施工技术简单，维修养护较容易。目前，沿海地区已将斜坡堤作为海堤的基本结构形式。

2. 直立式海堤

直立式海堤的海堤向海面为直立式堤墙，主要为混凝土扶壁式或重力式圬工挡土墙，其背后填以土体，直立式海堤可建在港口码头、河口及海湾以内受风浪作用小的海岸，结合护岸工程构筑。直立式海堤的主要优点是堤身断面较经济、占地面积小、工程造价较低；缺点是直立堤对地基要求高、稳定性较差、不利消浪。

3. 混合式海堤

混合式海堤的向海面多为台阶式结构，堤身结构由斜坡式与陡墙式组合而成，以减小波浪爬高。有些堤顶设有直立式或弧形的防浪墙。混合式海堤兼有直立式堤、斜坡式堤的优缺点，适用于潮下带围堤及深水圈堤。其中，低潮位以下部位采用直立式堤，受风浪作用部位采用斜坡式堤。为适应沿海地区风浪大的特点，海堤的结构形式以采用斜坡式及混合式为宜。混合式堤的特点是外坡为变坡结构。当断面组合得当，可兼有斜坡堤和直立堤两者的优点，而避免其缺点，但边坡转折处，波浪紊乱，波能较集中，容易变形破坏，需要在结构上进行补强。

二、海堤护面结构

海堤护面结构直接关系防冲安全程度。迎潮面宜采用抗冲刷整体性好的结构，堤顶面及背坡面结构主要视越浪量大小而定。允许越浪时迎潮面一般采用混凝土、细骨料混凝土灌砌块石、装砌块石以及干砌块石上安放砼人工块体（轮栅栏板、砂四脚空心块、轮扭王块）等；堤顶面采用混凝土、浙青混凝土等护面；背坡面采用干砌块石、装砌块石和混凝土预制块（板）等护面。护面应满足坚固耐久、就地取材、方便施工、围护管理以及经济美观的要求。

（1）挡墙。为了保护海堤迎潮面的结构安全，受风浪作用较为集中的挡墙应采用整体性较好、抗风浪能力较强的刚性结构。挡墙可采用浆砌块石、细骨料砼灌砌块石、埋石砼或砼等多种材料。

（2）消浪宽平台。为了达到较好的消浪效果，消浪宽平台应布置设计高潮位左右。这一高度会造成消浪平台位置波能较集中，容易造成变形破坏，因此消浪宽平台宜采用抗冲刷性好的结构。消浪宽平台采用厚 20 cm 砼结合厚 60 cm 的细骨料验灌砲块石护面。

（3）镇压层。海堤迎潮侧设镇压层平台，镇压层护面分区设计。下部陆墙脚以外 5.0 m 范围为第①区，为保护陆墙安全，墙脚设置人工块体，由于工程区波浪有效波高超过 4 m，根据《海港工程设计手册》相关规定和类似工程经验，护脚平台安放砂扭王块，安放 4 排，扭王块单块重量确定为 6 t。第①区外侧 8.0 m 范围为第②区，顶高层 0.0 m，表面采用大石块理砌护面，单块重大于 1 t。第②区以外至大石块护脚为第③区，自 0.0 m 高程以 1∶13 的坡度与大石块护脚连接，表面采用细骨料灌砌块石框格内大石块理砌，理砌大石块单重大于 1 t，并采用砼灌缝，灌缝深度 40 cm，以保证砌石块具有较好的整体性。

(4) 堤顶。堤顶位于海堤的最高处，如果允许波浪越过堤顶，且工程区风浪大，则堤顶护面结构设计应考虑较好的抗风浪打击、抗冲刷和排水的能力。

三、海堤工程设计

海堤工程设计首先要确定海堤工程的设计防护标准。根据现行国家防洪标准《防洪标准》GB 50201 中各类防护对象的规模和重要性，海堤工程防潮（洪）标准应按照表 3－3 确定。海堤上的闸、涵、泵站等建筑物和其他构筑物设计的防潮（洪）标准，不应低于海堤工程的防潮（洪）标准，并应保留适当安全裕度。

表 3－3　海堤工程防潮（洪）标准

海堤工程防潮（洪）等级	1	2	3	4	5
重现期（年）	≥100	100～50	50～30	30～20	10～20
高新农业（万亩）	≥100	100～50	50～10	10～5	≤5
经济作物（万亩）	≥50	50～30	30～5	5～1	≤1
水产养殖业（万亩）	≥10	10～5	5～1	1～0.20	≤0.20
高新技术开发区	特别重要	重要	较重要		一般

1. 设计潮位

设计高潮位可采用极值同步差比法与附近有不少于连续 20 年资料的长期潮位站资料进行同步相关分析，设计高潮位按照下式计算：

$$h_{PY} = A_{NY} + \frac{R_Y}{R_X}(h_{PY} - A_{NY}) \qquad (3.5-1)$$

式中，h_{PY}为设计高潮位（m），h_{PX}为长期潮位站的高潮位（m），A_{NY}为海堤工程建设岸段的平均海平面高程（m），A_{NX}为长期潮位观测站的平均海平面

高程（m），R_X为海堤工程建设岸段各年最高潮位的平均值与平均海平面的差值（m），R_Y为长期潮位观测站各年最高潮位的平均值与平均海平面的差值（m）。

采用极值同步差比法计算时，海堤建设岸段与长期潮位站之间应符合以下条件：①性质相似；②地理位置邻近；③受河流径流影响相似。

2. 堤顶高程计算

根据《滩涂治理工程技术规范》，堤顶高程按照下式计算，

$$Z_p = H_p + R_{F\%} + A \tag{3.5-2}$$

式中，Z_p为设计频率的防浪墙顶设计高程（m）；H_p为设计频率高潮位，50年一遇设计高潮位；$R_{F\%}$为波浪爬高值（m），允许部分越浪 $F=13$；A 为安全加高（m），可根据海堤级别和越浪设计选取，具体见表 3－4。根据《滩涂治理工程技术规范》，允许部分越浪的海堤，其堤顶高程（不计防浪墙）应高出设计高潮位 0.5 倍百分之一大波波高，即高出 0.5 $H_{1\%}$。

表 3－4　堤顶安全加高值

海堤工程级别	1	2	3	4	5
不允许越浪 A（m）	1.0	0.80	0.70	0.60	0.50
允许越浪 A（m）	0.50	0.40	0.40	0.30	0.30

在海岸防护堤坝工程设计中不仅要考虑满足一定的高程和坚固程度，还要兼顾一定的消浪功能，可以将外侧堤面设计为阶梯、缓坡、透空等形式。但对堤外侵蚀的海滩，海堤不能提供有效的防护作用，相反，直立式海堤引起的波浪反射可加剧堤前滩面侵蚀，而且这种不利效应随堤前水深的增大会更加明显。

第六节　砂质海岸其他防护堤坝工程

砂质海岸防护其他工程还包括人工潜堤工程、鱼尾形防波堤工程、人工岬角工程等，人工潜堤工程、鱼尾形防波堤工程、人工岬角工程都是为了弱化波浪对砂质海岸的水沙动力作用。

一、人工潜堤工程

传统的海岸防护工程方法虽可防止波浪越波，遏阻海水入侵及海岸侵

蚀，却往往因波浪反射增强使得堤脚冲刷加剧，最后导致海滩加速侵蚀。这些海岸防护工程通常以混凝土消波块加高堤脚或作为防护层保护，这样不仅妨碍观海视线，还会因为消波块凌乱破坏海岸景观，同时压迫感使人们的亲水意愿降低。在柔性工法中，人工潜礁（artificial reef）或潜堤（submerged breakwater）为沉没海岸的构筑物，能消散部分波能，降低水流流速使漂沙沉积于堤后，可控制海滩侵蚀达到保护海岸的目的，其功能类似离岸堤但其阻挡的水流断面积较离岸堤少，对海水循环防碍较小，对生态环境影响相对减轻，而结构物不露出水面对景观破坏较少，此种工法较能符合环保的需求。

潜堤的型式大致分为单列式与系列式潜堤。单列式潜堤仅有一道潜堤，属于“线”防御。图3－19为单列式潜堤配合人工养滩的一例，波浪经潜堤碎波后波能降低，水流流速减缓有助于海滩稳定。

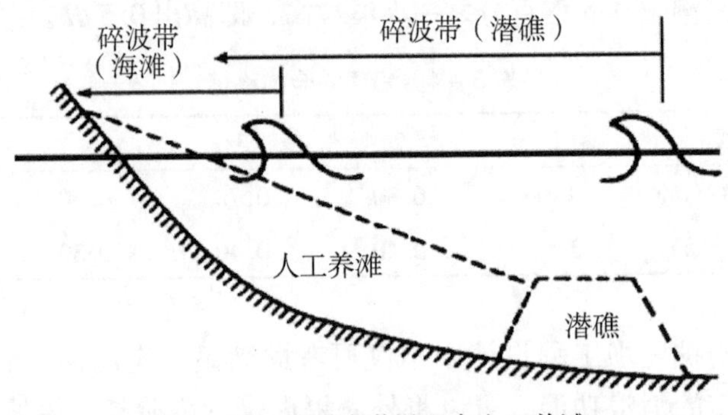

图3－19　单列式潜堤配合人工养滩

系列式潜堤可利用堤与堤间的空间使波浪产生布拉格共振（Bragg resonance），借此控制波浪通过系列潜堤的水域而使达到海岸的波高衰减，如布置得宜则可改变传统的高而宽的潜堤形式，以数道较低的堤顶及较狭的堤宽做适当配置亦能达到抑制波浪的目的。

图3－20为矩形人工潜堤在相对水深 $h/L=1/3$ 及潜堤个数 $N=8$ 时反射率 R 随潜堤间距 $2S/L$ 变化的试验结果（张等人，1997），此处 S 为潜堤间距。图中结果显示，当 $2S/L$ 为整数倍时，即间距为波长一半的整数倍则产生布拉格共振，此时反射率达尖峰值，可达堤后波高衰减的效果。

为维护海岸景观环境并达到海岸防灾目的，人工潜礁为目前可采用的方法之一，但这方面的工程经验尚少，有待设计前进一步分析或施工后调查搜集更多资料，以建立更实用的施工法则。

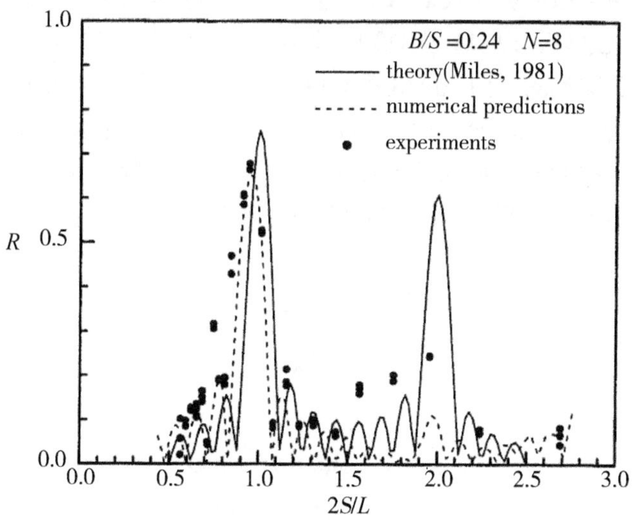

图 3-20　矩形人工潜堤反射率随潜堤间距的变化（张等人，1997）

二、鱼尾形防波堤工程

在海岸防护工程中，突堤与人工岬湾的主要差别在于，人工岬湾工程利用所设计的大型构筑物可消减下游海岸的侵蚀而利于海滩的形成。然而，突堤与人工岬湾却没有离岸堤利用较少的构筑物将波浪阻挡产生绕射来保护海滩的优点。所以，Fleming（1990）综合上述几种海岸防护工程的优点，发展出鱼尾形防波堤（fishtailed breakwater）。鱼尾形防波堤形态如图 3-21 所示。

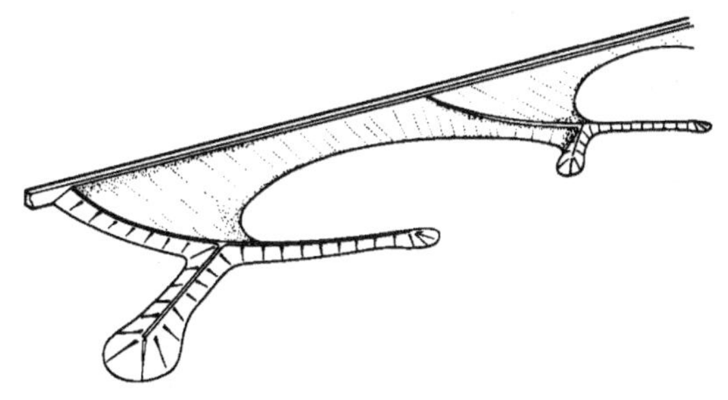

图 3-21　鱼尾形防波堤基本形状图（Fleming，1990）

鱼尾形防波堤保护沙滩的机制如图 3-22 所示，防波堤 OA 及 OB 主要用来消减波浪能量，而 AOC 防波堤则用来阻碍沿岸漂沙，所以，上游海滩形成主要利用类似突堤形式的 AOC 防波堤正常堆积而来，下游的海滩主要利用离岸堤的原理，即 OA 及 OB 防波堤来形成海滩。AC 段可阻绝及改变沿岸、离岸及潮流的方向以降低海岸侵蚀至最低程度，AC 段设计成弯曲线且在 C 点处与海岸线垂直。COA 弯曲的大小以减少波浪反射率来设计，如此可减缓堤趾的冲刷。鱼尾形防波堤 OA 段坡面需放置多孔物（porous structure）来促使波浪将漂沙带于 COA 与海岸线之间。OB 段一般垂直于大波浪作用的方向。

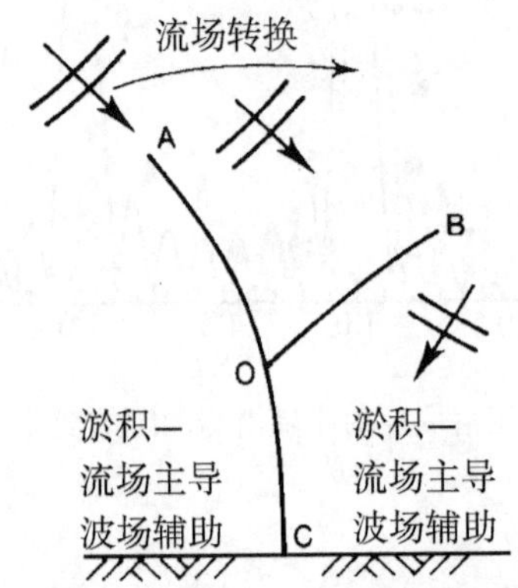

图 3-22　鱼尾形防波堤保护海滩示意图

鱼尾形防波堤规格设计，应参考设计海域的波高、波向、周期、潮差与地形，A 点的离岸堤距离一般需大于 3 倍的波长，且小于漂沙活动宽度的一半。

A 点及 B 点堤头的缓坡度主要提供堤头下列两个功能：

(1) 有效地利用波浪绕射作用来降低波浪能量，帮助海滩堆积。

(2) 提供底床及防波堤的渐变区，降低波浪反射，防止因流的堤趾冲刷。鱼尾形防波堤主要应用在较缓坡的海滩，通过防波堤来减低水流，使海滩呈半月形而达到保护海滩的功效。

三、人工岬角工程

人工岬角工程是通过修建人工岬角来改变波浪绕射点位置，从而改变波浪动力条件，使得理论静态平衡岸线与实际岸线接近，变不稳定海湾为稳定海湾的工程方式。利用人工岬角工程建造人工岬湾的方法是一种顺应自然规律的新型海岸防护措施，能够有效维持原来海岸平衡，因而不会对工程相邻海岸造成不良影响。因为人工岬湾法的这些优点，此法已被世界各国越来越多的海岸工程师所接受和采用，应用越来越广泛。人工岬湾养滩是在尊重自然景观的前提下，采用“软硬”兼施的综合方法，利用突堤、“丁”字坝、离岸堤等建造人工岬角，营造静态岬湾，配合人工养滩技术，创造稳定、安全及亲水的近自然海滩的保护方法。

“丁”字坝与离岸堤组合构成的人工岬角如图3－23所示。人工岬头的设计与布置，应考虑到岬头的种类、形状、长度、离岸距离、方向、间隔、堤体的保护，和岬头群的施工顺序。岬头的间隔大小，直接影响海湾的大小与弯入率。进行静态平衡岬湾改造时，应充分利用海岸地貌及已存在的沿岸构筑物布置静态平衡的湾岸弧线，以减少建设投资，达到人工岬湾的目的。新的岸线走向与平面形状应符合海滩泥沙的运动规律，岸线形状要适应当地的波浪条件，符合静态平衡岬湾岸线形状。

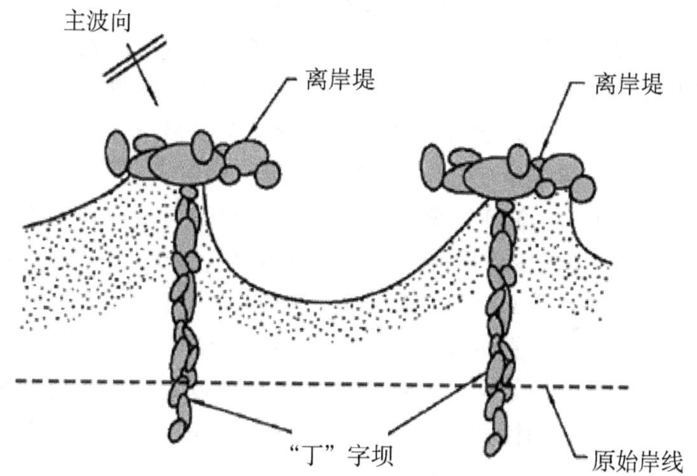

图3－23　“丁”字坝和离岸堤组合构成的人工岬角

第四章　海滩资源养护工程效果评价方法

第一节　海滩资源养护工程效果评价技术框架

砂质海岸的海滩资源不仅是一种海岸地貌形态，更是一种重要的滨海旅游休闲娱乐资源，可为旅游休闲娱乐者提供舒适的滨海休憩、游泳、娱乐等亲水场所，是滨海城市重要的海洋旅游资源。但随着海岸带人类活动，尤其是海岸开发利用活动的不断加大，许多海岸沙滩都面临着沙滩侵蚀、泥化、石化等退化问题干扰，海滩资源退化已严重影响了以滨海沙滩旅游休闲娱乐为主的滨海旅游产业健康发展。近年来，海滩资源整治修复与养护工程成为解决海滩资源退化问题的重要途径，已越来越受到国内外学者与管理部门的重视，相关学者分别从海滩养护基础理论、海滩养护方案设计、海滩养护工程技术等方面开展了较多研究与探讨[101-104]。

砂质海岸带整治修复工程海滩资源效果评价是对砂质海岸带海滩资源整治修复与养护工程效果的综合监测与分析评价，它一方面可以客观评价海岸整治修复工程实施的海滩资源实际效果，另一方面也是检验海岸整治修复工程技术方案的重要环节[105]。通过监测、分析与评价砂质海岸带整治修复工程海滩资源养护效果及其存在的问题，可以剖析砂质海岸带整治修复工程技术方案的合理性和设计缺陷，为进一步完善砂质海岸带海滩资源养护理论方法与工程技术提供实践依据。

由于砂质海岸带整治修复工程实施后海滩质量状况受到的影响因素十分复杂，且不同海滩受到的影响因素也不尽一致，因此不同国家和区域对海滩养护效果评价时选择的评价指标也各不相同。美国海滩养护工程效果评价主要关注：海滩实际寿命、海滩剖面形态演变、海滩底质粒径变化、沙滩颜色变化、海滩生态适宜性等方面；荷兰海滩养护工程效果评价主要关注：海滩侵蚀速率变化、海滩实际寿命、海滩滩肩宽度变化、海岸沙丘稳定寿命、海滩剖面实际寿命等，并制定了海滩养护工程效果评价结果等级标准；英国海滩养护工程效果评价主要关注：成本/收益比、实际有效使用寿命、抵御洪灾功能及环境影响因素等；丹麦海滩养护工程效果评价主要关注：海滩自然侵蚀系数、海滩使用寿命、海滩补沙效率等。整体上欧美国家对于海滩养护工程效果评价方法研究较少，仅有包括沙滩寿命、滩

肩宽度、侵蚀速率、沙滩粒度等简单评价指标，且把沙滩作为一个统一整体评价，很少关注海岸带整治修复工程实施后海滩质量的空间差异性[106-110]。

根据我国砂质海岸带整治修复工程特点，首先开展海岸带整治修复工程海滩资源效果识别，比较分析海岸带整治修复工程实施前、实施后海滩形态与质量变化，包括：①海岸整治修复工程实施前、实施后沙滩空间规模变化识别分析，调查/监测参数为沙滩宽度；②海岸整治修复工程实施前、实施后海滩沉积物堆积体量变化识别分析，调查/监测参数为沙滩厚度；③海岸整治修复工程实施前、实施后海滩表层沉积物粒径粗细状况变化识别分析，调查/监测参数为表层沉积物粒径；④海岸整治修复工程实施前、实施后海滩剖面形态变化识别分析，调查/监测参数为海滩高程；⑤海岸整治修复工程实施前、实施后潮滩适宜游泳、娱乐、嬉水空间变化识别分析，调查/监测参数为适宜游乐区域面积，采用平均大潮高潮线与 -2.0 m 等深线之间适宜海滩游乐区域度量。

在海岸带整治修复工程效果识别的基础上，根据海滩中不同空间的水沙动力环境及利用差异特征，将海滩分为沙滩和潮滩两部分。沙滩为海滩中平均大潮高潮线以上，地表沉积物为砂的海岸空间；潮滩为海滩中平均大潮高潮线至平均大潮低潮线之间，表层沉积物为砂的海岸空间[111-112]。砂质海岸带整治修复工程效果评价方法分沙滩养护效果评价方法和潮滩养护效果评价方法。沙滩养护效果评价方法主要包括沙滩空间规模养护效果评价、沙滩垂直体量养护效果评价和沙滩舒适度养护效果评价；潮滩养护效果评价包括潮滩适宜游乐区域规模养护效果评价、潮滩剖面形态养护效果评价和潮滩底质物质组成养护效果评价。

同时，为了揭示砂质海岸带整治修复工程实施前、实施后海滩资源环境变化的空间差异性，本书将海岸带整治修复工程效果评价区域划分成若干个评价单元，每个评价单元内保持海滩侵淤状况、表层沉积物组成结构、沙滩质量等参数空间分布相对均一。制作砂质海岸带整治修复工程海滩资源养护效果评价单元空间矢量图层，作为砂质海岸带整治修复工程海滩资源养护效果评价研究的 GIS 基础空间数据。基于 GIS 技术的砂质海岸带整治修复工程海滩资源养护效果空间差异性评价方法技术框架见图 4-1。

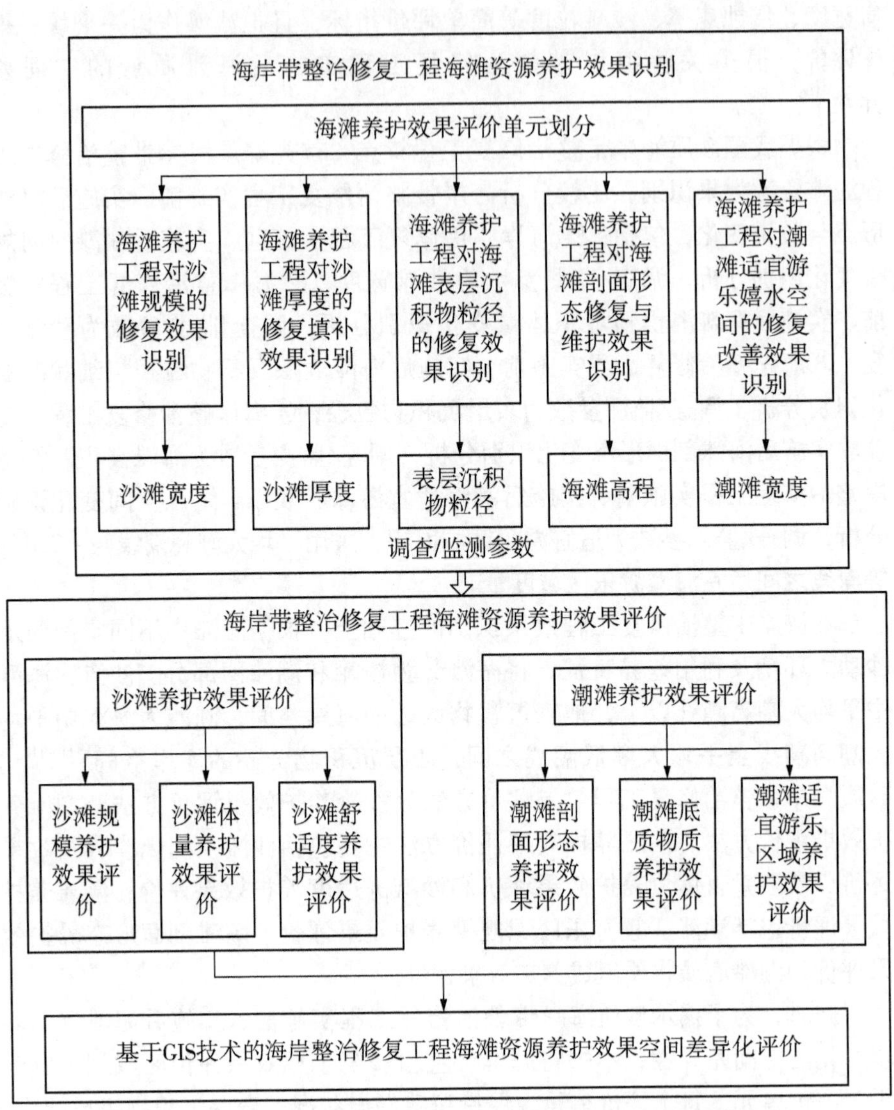

图4－1　砂质海岸带整治修复工程海滩资源效果评价技术框架

第二节　海滩资源养护工程效果评价指标构建

在砂质海岸带整治修复工程海滩资源养护效果评价框架下，分别从沙滩空间规模养护效果评价、沙滩体量养护效果评价、沙滩舒适度养护效果评价三个方面建立和遴选砂质海岸带整治修复工程沙滩资源养护效果评价

指标。从潮滩适宜游乐区域规模养护效果评价、潮滩剖面形态养护效果评价和潮滩底质物质养护效果评价三个方面遴选砂质海岸带整治修复工程潮滩资源养护效果评价指标。

一、沙滩资源养护工程效果评价指标

1. 沙滩空间规模养护效果评价指标建立与遴选

沙滩空间规模养护效果评价指标一般有沙滩长度、沙滩宽度、沙滩面积、沙滩面积指数等，可以从不同角度反映沙滩空间规模的养护效果。

（1）沙滩长度。沙滩长度是砂质海岸带沙滩沿海岸线的纵向绵延距离，沙滩长度越大，沙滩空间规模越大。对于岬湾型海湾，一般两个岬角之间的海湾海岸带分布有沙滩，沙滩长度就是从一个岬角沙滩开始分布区域到另一个岬角沙滩消失区域的海岸长度。沙滩长度是很多国家和地区沙滩评价的主要指标之一[65]。沙滩空间规模养护效果可以用砂质海岸带整治修复工程实施前和实施后的沙滩长度分析比较，评价砂质海岸带整治修复工程对沙滩长度的改变情况，进而揭示砂质海岸带整治修复工程的沙滩空间规模养护效果。

（2）沙滩宽度。沙滩宽度是砂质海岸带沙滩沿海滩剖面的横向分布距离，一般从平均大潮高潮线向陆至砂质海岸带沙滩分布的外缘线，有植被分布海岸至植被沿沙滩分布线，有拦沙网或拦沙堤海岸至拦沙网或堤脚线。沙滩宽度越大，沙滩空间规模越大。沙滩宽度是从横向角度评价沙滩规模的主要指标，一般采用沙滩平均滩肩宽度来表征[44]。沙滩空间规模养护效果可通过砂质海岸整治修复工程实施前和实施后的平均沙滩宽度或平均滩肩宽度比较，揭示砂质海岸带整治修复工程的沙滩空间规模养护效果。

（3）沙滩面积。砂质海岸带沙滩沿海岸线一般呈条带状分布，沙滩面积是沙滩沿海岸线呈条带状分布规模的总体度量，是沙滩长度与沙滩平均宽度的乘积，沙滩面积越大，沙滩空间规模就越大。对于岬湾型海湾，沙滩空间形状多呈弯弓形，可采取分段测量沙滩长度和宽度，乘积再求和方法计算沙滩面积。沙滩空间规模养护效果可通过比较砂质海岸整治修复工程实施前和实施后的沙滩面积，评价砂质海岸整治修复工程的沙滩空间整体规模养护效果。

（4）沙滩面积指数。根据海滩使用情况实际调查，游客在沙滩上活动主要包括观赏海面景色、堆沙乘凉、挖贝和下海游泳，基本上集中在距离海水水边线 200 m 范围内的沙滩区域，200 m 以外的沙滩区域游客极少。所

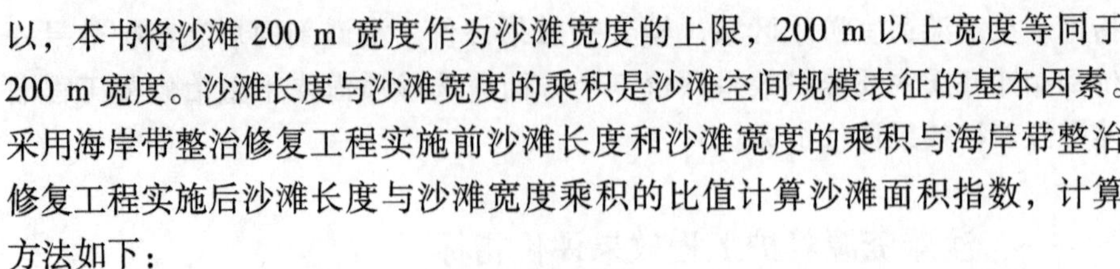

以，本书将沙滩 200 m 宽度作为沙滩宽度的上限，200 m 以上宽度等同于 200 m 宽度。沙滩长度与沙滩宽度的乘积是沙滩空间规模表征的基本因素。采用海岸带整治修复工程实施前沙滩长度和沙滩宽度的乘积与海岸带整治修复工程实施后沙滩长度与沙滩宽度乘积的比值计算沙滩面积指数，计算方法如下：

$$C_s = \frac{\sum_{j=1}^{m} a_j b_j}{\sum_{i=1}^{n} a_{i0} b_{i0}} \tag{4.2 - 1}$$

式中，C_s 为沙滩面积指数，a_{i0} 为砂质海岸整治修复工程实施前第 i 个评价单元沙滩长度，b_{i0} 为砂质海岸整治修复工程实施前第 i 个评价单元的平均沙滩宽度，a_j 为砂质海岸整治修复工程实施后第 j 个评价单元的沙滩长度，b_j 为砂质海岸整治修复工程实施后第 j 段沙滩的平均宽度。沙滩宽度采用海岸整治修复工程实施前、实施后的实际测量数值，沙滩宽度实际测量数据大于 200 m 时等同于 200 m。沙滩长度为每个评价单元在沙滩区域的长度，采用 Arcmap10.0 软件中的距离标尺测量每个评价单元的沙滩长度。在海岸整治修复工程实施前和实施后的评价单元一致的情况下，每个评价单元在海岸整治修复工程实施前和实施后的沙滩长度是相等的。

沙滩面积指数反映了砂质海岸带整治修复工程实施对沙滩空间规模的整体改善效果。由于它是海岸带整治修复工程实施前和实施后沙滩面积的比值（没有量纲），当沙滩面积指数等于 1.0 时，表示海岸带整治修复工程实施前和实施后沙滩面积是相等的，也就是说海岸带整治修复工程没有改变沙滩空间规模；当沙滩面积指数大于 1.0 且数值越大，说明海岸整治修复工程实施后的沙滩面积大于海岸带整治修复工程实施前的沙滩面积，表明海岸带整治修复工程实施扩大了沙滩空间整体规模，数值越大说明海岸带整治修复工程实施的沙滩面积增加倍数越大，沙滩空间规模养护效果越好；当沙滩面积指数小于 1.0 且数值越小，说明海岸带整治修复工程实施后的沙滩面积小于海岸带整治修复工程实施前的沙滩面积，表明海岸带整治修复工程实施缩小了沙滩空间整体规模，数值越小说明海岸带整治修复工程实施后沙滩面积缩减系数越大，沙滩空间规模养护效果越差。

在沙滩长度、沙滩宽度、沙滩面积、沙滩面积指数 4 个表征沙滩空间规模养护效果评价指标中，沙滩长度、沙滩宽度、沙滩面积是海滩资源评价中的常用指标，沙滩面积指数是本书研究建立的新评价指标。沙滩长度是从纵向度量沙滩空间规模的评价指标，沙滩宽度是从横向度量沙滩空间规

模的评价指标，沙滩面积是从整体上度量沙滩空间规模的评价指标，这3个评价指标都无法直接反映砂质海岸带整治修复工程的沙滩空间规模养护效果。沙滩面积指数是砂质海岸带整治修复工程实施前与实施后沙滩面积的比值，可以从整体上直接反映砂质海岸带整治修复工程的沙滩空间规模养护效果。为此，选择沙滩面积指数作为砂质海岸带整治修复工程沙滩空间规模养护效果的评价指标。

2. 沙滩体量养护效果评价指标的建立与遴选

沙滩体量就是沙滩的体积数量，它与沙滩面积、沙滩平均厚度2个指标有关。沙滩体量养护效果评价有沙滩体积、沙滩厚度、沙滩损失量等指标，可以分别从沙滩体量的不同方面反映沙滩体量养护效果。

（1）沙滩体积。沙滩体积是沙滩面积与沙滩平均厚度的乘积，反映砂质海岸带沙滩区域堆积的沙粒沉积物的体积数量。一般沙滩空间规模较大的海岸，沙滩厚度在空间上可能存在明显差异，可采用分段探测沙滩厚度，取段内平均值后，乘以该段沙滩面积计算沙滩体积。沙滩体量养护效果可用砂质海岸带整治修复工程实施前和实施后的沙滩体积进行比较，评价砂质海岸带整治修复工程的沙滩体量填补效果；也可用砂质海岸带整治修复工程补沙完成后的沙滩体积和经过一段时间使用风蚀后的沙滩体积进行比较，评价砂质海岸带整治修复工程的沙滩体量维持效果。

（2）沙滩厚度指数。砂质海岸带整治修复工程实施后沙滩会因风力输送、人力搬运等作用被搬离原地，造成沙滩养护厚度降低，厚度不足的沙滩会影响游客在沙滩游乐休憩的舒适度。对于一般娱乐性沙滩，沙滩厚度达到50 cm就可以满足游客舒适的休闲娱乐活动，所以本书以50 cm厚度作为最大沙滩厚度舒适值，大于50 cm的厚度等同于50 cm厚度。砂质海岸带一些局部区域沙源厚度很大，取50 cm厚度上限也可以避免因测量深度过大而影响对沙滩厚度变化幅度的刻画。沙滩厚度评价采用沙滩厚度指数表征，沙滩厚度指数为海岸带整治修复工程实施前平均沙滩厚度值与海岸带整治修复工程实施后平均沙滩厚度质的比值（没有量纲），计算公式如下：

$$H_s = \frac{\sum_{i=1}^{16} h_i}{\sum_{j=1}^{16} h_{j0}} \qquad (4.2-2)$$

式中，H_s 为沙滩厚度指数，h_{j0}为海岸带整治修复工程实施前第j个采样点测量的沙滩厚度，h_i为海岸带整治修复工程实施后第i个测量点的沙滩厚度。一般要求每个评价单元内均匀布设16个沙滩厚度探测采样点。

沙滩厚度指数反映了海岸带整治修复工程实施对沙滩沉积物覆盖厚度的养护效果。由于它是海岸带整治修复工程实施前和实施后的平均沙滩厚度比值，当沙滩厚度指数等于1.0时，表示海岸带整治修复工程实施前和实施后沙滩平均厚度是相等的，也就是说海岸带整治修复工程没有改变平均沙滩厚度或者是该海岸带整治修复工程实施前和实施后沙滩厚度都大于50 cm的最大舒适值，海岸带整治修复工程实施只是改善了沙滩表层地形平整程度；当沙滩厚度指数大于1.0且数值越大，说明海岸带整治修复工程实施后的平均沙滩厚度大于海岸带整治修复工程实施前的平均沙滩厚度，数值越大，说明海岸带整治修复工程实施填补的沙源体量越大，沙滩厚度增加越大，沙滩体量养护效果越好；当沙滩厚度指数小于1.0且数值越小，说明海岸带整治修复工程实施后的平均沙滩厚度小于海岸带整治修复工程实施前的平均沙滩厚度，数值越小说明海岸带整治修复工程实施减少的沙滩体量越大。造成这种情况的原因可能是补沙粒径过小，加上发生了较大规模的风力输送，或者发生了较大规模的人力搬运，造成沙滩沙源体量减少，平均厚度降低，舒适度也会随之降低。

（3）沙滩损失量。沙滩损失量是砂质海岸带沙滩体积的损失量。以砂质海岸带整治修复工程实施前和工程竣工后的全地形监测数据为基础，可以计算砂质海岸带整治修复工程的补沙体积量。以砂质海岸带整治修复工程竣工后的全地形监测数据和竣工一定时间后测量的全地形监测数据为基础，可计算砂质海岸带的沙滩损失量。砂质海岸带整治修复工程实施后沙滩损失量计算公式如下：

$$L = \frac{V_0 - V_X}{V_0} \times 100\% \tag{4.2-3}$$

式中，L为沙滩损失量；V_0为砂质海岸带整治修复工程竣工后的沙滩体积，一般以m^3为单位；V_X为砂质海岸带整治修复工程竣工一定时间后的沙滩体积，一般以m^3为单位。沙滩损失量越大，说明沙滩体积保持的越差；相反沙滩损失量越小，说明沙滩体积保持的越好。当沙滩损失量为负值时，说明沙滩体积出现了增加，即沙滩沙体发生了堆积。

在沙滩体积、沙滩厚度指数、沙滩损失量3个表征沙滩体量养护效果评价指标中，沙滩体积和沙滩损失量是沙滩养护工程效果评价的原有指标，沙滩厚度指数是本书根据沙滩养护工程效果特征研究建立的新评价指标。沙滩体积是从沙滩存量砂粒沉积物空间体积方面度量沙滩体量的评价指标，沙滩损失量是从时间尺度度量沙滩体积变化数量的评价指标，沙滩厚度指数是从沙滩砂粒沉积物厚度上度量砂质海岸带整治修复工程实施前和实施后沙滩体量的评价指标。由于对上文已采用沙滩面积指数对沙滩空间规模效果进行评价，再采用沙滩体积评价沙滩体量不仅有重复评价的嫌疑，而且也不能直接反映沙滩厚度质量。沙滩损失量和沙滩厚度指数表征意义接近，但沙滩厚度指数更易计算，而且含义更为直观，在评价单元面积一定的情况下可以直接反映沙滩体量变化情况。为此，选择沙滩厚度指数作为砂质海岸带整治修复工程沙滩体量养护效果的评价指标。

3. 沙滩舒适度养护效果评价指标建立与遴选

沙滩表层沉积物主要是各种不同粒径的砂。具备适宜的砂粒沉积物粒径是沙滩休闲娱乐功能的基本前提，过大的粒径会造成沙滩石化，过小的粒径会造成沙滩泥化，都会影响沙滩旅游休闲娱乐功能。因此，沙滩表层沉积物粒径是砂质海岸带整治修复工程实施效果关注的主要指标之一，在国内外海滩资源养护效果评价中，沙滩表层沉积物沙滩粒径较为常用[57]。沙滩舒适度养护效果可采用表层沉积物命名、沙滩底质指数等评价。

（1）表层沉积物命名。海滩表层沉积物粒径多采用福克－沃德公式计算，主要计算参数有平均粒径 Mz、中值粒径 Md、偏态系数 Sk、分选系数 σ、峰态系数 Kg 等[113－114]。海滩表层沉积物粒径划分标准多采用 φ 值粒级标准[109]，具体见表 4－1。一般根据海滩表层沉积物实验室粒度分析结果，并结合海滩表层沉积物分布实际情况，采用谢帕德沉积物三角形分类命名法，对样品进行命名，以突出样品所在海滩表层沉积物特征。海滩沉积物粒度命名一般根据海滩沉积物粒度类型，分为砂、粉砂质砂、砂质粉砂、粉砂。当样品中只有一个粒径组的含量很高，其他粒径组均小于 20% 时，以含量高的粒径组名称命名；当样品中有两个粒径组的含量都大于 20% 时，按主次粒径组原则命名，以含量高的粒径组为主命名，含量低的粒径组为辅命名；当样品中有 3 个粒径组的含量均大于 20% 时，采用混合粒径组命名法。海滩沉积物命名方法具体见图 4－2[115－116]。

表 4-1 粒度参数等级判定标准

分选系数	分选程度	偏态值	偏态等级	峰态值	峰态等级
<0.35	极好	-1.00～-0.30	极负偏	<0.67	很宽
0.35～0.71	好	-0.30～-0.10	负偏	0.67～0.90	宽
0.71～1.00	中等	-0.10～0.10	近对称	0.90～1.11	中等
1.00～4.00	差	0.10～0.30	正偏	1.11～1.50	窄
>4.00	极差	0.30～1.00	极正偏	1.50～3.00	很窄
				>3.00	非常窄

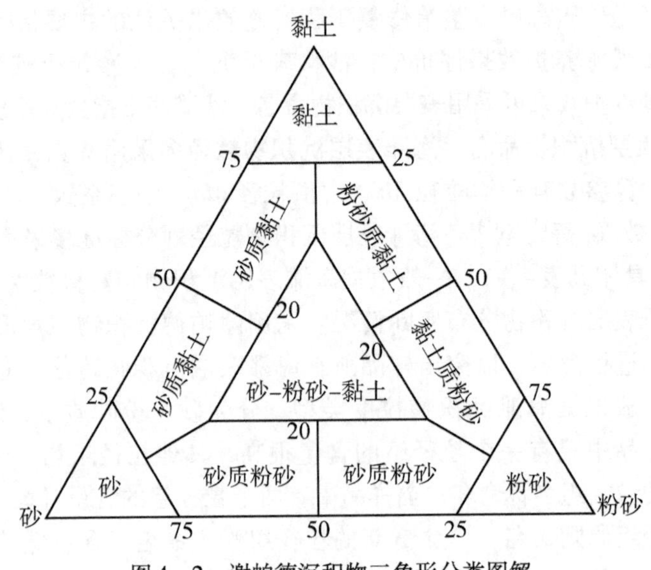

图 4-2 谢帕德沉积物三角形分类图解

（2）沙滩底质指数。为了反映海岸带整治修复工程实施对沙滩表层沉积物粒径的改善程度，本书研究提出了沙滩底质指数，用来定量描述海岸带整治修复工程对沙滩表层沉积物粒径的修复养护效果。沙滩底质指数为沙滩表层沉积物中适宜粒径沉积物干重占沙滩表层沉积物总干重的比值（无量纲），计算公式如下：

$$SH = \frac{\sum_{i=1}^{n} \frac{w_{is}}{w_{i0}}}{N} \tag{4.2-4}$$

式中，SH 为沙滩底质指数，N 为采样总数量，w_{is} 为适宜粒径的沙滩表层沉

积物样品干重，w_{i0}为沙滩表层沉积物样品总干重量。根据海岸带整治修复工程方案，海岸整治修复工程的补沙粒径一般为原沙滩沙源粒径的1.0～1.5倍。据调查，一般相对舒适的沙滩砂粒原粒径平均为0.4 mm，沙滩养护过程中补沙的砂粒粒径为0.40～0.60 mm。因此，将粒径为0.40～0.60 mm的表层沉积物作为评价的适宜粒径表层沉积物。

沙滩底质指数反映了海岸整治修复工程实施后的沙滩表层沉积物粒径组成变化程度。沙滩底质指数处于0～1.0之间，当沙滩底质指数为0时，表示沙滩表层沉积物中没有粒径在0.40～0.60 mm的沉积物，沙滩休闲娱乐舒适度较差，说明海岸带整治修复工程实施补沙粒径过大或过小，或者补沙后由于其他原因造成沉积物粒径粗化或泥化；当沙滩底质指数为1.0时，表示沙滩表层沉积物中全部为粒径在0.40～0.60 mm的沉积物，说明海岸整治修复工程实施对沙滩表层沉积物养护效果最好。沙滩底质指数数值越大，表示沙滩表层沉积物中粒径在0.40～0.60 mm的沉积物比例越大，沙滩休闲娱乐舒适度越好，说明海岸带整治修复工程实施补沙粒径合适，海岸带整治修复工程实施对沙滩表层沉积物粒径改善越好。

沙滩表层沉积物命名法是沙滩沉积物粒度分析的传统方法，沙滩底质指数是本章根据海滩养护工程效果特征研究建立的新评价指标。比较沙滩表层沉积物命名法和沙滩底质指数，沙滩表层沉积物命名法是从沙滩表层沉积物粒径组成结构方面的定性描述，而沙滩底质指数是对沙滩表层沉积物组成结构的定量描述，更能反映砂质海岸带整治修复工程沙滩舒适度养护效果。所以，选择沙滩底质指数作为砂质海岸带整治修复工程沙滩舒适度养护效果的评价指标。

二、潮滩资源养护工程效果评价指标

1. 潮滩适宜游乐区域规模养护效果评价指标的建立与遴选

潮滩是砂质海岸游客游泳嬉水、掏贝挖螺娱乐活动的主要场所。在适宜水深范围内的海域面积越大，尤其是临岸适宜游泳娱乐水域面积越大，游客承载力越高。潮滩适宜游乐区域养护效果评价指标有潮滩适宜游乐区域面积、潮滩游乐指数。

（1）潮滩适宜游乐区域面积。潮滩适宜游乐区域一般为靠近海岸线的水深较浅区域，本文离岸以500 m范围内且等深线2.0 m以内的海域作为适宜游泳娱乐水域。适宜游乐区可采用2.0 m等深线和海岸线500 m缓冲区的共同区域勾绘，适宜游乐区面积就是同时满足2.0 m等深线以内区域和距离海岸线500 m范围内海域的面积。砂质海岸带整治修复工程实施后潮滩适宜游乐区面积增加越大，潮滩适宜游乐区域养护效果就越好。

（2）潮滩游乐指数。潮滩游乐指数是砂质海岸带整治修复工程实施前的潮滩适宜游乐区域面积与整治修复工程实施后的潮滩适宜游乐区域面积的比值。采用潮滩游乐指数评价砂质海岸带整治修复工程对海岸游泳娱乐功能的改善效果。潮滩游乐指数计算方法如下：

$$CB = \frac{\sum_{j=1}^{m} A_j}{\sum_{i=1}^{n} A_{0i}} \tag{4.2-5}$$

式中，CB 为潮滩游乐指数，A_{0i} 为海岸带整治与修复工程实施以前第 i 个适宜休闲游乐区面积，A_j 为海岸带整治与修复工程实施以后第 j 个适宜休闲游乐区面积，n 为海岸带整治修复工程实施之前的适宜休闲游乐区域个数，m 为海岸带整治修复工程实施以后的适宜休闲游乐区域个数。

潮滩游乐指数反映了海岸带整治修复工程实施对潮滩适宜游乐区域规模的改善程度，它是海岸带整治修复工程实施后潮滩适宜游乐区域面积与海岸带整治修复工程实施前潮滩适宜游乐区域面积的比值（无量纲）。当潮滩游乐指数等于1.0时，表示海岸带整治修复工程实施前和实施后潮滩适宜游乐区域面积是相等的，也就是说海岸带整治修复工程没有改变潮滩适宜游乐区域规模；当海滩游乐指数大于1.0且数值越大，说明海岸带整治修复工程实施后的潮滩适宜游乐区域面积大于海岸带整治修复工程实施前的潮滩适宜游乐区域，也就是说海岸带整治修复工程实施扩大了潮滩适宜游乐区域面积，数值越大说明海岸带整治修复工程实施扩大的潮滩适宜游乐区域面积倍数越多，潮滩适宜游乐区域面积增加得越多；当潮滩游乐指数小于1.0且数值越小，说明海岸带整治修复工程实施后的潮滩适宜游乐区域面积小于海岸带整治修复工程实施前的潮滩适宜游乐区域面积，数值越小说明海岸带整治修复工程实施缩小的潮滩适宜游乐区域面积越多。

潮滩适宜游乐区域面积和潮滩游乐指数都是本章根据砂质海岸潮滩旅游休闲娱乐特征研究建立的新评价指标，对比潮滩适宜游乐区域面积和潮滩游乐指数2个砂质海岸带整治修复工程潮滩适宜游乐区域养护效果评价指标，潮滩游乐指数更能直观反映砂质海岸带整治修复工程对潮滩适宜游乐区域空间规模的改善效果。为此，选择潮滩游乐指数作为砂质海岸带整治修复工程潮滩适宜游乐区域规模养护效果的评价指标。

2. 潮滩剖面形态养护效果评价指标建立与遴选

砂质海岸潮间带表层沉积物为松散的沙粒，极易受波浪、潮汐流等水

动力过程影响发生纵向和横向的泥沙运移，从而影响潮滩剖面形态[118]。潮滩侵淤是潮间带滩涂沉积颗粒物在波浪、潮汐流、风暴潮等水动力作用下向海或向陆运移的过程，潮滩沉积物向海运移会导致海滩高程、宽度、坡度、组成物质等特征发生显著变化，形成潮滩侵蚀，海底或外海沉积物向陆运动并堆积于潮滩，导致潮滩高程、宽度、坡度、组成物质等特征发生显著变化，形成潮滩淤积。潮滩剖面形态是描述砂质海岸海滩养护效果主要关注的指标之一，美国、荷兰等国家都将海滩剖面演变作为海滩养护效果评价的主要指标[57,65]。海滩剖面形态养护效果评价指标有剖面侵蚀率、滩肩后退率速率、剖面坡度变化方差、潮滩侵淤指数等。

（1）剖面侵蚀率。剖面侵蚀率反映了潮滩剖面的侵蚀数量，可以用砂质海岸带整治修复工程竣工后的剖面地形监测数据和经过一段时间水沙冲淤后的剖面地形监测数据计算[75]。剖面侵蚀率计算公式如下：

$$K = \frac{S_0 - S_X}{S_0} \times 100\% \qquad (4.2-6)$$

式中，K 为剖面侵蚀率；S_0为砂质海岸带整治修复工程竣工后单宽剖面面积，一般以 m^2为单位；S_X为砂质海岸带整治修复工程竣工后经过一段时间水沙冲淤后的单宽剖面面积，一般以 m^2为单位。剖面侵蚀率大于0，表明潮滩剖面发生了侵蚀，侵蚀率数值越大，侵蚀越严重；剖面侵蚀率小于0，表明潮滩剖面发生了淤积，侵蚀率数值越小，淤积越严重。

（2）滩肩后退速率。滩肩后退速率是砂质海岸带整治修复工程竣工后的补沙滩肩后退速度，可以用砂质海岸带整治修复工程竣工后的滩肩外缘线作为基准岸线，采用每年监测的滩肩宽度与基准岸线宽度进行对比，分析计算滩肩后退速率，滩肩后退速率计算公式如下：

$$R = \frac{B_i - B_0}{T} \qquad (4.2-7)$$

式中，R 为滩肩后退速率，单位为：m/a；B_0为砂质海岸带整治修复工程实施前的滩肩宽度；B_i为砂质海岸带整治修复工程实施后不同监测时间监测的滩肩宽度，一般以 m 为单位；T 为时间，一般以年为单位。滩肩后退速率数值越大，说明海滩滩肩线后退越大，潮滩侵蚀速度越快；反之，说明海滩潮滩侵蚀速度越慢。

（3）海滩剖面坡度方差变化。在海滩地形监测过程中，每条剖面会采集一定数量的地形高程数据点，依据相邻两个海滩高程数据点之间的高程差和水平距离可计算出两点之间的坡度。海滩剖面坡度是相邻两个海滩高程测量点之间坡度的平均值（若每条剖面上采集了 n 个数据点，则是 $n-1$

个坡度数据的平均值），也可以采用坡度离散方差评价海岸带整治修复工程的海滩剖面坡度变化，海滩剖面坡度离散方差计算公式如下：

$$D = \frac{\sum (S - \overline{S})^2}{n} \tag{4.2-8}$$

式中，D 为海滩剖面坡度离散方差；S 为剖面上任意相邻两点之间的坡度；$\overline{S}$ 为每条剖面上所有坡度数据的平均值；n 为计算坡度数据的个数。若坡度离散方差越大，说明地形变化越剧烈，沙滩稳定性也就越差。

海滩剖面平均坡度变化可采用上述海滩剖面坡度离散方差比值进行对比分析，按下面公式进行计算：

$$Q = \frac{|D_x - D_0|}{D_0} \times 100\% \tag{4.2-9}$$

式中，Q 为海滩剖面平均坡度变化；D_0为海岸带整治修复工程实施前的海滩剖面坡度离散方差；D_x为海岸带整治修复工程实施后的海滩剖面坡度离散方差。海滩剖面平均坡度变化数值越大，说明海岸整治修复工程实施后潮滩剖面坡度变化越大；海滩剖面平均坡度变化数值越小，说明海岸整治修复工程实施后潮滩剖面坡度变化越小。

（4）潮滩侵淤指数。潮滩侵淤引起潮滩剖面形态的变化引起了海洋地质研究者的关注，相关学者深入分析了潮滩侵淤引起潮滩剖面变化的模式和过程[117-118]。为了定量描述砂质海岸带整治修复工程实施后的潮滩剖面形态变化，本书采用潮滩剖面曲线描述海岸整治修复工程实施后潮滩侵蚀或淤积引起的潮滩剖面形态变化。

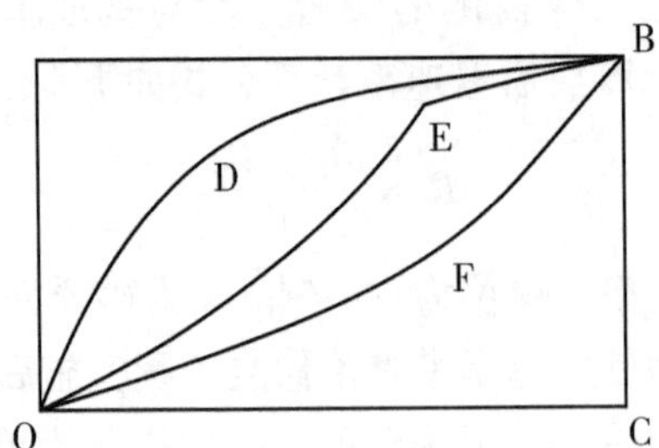

图4-3　砂质海岸带海滩剖面形态分析

图4-3为砂质海岸带海滩剖面形态分析，O点为平均大潮低潮线，B点为平均大潮高潮线，海岸整治修复工程一般采取人工补沙方式向潮滩填补沙粒，填沙后形成设计潮滩剖面线，形如图4-3中OEB线。当海岸整治修复工程实施完成后，填补砂粒在海湾波浪、潮汐等水动力作用下会发生

侵蚀或淤积。当潮滩发生侵蚀时，滩面下凹，形如图 4－3 中 OFB 线。当潮滩发生淤积时，滩面上凸，形如图 4－3 中 ODB 线。为了定量描述海岸整治修复工程实施后的潮滩侵淤程度，本书以海岸整治修复工程实施后的设计潮滩剖面形态为基准，提出潮滩侵淤指数计算方法如下：

$$Q_i = \frac{S_{OFBC}(S_{ODBC})}{S_{OEBC}} \qquad (4.2-10)$$

式中，Q_i为第 i 剖面的潮滩剖面变化指数，S_{OEBC}为图 4－3 中 OEBC 区域的面积，S_{OFBC}为图 4－3 中 OFBC 区域的面积，S_{ODBC}为图 4－3 中 ODBC 区域的面积。

为了便于与海滩养护效果评价指标进行同方向比较，对潮滩剖面变化指数进行改造，形成反映潮滩侵蚀或淤积数量的潮滩侵淤指数，如下：

$$Q_{Wi} = |Q_i - 1.0| (Q_i \geqslant 1.0)$$
$$Q_{Wi} = |1.0 - Q_i| (Q_i \leqslant 1.0) \qquad (4.2-11)$$

式中，Q_{Wi} 为潮滩侵淤指数，Q_i 与公式 2.10 相同。$Q_{Wi} \geqslant 0$。

潮滩剖面变化指数和潮滩侵淤指数可以定量描述海岸带整治修复工程实施后潮滩剖面形态的变化状况和程度。潮滩剖面变化指数为海岸带整治修复工程实施后形成的设计剖面面积与经过一段时间水沙冲淤过程后形成的新冲淤剖面面积的比例（无量规纲）。当潮滩剖面变化指数等于 1.0 时，表示经过一段时间水沙冲淤过程后形成的新冲淤剖面面积与海岸整治修复工程实施后形成的设计剖面面积相等，说明海岸整治修复工程实施并经过一定时间水沙冲淤过程后潮滩剖面形态保持稳定，没有发生侵蚀，也没有发生淤积；当潮滩剖面变化指数大于 1.0 时，表示经过一段时间水沙冲淤过程后形成的新冲淤剖面面积大于海滩养护工程实施后形成的设计剖面面积，说明海岸整治修复工程实施并经过一定时间水沙冲淤过程后潮滩剖面发生了淤积，该指数数值越大，说明潮滩剖面淤积程度越严重；当潮滩剖面变化指数小于 1.0 时，表示经过一段时间水沙冲淤过程后形成的新冲淤剖面面积小于海岸整治修复工程实施后形成的设计剖面面积，说明海岸整治修复工程实施并经过一定时间的水沙冲淤过程后潮滩剖面发生了侵蚀，该指数数值越小说明潮滩剖面侵蚀程度越严重。潮滩侵淤指数是经过标准处理后的潮滩剖面变化指数，反映了海岸整治修复工程实施对潮滩剖面形态的绝对维护效果，该指标数值越小（接近于 0），说明潮滩剖面变化幅度越小，即潮滩剖面越稳定；相反，该指标数值越大，说明潮滩剖面变化幅度越大，即潮滩剖面发生了越大的侵蚀或淤积。

在剖面侵蚀率、滩肩后退速率、剖面坡度方差变化和潮滩侵淤指数 4 个潮滩剖面形态养护效果评价指标中，剖面侵蚀率、滩肩后退速率、剖面坡度方差变化是海滩养护效果评价的传统指标，潮滩侵淤指数是本章根据海滩养护工程实施前、后海滩剖面形态变化特征，研究建立的潮滩养护效果评价新指标。滩肩后退速率反映了砂质海岸带海滩补沙工程实施后滩肩的侵蚀后退速度，不能完全揭示潮滩剖面形态变化情况；剖面坡度方差只反映了潮滩剖面坡度的变化情况，也不能完全反映潮滩剖面形态变化；剖面侵蚀率和潮滩侵淤指数都是基于潮滩剖面高程计算的潮滩剖面面积变化，都能反映潮滩剖面形态变化状况，但潮滩侵淤指数刻画潮滩剖面形态变化更为直观。为此，本书选择潮滩侵淤指数作为潮滩剖面形态养护效果的评价指标。

3. 潮滩底质物质养护效果评价指标遴选

潮滩底质物质养护效果评价指标遴选方法见沙滩底质物质养护效果评价指标遴选方法，主要采用潮滩底质指数作为砂质海岸带整治修复工程潮滩底质物质养护效果的评价指标。计算方法同沙滩底质指数，取潮滩表层沉积物作为潮滩沉积物粒径的代表样品。

第三节　基于 GIS 的海滩资源养护工程效果空间差异化评价方法

地理信息系统（geography information system，GIS）是一种依托计算机硬件平台和软件系统的地理空间信息处理的技术方法，可以实现对地理空间数据的采集处理、转换存贮、分析计算、查询显示等多种功能。地理信息系统的空间数据分析功能丰富多样，是地理空间数据分析与计算的基本手段[119]。在 20 世纪 50 年代末，计算机技术逐渐成熟并广泛应用后，很多纸质地图被扫描、数字化为能在计算机中进行存储计算的数字形式，这就是地理信息系统的最初原形。加拿大科学家最早探索研发了世界上第一个 GIS 软件——加拿大地理信息系统，主要用来存储管理加拿大自然地理空间数据，并协助地理空间规划编制工作[120]。1998 年，美国副总统戈尔提出了“数字地球”（Digital Earth）概念，引起了全球各界对 GIS 技术的极大关注，也快速推动了 GIS 的拓展应用，开发了 ArcMap、Arcview、Mapinfor、SuperMap、MapGIS 等很多 GIS 软件平台[121-122]。目前，遥感技术（remote sensing，RS）、全球定位技术（global position systems，GPS）和 GIS 技术，合称为“3S”技术。“3S”技术可实现对各种空间信息和环境信息的快速、机动、准确、可靠的收集、处理与更新，成为最为强大的地表空间信息技术体系。在“3S”技术体系中，GIS技术是核心数据处理平台，可以实现多种空间数据计算处理与信息挖掘，为地理空间管理决策提供科学依据。空间数据分析模型（Spatial Analysis Modelling）是GIS技术的核心功能之一，可实现包括地理空间数据的查询、量算、叠加分析、缓冲区分析等多种空间数据分析功能，是GIS软件中应用最为广泛的功能分析模块[123]。

采用GIS空间数据分析模块，将砂质海岸海滩按照空间地理特征划分为若干个评价单元，建立砂质海岸带整治修复工程海滩资源养护效果评价矢量图层。将砂质海岸带整治修复工程海滩资源养护效果评价矢量图层与现场调查绘制的平均大潮高潮线空间叠加，将每一个评价单元依据平均大潮高潮线划分成沙滩部分和潮滩部分。沙滩部分建立海岸带整治修复工程沙滩资源养护效果评价指标矢量数据，潮滩部分建立海岸带整治修复工程潮滩资源养护效果评价指标矢量数据，沙滩资源养护效果评价指标矢量数据与潮滩资源养护效果评价指标矢量数据共同组成砂质海岸带整治修复工程海滩资源养护效果评价指标矢量数据集。

一、海滩资源养护工程效果评价指标标准化处理

由于砂质海岸带整治修复工程效果评价各个指标量纲不尽相同，数据大小方向不一致，在进行海滩养护效果综合评价之前需要对这些量纲不同、方向不一的评价指标进行无量化处理。评价指标的标准化处理是通过各种数学变换方法消除原始数据不同量纲对评价结果的影响，无量纲化处理是海滩资源养护工程效果评价指标数据处理过程中不可缺少的一个重要环节。评价指标的无量纲标准化处理方法主要有折线型无量纲化处理方法、直线型无量纲化处理方法和曲线型无量纲化处理方法等[124－125]。直线型无量纲标准化处理方法是最为常用的标准化处理方法。直线型无量纲标准化处理方法有阈值处理法、标准化处理法、标准差化处理方法、比重处理法、均值化处理方法等代表性方法。阈值处理法采用评价指标的实际数值与该评价指标体系中的特殊性指标（最大值或最小值）的比值进行无量纲化处理。标准化处理法采用标准值变换方法消除评价指标量纲差异的影响。标准化处理法的变形是标准差处理方法。比重处理法就是将实际评价指标数值转化为它在评价指标中所占的比重数值的一种处理方法。均值化处理方法则是采用一个评价指标除以所有评价指标的平均值来消除评价指标量纲和数量级的影响，同时保留了各个评价指标的变异程度差异，是多指标综合分析中最为常见的一种无量纲标准化处理方法。在诸多无量纲标准化处理方

法中，并不是越复杂的处理方法就越合适，关键在于是否符合评价指标处理的实际要求。在这个前提下，越简单、越便捷的无量纲化处理方法，就越适用对评价指标进行无纲量化处理。

根据砂质海岸带整治修复工程海滩效果评价目标，采用阈值处理法中的最大值法对砂质海岸整治修复工程效果评价指标进行无量纲化处理，无量纲化处理方法如下：

正向评价指标：

$$I_i = \frac{I^{oi}}{I_{omax}} \tag{4.2-12}$$

逆向评价指标：

$$J_j = \frac{J_{omax} - J_{oj}}{J_{omax}} \tag{4.2-13}$$

经过标准化处理所有的评价指标数值都处于 0 ～ 1.0 之间，且数值大小方向与海滩养护工程效果评价目标一致。

二、基于 GIS 的海滩资源养护工程效果评价模型建立

通过本书 2.2 沙滩养护效果评价指标建立与遴选方法、2.3 潮滩养护效果评价指标建立与遴选方法，在沙滩养护工程效果评价方面，沙滩空间规模养护效果评价遴选了沙滩面积指数作为评价指标；沙滩体量养护效果评价遴选了沙滩厚度指数作为评价指标；沙滩舒适度养护效果评价遴选了沙滩底质指数作为评价指标。在潮滩养护工程效果评价方面，潮滩适宜游乐区域养护效果评价遴选了潮滩游乐指数作为评价指标；潮滩剖面形态养护效果评价遴选了潮滩侵淤指数作为评价指标；潮滩底质物质养护效果评价遴选了潮滩底质指数作为评价指标。

在 GIS 软件 Arcmap10.0 支持下，建立上述每个评价指标的标准化矢量评价图层，转换成栅格格式后，采用空间叠加的方法，首先计算沙滩养护指数和潮滩养护指数，最后得到海滩综合养护指数，计算公式如下：

$$BC_s = \frac{(C_s + H_s + SH_s)}{3} \tag{4.2-14}$$

$$BC_c = \frac{(Q_i + CB_c + SH_c)}{3} \tag{4.2-15}$$

$$BC_t = \frac{(BC_s + BC_c)}{2} \tag{4.2-16}$$

式中，BC_s为沙滩养护指数，SH_s为沙滩底质指数，H_s为沙滩厚度指数，C_s为沙滩面积指数，BC_c为潮滩养护指数，SH_c为潮滩底质指数，CB_c为潮滩游乐指数，Q_i为潮滩侵淤指数，BC_t为海滩综合养护指数。

海滩综合养护指数为沙滩养护指数和潮滩养护指数的空间叠加综合，海滩综合养护指数越接近1.0，说明砂质海岸带海滩综合养护效果越好；相反，海滩综合养护指数越接近0，说明砂质海岸带海滩综合养护效果越差。

在沙滩养护效果评价方法中，沙滩空间规模采用沙滩面积指数表征，沙滩面积指数数值越大，说明海滩整治修复工程对沙滩空间规模的养护效果越好；反之，沙滩面积指数数值越小，说明海滩整治修复工程对沙滩空间规模的养护效果越差。沙滩砂粒沉积物覆盖厚度采用沙滩厚度指数表征，沙滩厚度指数数值越大，说明海岸带整治修复工程对沙滩表层砂粒垂直覆盖厚度的养护效果越好；反之，说明海岸带整治修复工程对沙滩砂粒垂直覆盖厚度的养护效果越差。沙滩砂粒沉积物粒度组成采用沙滩底质指数表征，沙滩底质指数数值越接近1.0，说明海岸带整治修复工程对沙滩表层沉积物粒度维护得越好；反之，沙滩底质指数数值越小，说明海岸带整治修复工程对沙滩表层沉积物粒度维护得越差。

在潮滩养护效果评价方法中，适宜嬉水娱乐区域规模养护效果评价采用潮滩游乐指数表征，潮滩游乐指数越大，说明海岸带整治修复工程对潮滩游乐空间规模改善得越好；反之，说明海岸带整治修复工程对潮滩游乐空间规模改善得越差。潮滩剖面形态养护效果评价采用潮滩侵淤指数表征，潮滩侵淤指数越接近于1.0，说明海岸带整治修复工程对潮滩剖面形态养护得越好；反之，潮滩侵淤指数偏离1.0越大或越小，说明海岸带整治修复工程对潮滩剖面形态养护得越差。潮滩底质物质改善效果评价采用潮滩底质指数表征，潮滩底质指数越接近1.0，说明海岸带整治修复工程对潮滩底质物质维护得越好；反之，潮滩底质指数越小于1.0，说明海岸带整治修复工程对潮滩底质物质维护得越差。

基于GIS的砂质海岸带整治修复工程海滩资源养护效果评价模型如图4-4所示。采用这种基于GIS的砂质海岸带整治修复工程海滩资源养护效果评价模型，可以得到空间差异性的砂质海岸带整治修复工程海滩资源养护效果评价结果。

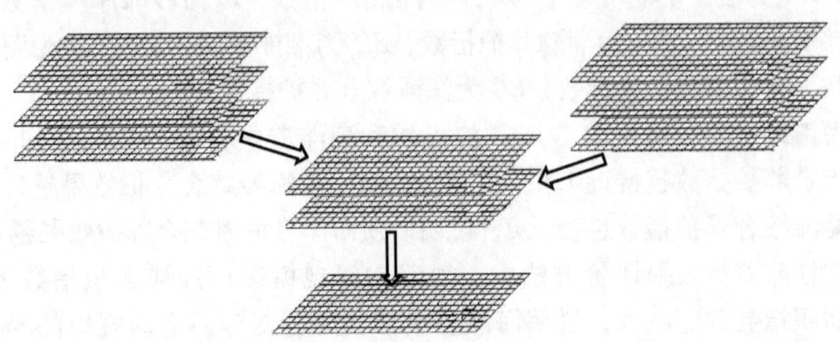

图 4-4 基于 GIS 的砂质海岸带整治修复工程海滩资源效果评价模型

三、讨论

本节针对砂质海岸带海滩资源养护工程效果的空间差异性特征，研究建立了基于 GIS 的砂质海岸带整治修复工程海滩资源养护效果评价技术方法。这种砂质海岸带整治修复工程海滩资源养护效果评价方法中，每一个评价指标都是海滩资源养护工程实施后和实施前海滩空间规模、海滩沉积物厚度、海滩沉积物粒度指标的相对比较值，反映了海滩资源养护工程对海滩资源状态改善的相对效果。同时，每一个评价指标又进行了评价单元之间的标准化处理，反映了海滩资源养护工程实施的海滩内部各评价单元养护效果空间差异性。与美国、荷兰等国家海滩养护效果评价将养护海滩看作一个整体的评价指标与方法相比较[63-64,66,68]，这种基于 GIS 的砂质海岸带整治修复工程海滩资源效果空间差异化评价方法不仅能实现不同区域海滩资源养护工程效果的横向比较，还可以揭示海滩资源养护工程内部不同岸段之间养护效果的空间差异，实现砂质海岸海滩资源养护效果的精细化监管。管理者可根据这种海滩资源养护工程效果的空间差异化评价结果，有针对性地对海滩资源养护工程效果相对较差的沙滩、潮滩岸段进行再修复，或者重新研究海滩资源养护工程技术方案，对于侵蚀或淤积严重的岸段，改进和优化海滩资源养护工程技术途径（例如增加潜堤、延长岬角等）。

第五章　海岸带景观生态修复工程效果评价方法

第一节　海岸带景观生态修复工程理论与方法

景观生态学是现代生态学与地理学的交叉学科，它主要采用遥感和地理信息系统技术，运用生态学理论和方法研究地表景观格局结构与功能，景观格局动态变化以及驱动机制，景观格局优化、美化与合理保护与利用等[126－127]。景观生态学中的景观有三个尺度层次上的理解，第一个层次是景观建筑学上的景观，就是从直观景象上认识的最普通的景色，寓有景观美学因素；第二个层次是地质学、地貌学、土壤学科、植被学科等地球学科中各属性类型在空间上的异质性布局形成的景观，如地貌景观、地质景观、植被景观、土壤景观；第三个层次是地表复合生态系统的空间镶嵌，是同一区域若干个生态系统相互嵌套形成的空间镶嵌体。它比生态系统高一个尺度，主要研究各生态系统类型斑块的空间格局及其发生、发展和演变的规律，探索合理利用、保护和管理地表景观格局的途径与措施。

景观生态学的主要理论包括：①景观多样性理论。空间分异性是地理学第一定律、地理学的经典理论，景观生态学将地理学的空间分异理论与生态学中的生物多样性理论相结合，形成景观生态学中景观多样性理论。景观多样性理论不仅指景观类型的多样性，更包含景观格局的空间复杂性。景观多样性是生物多样性在空间上的表达，可以进一步理解为生境多样性，生境多样性是生物多样性的基础。正是由于景观多样性提供了复杂多样的生境条件，才能使更多种物种在景观中得以维持。②景观异质性与异质共生理论。景观异质性理论的内涵是景观由斑块、廊道、基质的空间镶嵌体构成，在空间上总是不均匀分布的，存在属性上的空间异质分布。这种空间异质性分布由于物种不断发育，物质和能量不断流动，干扰不断产生，一直持续地存在，永远达不到同质性的要求。自然景观只有保持一定的异质性，才能维持景观的稳定持续存在与延续。③自然等级组织理论与尺度效应。自组织理论的内涵是自然景观是一种具有多个层级关系的自我组织等级有序整体。在自然等级组织系统中，任何一个子系统都是上一级系统的组成部分，同时是下一级系统的控制上级。尺度是对研究对象细节了解程度的一种度量，可以分为时间尺度和空间尺度。小尺度表示关注研究对象的较小区域或较短时间内的特征及变化，观测的分辨率很高，但对研究对象总体的概括能力较低；而大尺度则表示关注研究对象的较大区域或较长时间内的特征及变化，观测的分辨率比较低，但对研究对象总体的概括能力很高。④景观生态优化理论。景观生态优化就是通过对原有景观类型的优化组合或引入新的景观类型，调整或构造新的景观格局，从而改善景观异质性和景观生态系统稳定性，形成比原有景观生态系统更为高效、和谐的人工-自然景观格局，提高景观格局的生态效益、社会效益和经济效益[128]。

景观生态优化理论是砂质海岸带景观生态修复工程的核心理论。景观生态优化理论认为[129]，一般景观生态格局都是由不同类型生态系统空间斑块在地表镶嵌形成的景观复合体，其中一些生态系统类型具有较高的生态系统服务功能，对景观生态格局的维持和发展发挥着主导作用，比如水域、湿地、林地等，对维护区域景观生态稳定、维持区域生态安全有着重要意义；另外一些生态系统类型同样具有生态系统服务功能，但其生态系统服务功能水平较低，不仅不能维持生态系统稳定，还会阻碍生态过程运行。为此，通过调整景观生态格局中的某些生态系统组成类型的数量和空间结构，可以达到优化区域景观生态格局，调控复合生态系统功能的目的，即对景观格局进行生态优化。景观格局优化可通过调整对景观格局具有重要控制作用的关键景观组分，使各景观组分之间数量和空间排列更为协调有序，更能发挥景观生态功能，从而促进景观格局协调可持续发展。

景观生态格局优化有三个前提假设[130-131]，一是景观生态格局存在等级结构，景观生态格局中存在着对整个景观生态格局发挥着控制作用的关键生态系统类型，通过引导和改变关键生态系统的发展方向，实现对景观生态格局的调整；二是景观生态格局会对相应的物种迁移、物质循环、能量流动等生态过程的维持产生影响，同时各种生态过程也会对景观生态格局产生反馈作用，通过景观格局与生态过程的相互作用和相互影响，景观生态格局将处于不断发展变化的过程中，趋于更加稳定的状态；三是景观生态格局优化研究具有高度的尺度依赖性，一个复合生态系统包含多个生态系统类型，而其本身也是更大生态系统的组成部分。景观生态格局的研究尺度不同，其包含的内容就不同，景观生态格局优化的对象和结构会发生变化，因此需假设研究区的生态系统研究尺度唯一且具有明显边界。

景观生态格局优化包括数量结构优化和空间结构优化两大主要内容[132-133]。数量结构优化主要是基于量变产生质变的理论，认为景观数量

是产生生态系统服务功能的基础，以数量的变化来促使生态系统服务功能的改变，这方面的研究较为重视生态系统的规模。空间结构优化主要是基于图论，认为生态系统服务功能是由其空间结构决定的，生态系统的结构越稳定，整体性和连通性越强，生态系统发挥的生态服务功能越强，因此可通过调整景观生态格局达到促进生态系统服务功能发挥的目的。这方面的研究主要通过建立生态网络来实现，通过将分散的生态“源”、生态“汇”、生态“廊道”等关键生态系统有机地连接成整体，并对区域的脆弱局部进行强化，来促进区域协调可持续发展。

景观生态学分析方法包括景观格局组成分析法、景观指数法、马尔可夫转移矩阵法、格局－过程耦合分析法等[134-135]。景观格局组成分析法主要分析景观格局中各景观类型的组成结构，包括优势景观类型及其优势度、景观斑块数量、景观斑块密度等分析计算。景观指数法主要通过计算景观格局指数定量描述景观格局特征，主要景观指数有景观多样性指数、景观分维指数、最大斑块指数、景观连通度指数等。马尔可夫转移矩阵法是利用同一区域的两期景观格局矢量数据进行空间叠加，分析第一期景观格局中每一种景观类型在第二期景观格局中的转化方向及其面积比例的一种分析方法。格局－过程耦合分析法是将景观格局与其对应的生态过程联系起来分析景观格局特征的方法，最具代表性的就是用洛仑兹曲线创建景观格局－水土流失过程耦合曲线，构建反映水土流失过程的景观格局指数。

景观生态学研究主要集中在区域尺度的较大空间范围，探讨区域景观格局变化的生态效应及景观格局与生态过程之间的耦合机制，很少涉及砂质海岸带整治修复工程尺度的问题研究[136-137]。随着高空间分辨率卫星遥感、航空遥感和无人机遥感技术的快速发展，景观生态学相关的理论与研究方法可能为砂质海岸带整治修复工程景观生态效果评价提供重要的方法借鉴。如何评价砂质海岸带景观生态整治修复工程实施效果，是目前砂质海岸带整治修复工程效果评价亟须解决的主要问题。

第二节　海岸带景观生态修复工程效果监测方法

由于砂质海岸带整治修复工程范围相对比较小，一般在几十公顷到上百公顷之间，且要求反映砂质海岸带整治修复工程区域的精细景观类型及其空间格局，所以一般需要空间分辨较高（一般空间分辨率要求优于5.0 m）的卫星遥感影像。在时间尺度上，至少需要采集：①砂质海岸带整治修复工程实施前的一期高空间分辨率卫星遥感影像，主要反映砂质海岸带整治修复工程实施前的海岸景观类型及其空间格局；②砂质海岸带整治修复工程实施后的不同时间采集的若干期高空间分辨率卫星遥感影像，主要反映砂质海岸带整治修复工程实施后的海岸景观类型及其空间格局动态变化情况；③必要时可采用无人机航拍遥感影像，以便及时反映砂质海岸带整治修复工程实施后海岸景观格局的精细时空变化过程；④砂质海岸带整治修复工程区域历史的和最新的 1：10000 数字地形图。

一般情况下，卫星遥感影像的大气校正和辐射校正工作都会由卫星地面接收站接收人员进行预先技术处理。本书的卫星遥感影像处理主要包括卫星遥感影像的波段融合和卫星遥感影像空间位置几何精校正。卫星遥感影像波段融合和几何精校正可在 ERDAS IMAGE 9.2 遥感影像处理软件支持下进行，分别对砂质海岸整治修复工程实施前和实施后采集的高空间分辨率卫星遥感影像进行全色波段和多光谱波段融合，得到色彩对比鲜明，影像视觉质量高的彩色融合影像。卫星遥感影像几何精校正多采用地面控制点校正，首先在卫星遥感影像上均匀布设地面控制测量点，再采用高精度信标机在每个布设的地面控制点现场位置，选择标志性位置实测其精确的地理坐标。将地面采集的控制点精确地理坐标与卫星遥感影像上的相应标志性位置配对，采用二元三次多项式回归拟合方法建立地面控制点地理坐标与遥感影像地理坐标之间的关系模型，依据拟合模型对各期高空间分辨率卫星遥感影像进行几何精校正，并运用三次卷积法对各期卫星遥感影像进行重采样，使得所有的遥感影像空间分辨率统一为 2.50 m[138－139]。

一、砂质海岸带景观生态类型划分

在砂质海岸带地表景观类型全面勘察分析基础上，结合砂质海岸带整治修复工程对地表景观类型的修复与改造尺度特征，将砂质海岸带地表景观类型划分为沙滩、海洋水面、养殖池塘、林地、草地、灌丛、旅游基础设施、道路、湖泊、农田等类型。各种景观类型的特征描述见表 5－1。

表 5－1　砂质海岸带景观生态类型分类及其特征描述

序号	海岸景观生态类型	海岸景观生态类型特征描述
1	沙滩	沿海岸呈带状分布的沙砾分布区域
2	海面	毗邻沙滩的海湾水面，通过湾口与外部海洋相连通
3	养殖池塘	在海边围筑或开挖的用来养殖水产品的池塘，养殖池塘由围堰堤坝分隔成规格、形状相对一致的水面区域

续表5-1

序号	海岸景观生态类型	海岸景观生态类型特征描述
4	林地	海岸带生长防护林和其他树木密集分布的区域
5	草地	海岸带存在自然草地、人工草地分布的区域
6	灌丛	海岸带自然发育或人工种植低矮灌丛的区域
7	旅游基础设施	供游客观赏滨海自然景观、休闲娱乐的观景平台、观景广场、景观雕塑、景观设施、景观长廊等基础设施
8	道路	滨海旅游区内能通行车辆的路面及停车场地
9	湖泊	海岸带长期积水的低洼封闭水域
10	农田	海岸带内供农业种植的开垦土地区域
11	河流	连通海面的呈条带状水域，是上游流域泄洪排涝的渠道
12	填海造地	利用海面围割填充新形成的土地区域
13	裸露地	地表裸露无植被覆盖，用途不明确的区域
14	礁石	海岸或近岸海域裸露的岩石区域
15	居民地	开发建设成供人们居住的居民楼房、平房、宾馆、饭店等建筑区域

二、景观生态修复工程效果监测技术流程

高空间分辨率遥感影像，包括卫星遥感影像、航空遥感影像、无人机遥感影像等包含了更为详细的地表覆盖或利用空间地理信息（例如空间纹理、光谱特征、几何形态等）。对于高空间分辨率卫星遥感影像，采用基于像元的遥感影像分类传统方法不能满足分类精度的要求。面向对象的遥感影像分类方法是近年来提出的一种新型遥感影像信息提取技术，越来越多地应用于高空间分辨率遥感影像信息分类提取工作。Arroyo 等以 Quickbird 卫星遥感影像和雷达遥感影像为数据源，采用面向对象的遥感影像分类技术对地中海沿岸土地覆被进行了信息提取分类制图研究[140-141]。Platt 等以 IKONOS 卫星遥感影像为数据源，采用面向对象的遥感影像分类提取方法对土地利用/覆被类型进行了信息提取技术研究[142-143]。Cleve 等以高空间分辨率航空遥感影像为数据源，比较了基于像元的遥感影像分类方法和面向对象的遥感影像分类方法的分类精确度，认为面向对象的遥感影像分类方法更适合用于高空间分辨率遥感影像分类[144-145]。为此，本书采用面向对象

的遥感影像分类方法建立砂质海岸带整治修复工程景观生态效果监测技术方法。

面向对象的遥感影像分类方法流程具体如下：

第一，尺度分割。尺度分割主要是依据遥感影像上呈现的空间邻接关系、光谱特征等将遥感影像划分成具有相同影像特征的像素群划分过程。经过尺度分割既能生成遥感影像分类目标对象，又能将遥感影像分类目标对象按照等级结构组织起来[146-147]。尺度分割算法是一种最小异质影像融合划分技术，可以根据影响特征将遥感影像划分为大小不同的同质区域像素群，具体算法公式如下[148]：

$$\sum_{n_b} \sigma_b + (1 - W_{sp})\left[W_{cp} \frac{1}{\sqrt{n_p}} + (1 - W_{cp}) \frac{l}{l_r}\right] \leqslant Hsc \quad (5.2-1)$$

式中，σ_b为波段 b 的内部方差，Hsc 是平均异质性参数，W_{cp}是紧密度异质性参数，l 为地物的边界长度，n_b为波段数量，n_p为像元数量，l_r为像元大小，W_{sp}是光谱异质性参数，为同质光谱与目标形状的比值，为紧密度与光滑度的比值。只有在光滑度异质性参数、光谱异质性参数、紧密度异质性参数最小的时候，才能计算出平均异质性参数 Hsc。

第二，根据表 5-1 砂质海岸带地表景观类型及其特征描述，针对高空间分辨率卫星遥感影像上各类砂质海岸带分布的景观类型，从光谱特征、空间形状、空间位置排列等识别特征方面研究建立砂质海岸带整治修复工程地表景观类型遥感影像特征库，具体见表 5-2。

第三，根据砂质海岸带整治修复工程地表景观类型影像特征库，定义本次分类的各种海岸带景观类型样本对象，插入遥感影像分类器，进行尺度分割后遥感影像的面向对象信息分类与制图。

第四，对遥感分类结果进行精确度验证。随机布设地面验证点，每景遥感影像至少布设 48 个点。采用手持 GPS 定位仪，找到每一个地面验证点的精确地理位置，现场记录地表覆盖/利用类型，并拍摄照片。同时核实遥感影像上的复杂类型和疑点疑区地面情况[135]。经过现场验证、核实和修正，确保遥感影像分类精确度达到 90% 以上。

面向对象的遥感影像信息分类在遥感影像处理软件 eCognition8.0 平台支持下进行，面向对象的砂质海岸带地表景观类型遥感影像分类技术流程具体见图 5-1。

表5－2　砂质海岸带景观类型遥感影像特征库

序号	海岸景观类型	色彩特征	形状与纹理特征	影像样本
1	沙滩	沙滩分布区呈亮灰色	呈条带状沿海岸分布	
2	海面	因悬浮泥沙浓度不同呈灰蓝色、深灰色、浅灰色不等	水面开阔，形状因海湾岸线形态而异	
3	养殖池塘	围堰呈灰色，水域呈黑灰色	被围堰分割成形状不规则的池塘水域	
4	林地	植被覆盖区域呈深绿色，因林冠高低起伏，色调不均	林地形状不规则，无规则纹理	
5	草地	植被覆盖区域呈浅绿色，表明相对光滑	天然草地形状不规则，人工草地存在设计的规则形状	
6	灌丛	植被覆盖区域呈绿色，色调处于草地和林地植被之间	天然灌丛呈团簇状分布，人工灌丛分布相对规则	
7	旅游基础设施	混凝土材质、石材质区域呈两灰色	形状各具特点，无统一规则纹理	
8	湖泊	湿地植被区域呈暗绿色，水域呈黑灰色	形状自然，其间分布有自然或人工边界的水域	
9	农田	农田生长季呈绿色，色调随农作物生长发育而不同	具有相对规则的矩形分布形状	

续表 5－2

序号	海岸景观类型	色彩特征	形状与纹理特征	影像样本
10	河流	水系水体呈黑灰色，周边呈暗绿色、灰色等多种颜色	水系水体呈条带状，岸线自然平滑	
11	填海造地	地表因无植被覆盖或植被稀少呈亮灰色	毗邻海岸线，形状相对规则	
12	裸露地	地表无植被覆盖，呈亮灰色	因成因不同，形状多样	
13	居民地	居住楼房呈暗灰色，道路呈亮灰色	被道路分割的居住区内密集排列着矩形建筑楼房	

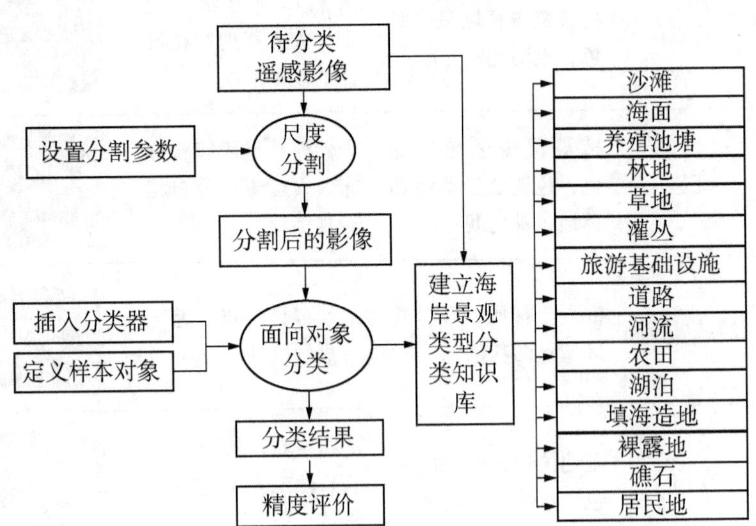

图 5－1　面向对象的砂质海岸带地表景观类型遥感影像信息分类技术流程

第三节　砂质海岸带景观生态修复工程效果评价技术框架

砂质海岸带自然资源丰富多样，尤其是滨海旅游休闲娱乐资源丰富，多被开发为滨海旅游休闲度假区[150]。因此，许多砂质海岸带整治修复工程将自然资源环境整治修复与滨海旅游资源开发相结合，形成了以滨海旅游资源开发和滨海旅游休闲娱乐产业发展为导向的砂质海岸带整治修复工程模式。这种以滨海旅游资源开发为导向的砂质海岸带整治修复工程，主要以海岸景观生态功能分区与空间资源整理、海岸景观生态保护与修复、海岸景观格局优化与美化、海滩景观养护等景观生态资源整治开发与保护修复为主。所以，砂质海岸带整治修复工程景观生态效果评价，也必须以砂质海岸带滨海旅游资源开发和滨海旅游休闲娱乐产业发展为导向，根据砂质海岸带整治修复工程的最终目标设计景观生态效果评价技术框架。

一般滨海旅游资源开发，首先根据滨海旅游资源禀赋的空间特征，进行滨海旅游资源功能分区与功能定位，将砂质海岸带划分成若干个滨海旅游休闲娱乐功能区。根据滨海旅游资源功能分区和功能定位进行滨海旅游资源保护开发、整治修复、美化优化等保护修复与开发利用工程。所以，砂质海岸带整治修复工程景观生态保护与修复效果评价，需要对砂质海岸带整治修复工程实施前和实施后海岸景观格局进行遥感监测，获取砂质海岸带整治修复工程实施前和实施后的海岸景观生态格局。在对比分析砂质海岸带整治修复工程实施前景观生态格局和实施后景观生态格局的基础上，首先根据砂质海岸带空间功能分区和功能定位，进行空间功能分区与功能定位宏观整理效果评价，揭示砂质海岸带滨海旅游资源保护与利用空间秩序落实特征，以实现砂质海岸带生态保护区域重点保护，资源开发区域优化开发的保护与利用空间秩序。在此基础上，针对景观生态保护区域，进行景观生态修复与保护效果评价；针对景观优化开发区域，进行景观格局优化、美化效果评价；针对砂质海岸带核心旅游休闲资源，进行保护利用效果总体评价。砂质海岸带整治修复工程景观生态修复效果评价技术框架见图 5－2。

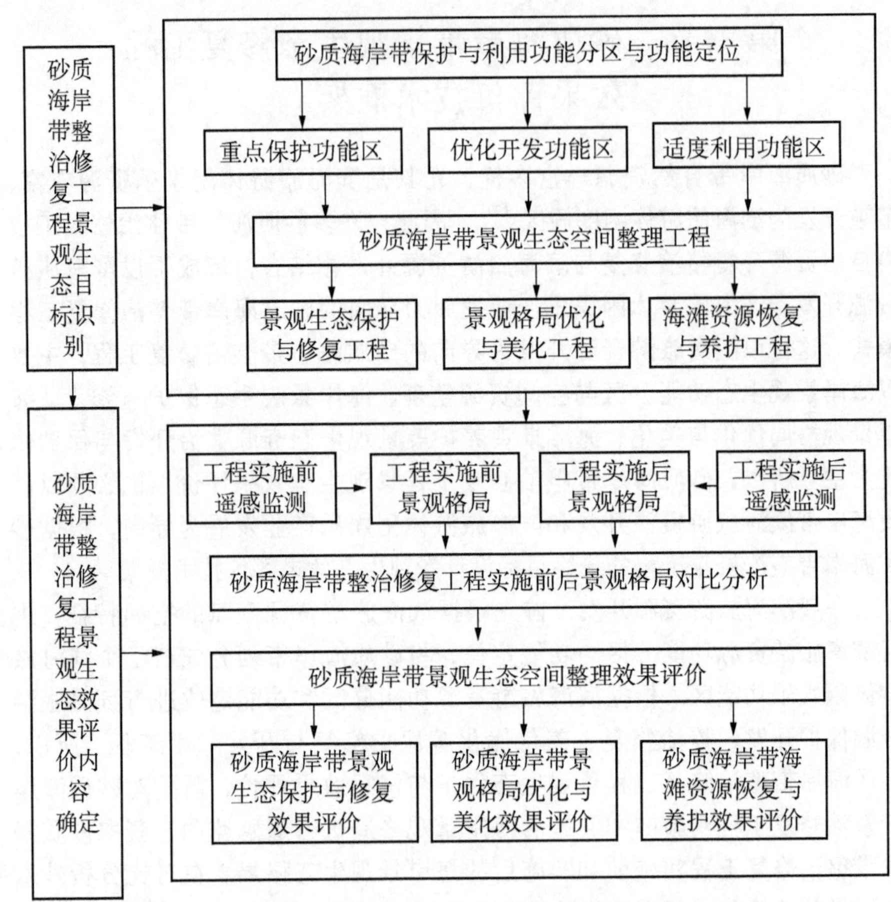

图 5－2　砂质海岸带整治修复工程景观生态效果评价技术框架

第四节　砂质海岸带景观生态修复工程效果评价指标遴选

根据砂质海岸带整治修复工程景观生态保护与修复目标，本书确定了砂质海岸带整治修复工程景观生态效果评价主要内容包括砂质海岸带景观生态空间整理效果评价、景观生态保护与修复工程效果评价、景观格局优化工程效果评价、海滩资源养护工程效果评价四个方面的评价内容。针对每一方面评价内容和整治修复目标，研究建立并遴选评价指标。

一、景观生态空间整理效果评价指标建立与遴选

海岸带景观生态空间整理是为实现海岸带某种生态、生产、生活功能而对海岸带景观生态空间开发利用方向进行调整，使海岸景观生态空间用途与管理目标相一致。海岸景观生态空间整理工程一般是按照砂质海岸带旅游休闲娱乐产业发展规划，为实现砂质海岸带旅游休闲娱乐功能，将海岸带空间划分为若干个功能区域。例如，营口月亮湾海岸带划分为山海广场区、月亮湖公园、滨海嬉水观景区、高尔夫休闲区及农业生态旅游度假区，进行分区整理。

1. 景观优势度指数

景观优势度是某一种景观类型在区域景观格局中的优势程度，采用景观优势度指数描述。景观优势度指数是景观多样性指数的最大值与实际值的差值，计算方法如下[128]：

$$D = H_{\max} + \sum_{k=1}^{m} P_k \ln(P_k) \tag{5.4-1}$$

式中，$H_{\max}$ 是最大景观多样性指数，m 是景观格局中景观类型数量，P_k 是景观类型 k 在景观格局中的面积比例。景观优势度指数越大，说明某一景观类型在景观格局中的优势程度越明显；相反，景观优势度指数越小，说明景观格局中每个景观类型的优势度都不明显。

2. 景观主体度指数

为客观评价海岸景观生态空间整理工程实施效果，本书通过分析各个景观生态功能分区主体功能定位及其功能分区空间利用结构，提出了景观主体度指数，用来描述各个景观生态功能分区中类型景观类型与主体功能的一致性程度。景观主体度指数计算方法如下：

$$MF = \frac{\sum_{i=1}^{n} a_i}{S} \tag{5.4-2}$$

式中，MF 为景观主体度指数，a_i 为第 i 个与主体功能相一致的开发利用类型空间斑块面积，S 为景观生态功能分区总面积，n 为与主体功能定位相一致的开发利用斑块总数量。判断某一开发利用斑块与主体功能定位相一致的原则是该斑块是否发挥了所在景观生态功能分区的主体功能。

景观主体度指数反映了区域内景观类型及其面积与该区域主导景观生态功能的一致性程度，其数值处于 0～1.0 之间，景观主体度指数越大，表明区域内景观类型与该区域主导景观生态功能的一致性越高，说明海岸带整治修复工程对景观生态空间功能整理的效果越好；相反，景观主体度指数数值越小，表明区域内景观类型及其面积与该区域主导景观生态功能的差异性越大，说明海岸带整治修复工程对海岸景观生态空间整理的效果越差。例如，砂质海岸带滨海旅游休闲娱乐区内存在较大面积的垃圾堆放区域或没有旅游休闲娱乐功能的农田，说明该旅游休闲娱乐区域空间整理不够彻底，有待进一步实施整治修复，恢复砂质海岸带原生自然景观。

景观优势度指数是景观生态学中用于描述景观格局的常用定量评价指标，景观主体度指数是本章根据砂质海岸带景观生态修复工程效果特征，研究建立的用于定量描述海岸带景观格局空间整理效果的新评价指标。景观优势度指数反映了景观格局中某一种景观类型在整个景观格局中的优势程度，但不能反映景观格局的功能定位，无法直接体现海岸带整治修复工程的景观生态空间整理效果。景观主体功能及其景观主体度指数反映了景观生态功能分区中景观类型与主体功能定位的符合程度，可以直接反映海岸带整治修复工程的景观生态空间整治效果。因此，本书选取景观主体度指数作为海岸带整治修复工程景观生态空间整理效果的评价指标。

二、景观生态保护与修复工程效果评价指标建立与遴选

海岸景观生态维护效果是海岸带整治修复工程实施对海岸带原有景观生态功能的维护效果，可以从海岸带景观自然度、海岸带景观丰富度、潮间带生态空间完整性三个方面遴选评价指标。砂质海岸带原生自然景观是砂质海岸带长期海陆相互作用下演化形成的稳定景观类型，具有维护砂质海岸稳定、保护砂质海岸物种多样性、防灾减灾等多种生态功能[129]。大规模破坏砂质海岸原生自然景观可能会影响砂质海岸生态功能。

1. 景观自然度指数

为了定量描述砂质海岸带整治修复工程对原生景观类型的保护状况，本书研究建立了景观自然度指数。景观自然度指数是海岸原生自然景观类型面积与海岸景观类型总面积的比例，具体计算方法如下：

$$NL = \frac{\sum_{i=1}^{m} u_i}{A_0} \tag{5.4-3}$$

式中，NL 为景观自然度指数，u_i 为区域内第 i 块自然景观斑块面积，m 为区

域内自然景观斑块的总数量，A_0 为区域景观总面积。

2. 景观丰富度指数

景观丰富度是指景观类型的丰富程度，可采用景观格局数据方法测算，也可采用现场调查方法测算，本书采用现场调查方法测算。在某一景观区域内，步行 500 m 能看到四周景观类型的数量。即：

$$R = SL \tag{5.4-4}$$

式中，R 为景观丰富度指数，SL 为在景观区域内随意步行 500 m 看到的四周景观类型的数量。

景观自然度指数反映了砂质海岸原生自然景观类型的保留程度，景观自然度指数越大，说明海岸带整治修复工程对砂质海岸原生自然景观类型保护得越好；相反，说明海岸带整治修复工程对原生自然景观类型保护得越差。景观丰富度指数反映了海岸景观类型的丰富程度，景观丰富度指数越大，砂质海岸带可观赏的景观类型越多，景观资源越丰富。

3. 潮间带生态空间完整性指数

潮间带是平均大潮高潮线和平均大潮低潮线之间的区域，它是重要的水陆两栖生境，尤其是砂质海岸的潮间带，是许多海陆两栖海洋生物及底栖生物的重要生存空间[151]。潮间带生态空间破坏或挤压占用会直接影响潮间带乃至砂质海岸带的生态系统服务功能。潮间带生态空间完整性就是潮间带从平均大潮高潮线到平均大潮低潮线之间生态空间的完整程度，为了度量潮间带生态空间完整性，相关学者提出了潮间带生态空间完整性指数[146]，具体如图 5-3 所示。

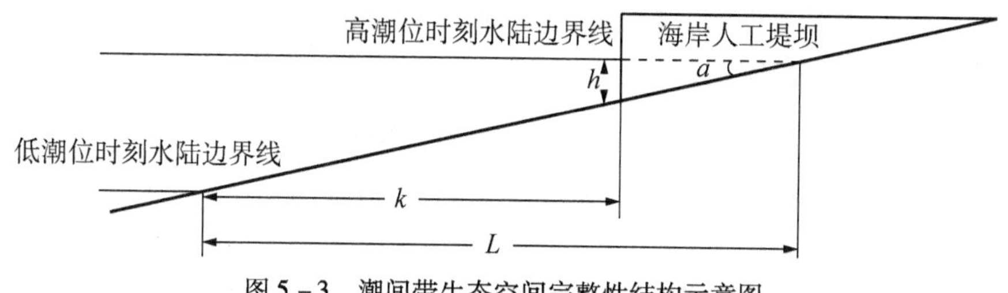

图 5-3　潮间带生态空间完整性结构示意图

在自然状态下，潮间带平均大潮低潮线至平均大潮高潮线之间的平面直线距离为 L。如果人类活动在海岸潮间带构筑了人工堤坝，占用了海岸潮间带生态空间，那么平均大潮高潮线就会被人工堤坝阻挡而随人工堤坝坡脚向海推移，平均大潮低潮线到平均大潮高潮线之间的平面直接距离就会因人工堤坝建设占用而缩短。为刻画这种人类活动对海岸潮间带生态空间的占用程度，本书参考相关研究[147]，提出潮间带生态空间完整性指数，具体计算方法如下：

$$Q = \frac{k}{L} \tag{5.4-5}$$

式中，Q 为潮间带生态空间完整性指数，k 为海岸人工堤坝建设情况下平均大潮低潮线至平均大潮高潮线之间的平面直线距离，L 为自然状态大平均大潮低潮线至平均大潮高潮线之间的平面直线距离。正常情况下潮间带生态空间完整性指数 Q 处于 0 ～ 1.0 之间。当海岸人工堤坝坡脚线在平均小潮低潮线以下时，$k=0$；当海岸人工堤坝坡脚线在平均大潮高潮线以上时，$k=L$，$Q=1.0$。发生海岸侵蚀或淤涨时，虽然平均大潮高潮线和平均大潮低潮线位置发生变化，但只要潮间带没有人工堤坝，$k=L$，$Q=1.0$。

依据潮间带生态空间完整性指数，就可以定量评判潮间带生态空间保护的完整性程度，并据此界定海岸线类型属性及其受人类活动影响的人工化程度。当潮间带生态空间完整性指数 $Q \geqslant 1.0$ 时，说明潮间带生态空间完整，潮间带没有人类建设开发活动，属于自然海岸线；当潮间带生态空间完整性指数 $Q \leqslant 0$ 时，说明潮间带生态空间消失，人类海岸开发建设活动已经完全占用或破坏了潮间带生态空间，属于无生态空间的人工海岸线；当潮间带生态空间完整性指数 $Q<1.0$ 时，说明潮间带生态空间部分保留，人类海岸开发建设活动占用了部分潮间带生态空间，属于具有部分生态空间的人工海岸线。对于具有部分生态空间的人工海岸线，又可以进一步分为具有基本生态空间的人工海岸线（$0.80 \leqslant Q<1.0$）、具有部分生态空间的人工海岸线（$0.50 \leqslant Q<0.80$）、具有有限生态空间的人工海岸线（$0.20 \leqslant Q<0.50$）以及具有少量生态空间的人工海岸线（$0<Q<0.20$），潮间带生态空间完整性分类具体见表 5－3。

表 5－3　潮间带生态空间完整性分类

序号	潮间带生态空间完整性指数	潮间带生态空间完整性程度	海岸线类型划分
1	≥1.0	潮间带生态空间完整	自然海岸线
2	$0.80 \leqslant Q<1.0$	人类活动对潮间带生态空间有少量占用，潮间带生态空间基本完整	具有基本生态空间的人工海岸线
3	$0.50 \leqslant Q<0.80$	人类活动对潮间带生态空间有一定占用，潮间带生态空间大部分存在	具有部分生态空间的人工海岸线

续表 5－3

序号	潮间带生态空间完整性指数	潮间带生态空间完整性程度	海岸线类型划分
4	$0.20 \leqslant Q < 0.50$	人类活动对潮间带生态空间有较大占用，潮间带生态空间有限存在	具有有限生态空间的人工海岸线
5	$0 < Q < 0.20$	人类活动对潮间带生态空间有很大占用，潮间带生态空间少量存在	具有少量生态空间的人工海岸线
6	$\leqslant 0$	人类活动占用全部潮间带生态空间，潮间带生态空间消失	无生态空间的人工海岸线

在景观自然度指数、景观丰富度指数、潮间带生态空间完整性指数 3 个表征砂质海岸带景观生态维护效果评价指标中，景观自然度指数是本书根据砂质海岸带景观生态修复工程对原生自然景观类型的保护和修复特征，研究建立的用于定量描述原生自然景观保护和修复效果的新评价指标；景观丰富度指数在景观生态学中原指景观格局中景观类型的丰富程度，本章根据海岸带景观生态修复工程效果特征，对景观丰富度指数计算方法进行了改进。潮间带生态空间完整性指数是有关研究提出的用于描述潮间带生态空间完整性的定量评价指标[147]。景观自然度指数是从砂质海岸自然景观保护与修复面积比例方面度量海岸自然景观保护与修复效果的评价指标，景观丰富度指数是从砂质海岸景观类型数量方面度量海岸景观类型保护与修复效果的评价指标，潮间带生态空间完整性指数是从砂质海岸潮间带生态空间完整性程度方面度量海岸自然景观保护与修复效果的评价指标。由于砂质海岸多以旅游休闲娱乐为主，海岸整治修复工程的核心目标是恢复海滩自然生态空间及其休闲娱乐功能，潮间带一般为相对完整的自然生态空间，所以没有必要专题评价。为此，本书选择景观自然度指数和景观丰富度指数作为砂质海岸带整治修复工程景观生态修复效果的评价指标，前者主要侧重度量砂质海岸带整治修复工程对自然景观面积的生态保护效果，后者主要侧重度量砂质海岸带整治修复工程对景观类型数量的维护效果。

三、景观格局优化工程效果评价指标建立与遴选

砂质海岸带整治修复工程景观格局优化效果评价，主要分析评价砂质

海岸带整治修复工程对海岸景观格局的优化改造效果，主要评价内容包括海岸植被景观的改造和整饰效果、海岸人工景观的塑造效果、海岸景观质量的改善效果、海岸景观格局的优化效果等。为了客观评价砂质海岸带整治修复工程的海岸景观优化效果，本书采用景观生态学中的景观破碎度指数、景观多样性指数，以及本书建立的海岸景观变化度指数来评价海岸景观格局优化效果。

1. 景观变化度指数

海岸景观变化度是指海岸带整治修复工程对海岸带景观类型的改变程度，采用海岸景观变化度指数描述。海岸景观变化度指数为海岸带整治修复工程实施后发生改变的景观区域占区域景观总面积的比例，计算方法如下：

$$LB = \frac{\sum_{i=1}^{m} b_i}{S} \tag{5.4-6}$$

式中，LB 表示景观变化度指数，b_i 为砂质海岸带整治修复工程改变的第 i 个景观斑块面积，m 为砂质海岸带整治修复工程改变的景观斑块总数量，S 为评价区域景观类型的总面积。

景观变化度指数反映了砂质海岸带整治修复工程实施对海岸景观类型的改变程度。景观变化度指数越大，海岸带整治修复工程实施对海岸带景观类型改变越大；反之，海岸带整治修复工程实施对海岸带景观类型改变越小。

2. 景观破碎度指数

景观破碎化是指景观某一类或某一个景观斑块由大面积斑块被分割成小面积斑块的过程。自然景观中的大面积景观斑块是地表环境长期演变发育形成的自然海岸景观格局，具有生物多样性维护、海岸灾害防护、海岸环境维持等多种生态功能，在景观视觉上也具有自然景观观赏性。海岸人类开发利用活动会造成这些大面积自然斑块被分割，破碎成小面积的不同景观类型斑块，产生景观破碎化。景观破碎化可用景观破碎度指数描述，景观破碎度指数计算方法如下[128]：

$$LP = \frac{N}{\sum_{i=1}^{n} a_i} \tag{5.4-7}$$

式中，LP 是景观破碎度指数，N 是景观斑块数量，a_i 是第 i 个景观斑块的面积。在面积一定的情况下，景观破碎度指数越大，说明景观斑块越破碎，

景观格局中小面积景观斑块数量越多，景观的人为分割、优化程度越高；相反，景观破碎度指数越小，说明景观斑块越完整，景观的人为分割程度越低。

3. 景观多样性指数

景观多样性是景观格局中景观类型组成数量和各类型所占面积比例的综合反映。当景观格局有一种景观类型构成时，景观多样性最低；当景观格局由多种景观类型构成，且各种景观类型所占面积比例相等时，景观多样性最大；随着景观类型面积比例差异增大，景观多样性降低。景观多样性用景观多样性指数描述，景观多样性指数计算方法如下[128]：

$$H = -\sum_{k=1}^{m}(P_k)\log_2(P_k) \tag{5.4-8}$$

式中，H 是景观多样性指数，m 是景观格局中景观类型总数量，P_k 是第 k 类景观类型占景观格局总面积的比例。景观多样性指数越大，景观格局越复杂，景观格局的人为分割、优化程度越高；相反，景观多样性指数越小，景观格局越简单，景观格局的人为分割、优化程度越低。

在景观变化度指数、景观破碎度指数、景观多样性指数 3 个表征砂质海岸带景观格局优化效果评价指标中，景观破碎度指数和景观多样性指数是景观生态学中用于定量描述景观格局变化特征的评价指标，景观变化度指数是本章根据海岸带景观生态修复工程对景观类型的改变程度，研究建立的用于定量描述海岸带整治修复工程对海岸原有景观改变程度的新评价指标。景观变化度指数是从砂质海岸带景观类型面积变化角度度量海岸带整治修复工程对海岸景观类型面积结构优化效果的评价指标；景观破碎度指数是从景观斑块面积大小角度度量海岸带整治修复工程对海岸带景观格局优化效果的评价指标；景观多样性指数是从景观格局空间复杂性程度角度度量砂质海岸带整治修复工程对景观格局优化效果的评价指标。3 个评价指标相比较而言，景观变化度指数和景观破碎度指数更能直接反映砂质海岸带整治修复工程的景观格局优化效果，而景观多样性指数只是景观格局空间复杂程度的度量指标，不能直接反映景观格局的优化效果。为此，本书选择景观变化度指数和景观破碎度指数作为砂质海岸带整治修复工程景观格局优化效果的评价指标，景观变化度指数主要用来反映海岸带整治修复工程的景观类型及其面积优化效果，景观破碎度指数主要用来反映海岸带整治修复工程的景观斑块数量优化效果。

四、海滩资源养护工程效果评价指标建立

砂质海岸带海滩景观养护效果评价包括沙滩景观养护效果评价和潮滩景观养护效果评价。与第二章海滩资源效果空间差异化评价方法不同的是，本章主要是从景观生态宏观尺度进行评价，把沙滩、潮滩分别当作一个整体考虑，比较砂质海岸带整治修复工程实施前和实施后的面积变化，计算沙滩面积指数和潮滩游乐指数。

1. 沙滩面积指数

沙滩景观是砂质海岸旅游娱乐产业发展最为重要的资源[150]，沙滩的长度和宽度是评价砂质海岸游客承载能力的基本参数，特别是沙滩长度。本书通过对砂质海岸游客旅游休闲娱乐活动位置实际调查，游客在沙滩分布多集中在距离海面水边线200 m以内的沙滩，在距离海面水边线200 m以外沙滩区域的游客极少。因此，本书以沙滩海面水边线200 m宽度作为沙滩宽度评价上限，距离海面水边线200 m宽度以上沙滩区域等同于200 m宽度。采用沙滩面积指数表征沙滩景观游客承载能力改善的大小程度，沙滩面积指数为海岸带整治修复工程实施以前沙滩长度与宽度乘积与海岸带整治修复工程实施以后沙滩长度与宽度乘积的比值，计算方法见第四章。

2. 潮滩游乐指数

游客休憩于沙滩的另一个目的是嬉水游乐，所以适宜游客嬉水游乐的水域面积是砂质海岸游客承载能力的另一个重要指标。一般适宜游客嬉水游乐的水域为近岸水深较浅海域，水深在2.0 m以内。这个水深范围内海域面积越大，游客的嬉水玩乐承载量越大。因此，本书通过深入调查砂质海岸海滩游乐人群空间分布，将离岸500 m范围内，等深线2.0 m以上的海域空间作为适宜游泳娱乐的水域空间。采用潮滩游乐指数评价海滩养护工程对海洋游泳娱乐功能的改善效果。潮滩游乐指数计算方法见第四章。

第五节　砂质海岸带景观生态修复工程效果评价方法

采集砂质海岸带整治修复工程实施前覆盖评价区域的高空间分辨率卫星遥感影像或无人机遥感影像，按照本章砂质海岸带整治修复工程景观生态效果遥感监测技术方法制作砂质海岸带整治修复工程实施前的海岸景观格局数据。采集砂质海岸带整治修复工程实施后覆盖同一区域的高空间分

辨率卫星遥感影像或无人机遥感影像，按照同样的方法制作砂质海岸带整治修复工程实施后的海岸景观格局数据。

1. 海岸带景观生态空间整理效果评价方法

统计分析砂质海岸带整治修复工程实施前和实施后的海岸景观格局组成结构。按照本章遴选的砂质海岸带景观生态空间整理效果评价指标——景观主体度指数及其计算方法，分别计算砂质海岸带整治修复工程实施前各景观生态功能区的景观主体度指数和海岸带整治修复工程实施后各景观生态功能区的景观主体度指数，比较不同景观生态功能区海岸带整治修复工程实施前与实施后的景观主体度指数数值变化，分析砂质海岸带整治修复工程不同功能分区的景观生态空间整理过程和整理效果。与砂质海岸带整治修复工程实施前的景观主体度指数相比较，整治修复工程实施后景观主体度指数数值变大，说明整治修复工程实施后各景观生态功能区景观类型与主导功能趋向一致，景观空间有序度提高。景观主体度指数数值增加越大，说明整治修复工程的景观空间整理效果越好。相反，如果整治修复工程实施后景观主体度指数数值变小，说明整治修复工程实施后景观空间有序度降低，景观类型空间布局混乱，整治修复工程的景观空间整理效果差。

2. 海岸带景观生态保护与修复效果评价方法

按照本章砂质海岸带景观生态保护与修复效果评价指标遴选的景观自然度指数和景观丰富度指数的计算方法，分别计算砂质海岸带整治修复工程实施前的景观自然度指数、景观丰富度指数，海岸带整治修复工程实施后的景观自然度指数、景观丰富度指数，比较海岸带整治修复工程实施前与实施后的景观自然度指数数值变化、景观丰富度指数数值变化，分析砂质海岸带整治修复工程的景观生态保护与修复效果。与砂质海岸带整治修复工程实施前的景观自然度指数相比，整治修复工程实施后景观自然度指数数值变大，说明整治修复工程恢复和扩大了砂质海岸自然景观类型面积。景观自然度指数数值增加越大，说明整治修复工程恢复和扩大的砂质海岸自然景观类型面积幅度越大，海岸带景观生态保护和修复效果越好；相反，如果整治修复工程实施后景观自然度指数数值变小，说明整治修复工程压缩了砂质海岸自然景观类型面积，海岸带整治修复工程实施对自然景观类型的保护效果不佳。与砂质海岸带整治修复工程实施前的景观丰富度指数相比，整治修复工程实施后景观丰富度指数数值变大，说明整治修复工程增加了海岸带景观类型，提高了海岸带景观的多样性；相反，如果整治修复工程实施后景观丰富度指数数值变小，说明整治修复工程减少了海岸带

原生景观类型，降低了海岸带景观多样性，海岸带景观生态保护与修复效果不佳。

3. 海岸带景观生态格局优化评价方法

按照本章砂质海岸带景观格局优化效果评价指标遴选的景观变化度指数和景观破碎度指数的计算方法，计算砂质海岸带整治修复工程实施后的景观变化度指数，分析海岸带整治修复工程的景观类型改变过程，评价砂质海岸带整治修复工程的景观格局优化效果；计算砂质海岸带整治修复工程实施前和实施后的景观破碎度指数，比较海岸带整治修复工程实施前与实施后的景观破碎度指数数值变化，分析海岸带整治修复工程实施后的景观破碎化过程，评价砂质海岸带整治修复工程的景观格局优化效果。景观变化度指数是海岸整治修复工程实施后景观变化面积的比例，景观变化度指数数值越大，说明海岸整治修复工程实施过程中对原生景观类型改变程度越大，海岸景观生态格局优化程度越高，如果对海岸带原生自然景观类型改变过大，就会影响海岸带原生景观格局物种庇护、灾害防御、环境调控等自然生态功能。相反，景观变化度指数数值越小，说明海岸整治修复工程实施过程中对海岸景观格局改变程度越小，景观生态格局优化效果越不明显。

4. 海滩资源养护效果评价方法

按照本章砂质海岸带海滩资源养护效果评价指标——沙滩面积指数和潮滩游乐指数计算方法，计算砂质海岸带整治修复工程实施后的沙滩面积指数、潮滩游乐指数。根据沙滩面积指数数值大小和潮滩游乐指数数值大小，分析海岸带整治修复工程实施后的沙滩面积变化、潮滩适宜游乐区域面积变化，评价砂质海岸带整治修复工程的海滩景观养护效果。沙滩面积指数、潮滩游乐指数数值大于1.0，说明海岸带整治修复工程实施后沙滩、潮滩面积增大，数值越大，说面积增加的幅度越大，海岸带整治修复工程对沙滩空间规模、潮滩空间规模的改善效果越好；相反，沙滩面积指数、潮滩游乐指数数值小于1.0，说明海岸带整治修复工程实施后沙滩、潮滩面积缩小。数值越小，说明面积缩小的幅度越大，海岸带整治修复工程对沙滩空间规模、潮滩空间规模的改善效果越差。

5. 讨论

景观生态学一直以来重点关注区域土地利用、植被、湿地等景观格局特征及其变化过程与驱动机制，研究尺度为上百平方千米的区域尺度，很少涉及具体工程尺度[130-135]。本书根据砂质海岸带以旅游休闲娱乐产业发

展为导向的海岸带整治修复工程目标，将景观生态学中的景观格局优化理论与海岸带整治修复工程相结合，研究建立了砂质海岸带整治修复工程景观生态效果评价技术框架。针对砂质海岸带整治修复工程景观生态效果评价内容，研究建立和遴选了反映砂质海岸带整治修复工程的评价指标和评价方法。虽然有些评价指标借鉴了景观生态学中的景观格局指数，如景观破碎度指数、景观丰富度指数[128]，但这些评价指标都是针对砂质海岸带整治修复工程景观生态保护与修复效果特点而遴选的，其中还对景观丰富度指数的内涵及其计算方法进行了改进，主要用来定量评价海岸带整治修复工程对景观格局的保护与修复效果。这些评价指标和评价方法只适合砂质海岸带以旅游休闲娱乐产业发展为导向的海岸带整治修复工程景观生态效果评价，对于其他海岸带整治修复工程景观生态效果评价，还要根据整治修复工程目标，进行评价指标的改造、调整与优化。

第六章 近岸水动力水环境整治工程效果评价方法

第一节 近岸海域水动力环境整治工程效果评价方法

砂质海岸带近岸海域水动力环境整治修复工程主要通过在砂质海岸带、近岸海域修建人工岬角、人工潜堤、明堤、沙坝等非透水/透水构筑物工程或地貌形态，达到改变波浪、潮流、海流、径流等水文水动力环境，以维护海岸地形地貌稳定性，降低近岸海域水动力泥沙冲淤风险的目的。砂质海岸带近岸海域水动力环境整治修复工程效果评价主要评价海岸带整治修复工程实施对近岸海域水动力环境的改善情况，评价内容包括近岸海域流场变化和水体交换周期变化等。

一、近岸海域水文水动力环境整治工程效果数值模拟方法

数值模拟方法是研究海洋水文水动力环境变化的基本手段。早期的海洋水文水动力数值模拟模型大多为一维模型和二维模型。随着物理海洋学理论的不断完善以及计算机技术的快速发展，海洋水文水动力数值模拟进入三维模拟阶段。20 世纪 60 ～ 70 年代，Leendertse 等最早开始海洋水文水动力三维数值模拟研究工作[154]，美国普林斯顿大学大气与海洋科学实验室的 Mellor & Blumberg 开发了三维斜压式海洋水文水动力数值 POM 模型，广泛应用于河口、近岸海域水动力模拟研究工作[155]。Mellor 等人以 POM 模型为基础，开发了 ECOM 浅海水动力三维模型，克服了 POM 模型中存在的因 CFL 条件限制而时间步长较短的缺点[156]。此后，HAMSOM、EFDC、ROMS & HYCOM 等多种各具特色的海洋水文水动力数值模型相继问世，并成功应用于海湾、河口、近岸海域等不同区域的水动力数值模拟研究工作[157-158]。2000 年，美国佐治亚大学海洋学院陈长胜教授团队与麻省理工学院海洋科学与技术学院研究人员合作开发了 FVCOM 模型，用于模拟海洋环流及其生态变化[159-160]。该模型将海洋水动力、泥沙（悬移质）输移、生态过程、海冰漂流等数值模块集成在一起，解决了复杂几何岸界和计算有效性等难

题，在美国夏洛特港河口、英国布劳顿海及我国渤海等全球不同区域的海洋水文动力模拟研究工作中得到成功应用[161-163]。目前，比较常用的海洋水文水动力模型还有丹麦的 MIKE 模型、荷兰的 DELFT3D 模型、美国的 FLUENT 模型。这些水文水动力模拟模型都已开发形成人机交互的友好软件界面，具有丰富的功能选择，得到国内外专家的普遍认可[164-167]。单慧洁等应用 FVCOM 模型开展了温州鳌江口海洋工程建设对河口水文动力环境的累积影响后评价，重现了海洋工程产生的新水深岸线潮流场，认为该水文水动力数值模拟模型对复杂海岸地形具有较好的适应性[168-170]。

为此，本书砂质海岸带整治修复工程近岸海域水动力环境效果评价主要采用这种三维非结构网格有限体积法海洋模型（The Finite-Volume Coastal Ocean Model，FVCOM）。FVCOM 模型在水平方向上采用非结构三角形网络设计，通过对海域复杂地形区域的局部网格加密，可以更好地模拟大陆和海岛区域复杂的水陆界面；FVCOM 模型在垂直方向上采用 σ 坐标，便于处理海底地形的不规则高程；FVCOM 模型在潮间带区域，充分考虑了涨落潮流对潮滩泥沙冲淤的影响，设计了干湿网格分析技术；FVCOM 模型在数值模拟计算方面，通过模态分裂技术将模拟数值分为沿水深积分的长重力波外模式与流体垂向流结构相联系的重力波内模式，并采用有限体积法同时求解。FVCOM 模型保证了在单一网格和整个计算域上的动量、能量和质量的守恒，且计算效率较高，特别适合模拟研究具有不规则海陆界面的砂质海岸海湾岬角区域水文水动力环境变化[164-165]。

1．原始控制方程

FVCOM 模型的三维水动力模型在直角坐标系下的原始控制方程如下：

$$\frac{\partial u}{\partial t} + u\frac{\partial u}{\partial x} + v\frac{\partial u}{\partial y} + w\frac{\partial u}{\partial z} - fv = -\frac{1}{\rho_0}\frac{\partial P}{\partial x} + \frac{\partial}{\partial z}(K_m\frac{\partial u}{\partial z}) + F_u \tag{6.1-1}$$

$$\frac{\partial u}{\partial t} + u\frac{\partial u}{\partial x} + v\frac{\partial u}{\partial y} + w\frac{\partial u}{\partial z} + fv = -\frac{1}{\rho_0}\frac{\partial P}{\partial y} + \frac{\partial}{\partial z}(K_m\frac{\partial v}{\partial z}) + F_v \tag{6.1-2}$$

$$\frac{\partial P}{\partial z} = -\rho g \tag{6.1-3}$$

$$\frac{\partial u}{\partial x} + \frac{\partial v}{\partial y} + \frac{\partial w}{\partial z} = 0 \tag{6.1-4}$$

$$\frac{\partial T}{\partial t} + u\frac{\partial T}{\partial x} + v\frac{\partial T}{\partial y} + w\frac{\partial T}{\partial z} = \frac{\partial}{\partial z}(K_h\frac{\partial T}{\partial z}) + F_T \tag{6.1-5}$$

$$\frac{\partial S}{\partial t}+u\frac{\partial S}{\partial x}+v\frac{\partial S}{\partial y}+w\frac{\partial S}{\partial z}=\frac{\partial}{\partial z}(K_h\frac{\partial S}{\partial z})+F_S \tag{6.1-6}$$

$$\rho=\rho(T,S) \tag{6.1-7}$$

式中，u、v和w分别代表水平方向、竖直方向、垂直方向的速度分量；x、y、z分别代表直角坐标系的水平方向、竖直方向和垂直方向坐标；F_v代表竖直方向的动量扩散项；F_u代表水平方向的动量扩散项；F_T代表温度扩散项；F_S代表盐度扩散项；K_h表示热力垂向涡动摩擦系数；K_m表示垂向涡动黏性系数；g代表重力加速度；f代表科氏参数；P代表压力；ρ代表密度；S代表盐度；T代表温度。

2. 垂向坐标变换

为了更好地拟合海底地形的不规则变化，FVCOM 模型在垂直方向上进行了σ坐标的变换：

$$\sigma=\frac{z-\zeta}{H+\zeta}=\frac{z-\zeta}{D} \tag{6.1-8}$$

式中，σ值由海底 -1.0 变化到海面 0。σ坐标变换以后，式（4.1）～式（4.7）的原始控制方程就可以转换为：

$$\frac{\partial\zeta}{\partial t}+\frac{\partial Du}{\partial x}+\frac{\partial Dv}{\partial y}+\frac{\partial\omega}{\partial\sigma}=0 \tag{6.1-9}$$

$$\begin{aligned}&\frac{\partial uD}{\partial t}+\frac{\partial u^2D}{\partial x}+\frac{\partial vuD}{\partial y}+\frac{\partial u\omega}{\partial\sigma}-fvD\\&=-gD\frac{\partial\zeta}{\partial x}-\frac{gD}{\rho_0}\left[\frac{\partial}{\partial x}\left(D\int_\sigma^0\rho\mathrm{d}\sigma'\right)+\sigma\rho\frac{\partial D}{\partial x}\right]+\frac{1}{D}\frac{\partial}{\partial\sigma}\left(K_m\frac{\partial u}{\partial\sigma}\right)+DF_x\\&\frac{\partial vD}{\partial t}+\frac{\partial uvD}{\partial x}+\frac{\partial v^2D}{\partial y}+\frac{\partial v\omega}{\partial\sigma}+fuD\\&=-gD\frac{\partial\zeta}{\partial y}-\frac{gD}{\rho_0}\left[\frac{\partial}{\partial y}\left(D\int_\sigma^0\rho\mathrm{d}\sigma'\right)+\sigma\rho\frac{\partial D}{\partial y}\right]+\frac{1}{D}\frac{\partial}{\partial\sigma}\left(K_m\frac{\partial v}{\partial\sigma}\right)+DF_y\end{aligned} \tag{6.1-10}$$

$$\frac{\partial SD}{\partial t}+\frac{\partial SuD}{\partial x}+\frac{\partial SvD}{\partial y}+\frac{\partial S\omega}{\partial\sigma}=\frac{1}{D}\frac{\partial}{\partial\sigma}\left(K_h\frac{\partial S}{\partial\sigma}\right)+DF_S \tag{6.1-11}$$

$$\rho=\rho(T,S) \tag{6.1-12}$$

水平扩散项可定义为：

$$DF_x\approx\frac{\partial}{\partial x}\left[2A_mH\frac{\partial u}{\partial x}\right]+\frac{\partial}{\partial y}\left[A_mH\left(\frac{\partial u}{\partial y}+\frac{\partial v}{\partial x}\right)\right] \tag{6.1-13}$$

$$DF_y\approx\frac{\partial}{\partial x}\left[A_mH\left(\frac{\partial u}{\partial y}+\frac{\partial v}{\partial x}\right)\right]+\frac{\partial}{\partial y}\left[2A_mH\frac{\partial v}{\partial y}\right] \tag{6.1-14}$$

$$D(F_T,F_S,F_{q^2},F_{q^2l}) \approx \frac{\partial}{\partial x}\left[A_h H \frac{\partial}{\partial x}\right] + \frac{\partial}{\partial y}\left[A_h H \frac{\partial}{\partial y}\right](T,S,q^2,q^{2l}) \tag{6.1-15}$$

式中，A_m代表水平涡黏性系数；A_h代表水平热力扩散系数，由修正的 MY－2.5 湍流闭合子模型计算得出 A_m、A_h[171－172]。

3. 定解边界条件

（1）自由表面（$\sigma=0$）边界条件。运动学边界条件：

$$w(x,y,l,t)=0 \tag{6.1-16}$$

动力学边界条件：

$$\left(\frac{\partial u}{\partial \sigma},\frac{\partial v}{\partial \sigma}\right)=\frac{D}{\rho_0 K_m}(\tau_{sx},\tau_{sy}) \tag{6.1-17}$$

温盐边界条件：

$$\frac{\partial T}{\partial \sigma}=\frac{D}{\rho c_\rho K_h}[Q_n(x,y,t)-SW(x,y,0,t)] \tag{6.1-18}$$

$$\frac{\partial S}{\partial \sigma}=-\frac{S(\hat{P}-\hat{E})D}{K_h\rho} \tag{6.1-19}$$

式中，τ_{sx} 和 τ_{sy} 分别是风应力矢量在 x 、y 方向的分量；$Q_n(x,y,t)$ 是表面静热通量；$SW(x,y,0,t)$ 是在海表面处短波辐射通量，c_ρ 是海水的比热系数。

（2）海底（$\sigma=-1.0$）边界条件。运动学边界条件：

$$w(x,y,0,t)=0 \tag{6.1-20}$$

动力学边界条件：

$$\left(\frac{\partial u}{\partial \sigma},\frac{\partial v}{\partial \sigma}\right)=\frac{D}{\rho_0 K_m}(\tau_{bx},\tau_{by}) \tag{6.1-21}$$

温盐边界条件：

$$\frac{\partial T}{\partial \sigma}=\frac{\partial S}{\partial \sigma}=0 \tag{6.1-22}$$

式中，τ_{bx} 表示底摩擦应力在水平方向上的分量；τ_{by} 表示底摩擦应力在竖直方向上的分量。

（3）侧边界条件。侧边界是限定计算区域（计算范围）的边界，具有海岸线边界和开边界两种边界形式，其中海岸线边界是由海岸线或实体海岸建筑物围成的不透水边界，即为固边界。水质点在固边界上可沿切向自由滑动，其边界条件可表示为：

$$\frac{\partial u}{\partial n}=0 \tag{6.1-23}$$

开边界是根据数值模拟条件需求，在海洋水域空间中人为划出的一条或多条透水边界线。开边界线与海岸线边界共同围成了一个封闭的水域空间，就是计算域。计算域内外的状态在开边界上可以进行内外交互。因此，在海洋水文水动力数值模拟过程中，通常将在开边界上强加的流量或自由表面水位作为模型的驱动条件。

二、近岸海域水文水动力环境整治工程效果评价指标建立与遴选

根据砂质海岸带整治修复工程实施前和实施后近岸海域水动力环境的变化特征，从近岸海域涨落潮过程流场变化和海湾水体交换率变化两个方面研究建立并遴选砂质海岸带整治修复工程近岸海域水环境效果评价指标。涨落潮过程流场变化又包含涨落潮流速变化和涨落潮流向变化两种。水体交换率是指由潮汐、潮流的作用而引起的海湾内部水体与海湾外部水体的交换，主要采用数值模拟方法获得，其大小可以用水体半交换周期来表示，海湾水交换能力在一定程度上可以反映其物理自净能力[152-153]。

为了反映砂质海岸整治修复工程实施前和实施后近岸海域涨落潮过程变化特征，在砂质海岸整治修复工程实施前，在近岸海域空间布设若干个涨落潮观测点。在各个观测点同时观测一个完整涨落潮过程的大潮涨落潮流速、大潮涨落潮流向，小潮涨落潮流速、小潮涨落潮流向；在砂质海岸整治修复工程实施完成后，再次在相同站位同时观测一个完整涨落潮过程的大潮涨落潮流速、大潮涨落潮流向，小潮涨落潮流速、小潮涨落潮流向。近岸海域涨落潮过程变化观测在海岸整治修复工程施工前和施工完成后3个月内对工程附近海域进行调查/监测，调查/监测站位须在非透水构筑物掩护海域内外均有分布，且施工前、施工后观测站位、季节应完全相同。海湾水体半交换周期变化指标计算采用现场观测和砂质海岸带整治修复工程实施前和实施后FVCOM模型数值模拟计算方法获得，即同时模拟计算砂质海岸带整治修复工程实施前和实施后的海湾水体半交换周期，计算其水体半交换周期变化。海湾水体交换率为海岸整治修复工程实施前和实施后的海湾水体半交换周期变化。

1. 近岸海域涨落潮水动力过程变化评价

近岸海域涨落潮水动力过程变化包括涨潮过程流速变化、落潮过程流速变化、涨潮过程流向变化、落潮过程流向变化等。为了定量描述海岸带整治修复工程的近岸海域水动力环境效果，本书提出了近岸海域涨落潮流速变化指数和涨落潮流向变化指数。

（1）涨潮流速变化指数。涨潮流速变化指数为砂质海岸带整治修复工程实施前的涨潮平均流速与砂质海岸带整治修复工程实施后的涨潮平均流速变化率，具体计算如下：

$$f_u = \frac{\sum_{i=1}^{n}\left|\frac{u_i^2 - u_i^1}{u_i^1}\right|}{n} \tag{6.1-24}$$

式中，f_u 为涨潮流速变化指数，u_i^1 为砂质海岸带整治修复工程实施前第 i 个观测点大潮涨潮平均潮流流速，u_i^2 为砂质海岸带整治修复工程实施后第 i 个观测点大潮涨潮平均潮流流速，n 为观测站位数。$f_u \geqslant 0$，涨潮流速变化指数越大，说明砂质海岸带整治修复工程实施的水动力环境改变效果越明显。一般情况下，通过岬角工程、潜堤工程等海岸整治修复工程实施，会减小涨潮流速，弱化海湾水动力过程，从而增加涨潮流速变化指数，达到维护砂质海岸带近岸海域水沙动力平衡的目的。

（2）落潮流速变化指数。落潮流速变化指数为砂质海岸带整治修复工程实施前的落潮平均流速与砂质海岸带整治修复工程实施后的落潮平均流速变化率，具体计算如下：

$$f_v = \frac{\sum_{i=1}^{n}\left|\frac{v_i^2 - v_i^1}{v_i^1}\right|}{n} \tag{6.1-25}$$

式中，f_v 为落潮流速变化指数，v_i^1 为砂质海岸带整治修复工程实施前第 i 观测点大潮落潮潮流平均流速，v_i^2 为砂质海岸带整治修复工程实施后第 i 观测点大潮落潮潮流平均流速，n 为观测站位数。$f_v \geqslant 0$，落潮流速变化越大，说明水动力环境效果越明显。一般情况下，通过岬角工程、潜堤工程等海岸整治修复工程实施，会减小大潮落潮潮流平均流速，弱化海湾水动力过程，达到维护砂质海岸带近岸海域水沙动力平衡的目的。

（3）涨潮流向变化指数：涨潮流向变化指数为砂质海岸带整治修复工程实施前的涨潮平均流向与砂质海岸带整治修复工程实施后的涨潮平均流向变化率，具体计算如下：

$$f_{zdir} = \frac{\sum_{i=1}^{n}\left|\frac{zDir_i^2 - zDir_i^1}{2\pi}\right|}{n} \tag{6.1-26}$$

式中，f_{zdir} 为涨潮流向变化指数，$zDir_i^1$ 为砂质海岸带整治修复工程实施前大潮涨潮潮流流向，$zDir_i^2$ 为砂质海岸带整治修复工程实施后大潮涨潮潮流流向，n 为观测站位数。$f_{zdir} \geqslant 0$，涨潮潮流流向变化指数越大，说明砂质海岸带整治修复工程实施的近岸海域水动力环境改变效果越明显。通过岬角工程、潜堤工程等海岸整治修复工程实施，会改变海湾涨落潮流流向，改善海湾水动力过程，维护砂质海岸带近岸海域水沙动力平衡的目的。

（4）落潮流向变化指数：落潮流向变化指数为砂质海岸带整治修复工程实施前的落潮平均流向与砂质海岸带整治修复工程实施后的落潮平均流向变化率，具体计算如下：

$$f_{ldir} = \frac{\sum_{i=1}^{n} \left| \frac{lDir_i^2 - lDir_i^1}{2\pi} \right|}{n} \tag{6.1-27}$$

式中，f_{ldir} 为落潮潮流流向变化指数，$lDir_i^2$ 为砂质海岸带整治修复工程实施前大潮落潮潮流流向，$lDir_i^1$ 为砂质海岸带整治修复工程实施后大潮落潮潮流流向，n 为观测站位数。$f_{ldir} \geqslant 0$，落潮流向变化指数越大，说明砂质海岸带整治修复工程实施的水动力环境改变效果越明显。

涨潮流速变化指数、落潮流速变化指数、涨潮流向变化指数、落潮流向变化指数都是用于描述海岸工程对海洋水动力环境影响或改变的定量评价指标。对比涨潮流速变化指数、落潮流速变化指数、涨潮流向变化指数、落潮流向变化指数4个涨落潮过程水文水动力评价指标，并分析这4个评价指标对近岸海域涨落潮水动力过程及其海滩水沙冲淤过程的指示作用，表明潮流流速变化指数更能反映海岸带整治修复工程的水动力环境效果，尤其是落潮流速变化对海滩沉积物向海输运驱动作用更明显[153]。因此，本书选择落潮流速变化指数作为海岸带整治修复工程涨落潮水动力环境效果的评价指标。

2. 海湾水体交换过程变化评价

根据FVCOM模型的数值模拟结果，计算砂质海岸带整治修复工程实施前和实施后海湾内部水体与海湾外部水体的半交换周期，确定砂质海岸带整治修复工程实施前和实施后的海湾水体交换周期，分析海岸整治修复工程实施对海湾水体交换能力的影响特征。将砂质海岸带整治修复工程附近海域指定为“计算区”。取海湾内水体的初始“浓度” $c=1.0$，在此以外的计算域定为外域，其初始“浓度” $c=0$。在每一计算步时，统计计算区内水体的平均“浓度”，具体计算方法如下：

$$\bar{c} = \frac{\sum (c_i V_i)}{V_0} \tag{6.1-28}$$

式中，$\bar{c}$ 为水体的平均“浓度”，c_i 为某一时刻第 i 个网格节点的浓度值；V_i 为第 i 个节点所辖的水体容积；V_0 为计算区海域内水体总体积；并同时累计时

间。当 $\bar{c} = 0.50$ 时，所对应的时间即为半交换周期。

采用砂质海岸带整治修复工程实施前和实施后的海湾水体半交换周期时间，计算水体半交换变化率，计算公式如下：

$$f_T = \frac{\bar{T}_2 - \bar{T}_1}{\bar{T}_1} \tag{6.1-29}$$

式中，f_T 为水体半交换变化率，$\bar{T}_1$ 为砂质海岸带整治修复工程实施前水体的平均半交换周期时间，$\bar{T}_2$ 为砂质海岸带整治修复工程实施后水体的平均半交换周期时间。水体半交换变化率说明的是海湾水体半交换周期的变化情况，$f_T \geqslant 0$，水体半交换变化率越大，说明砂质海岸带整治修复工程实施效果越明显。一般情况下，通过海岸带整治修复工程实施，会弱化海湾潮汐、波浪、海流等水动力过程，导致海湾水体半交换周期时间变长，水体半交换变化率增大。水体半交换变化率是用于描述海岸工程对海湾水动力交换过程影响程度或改变程度的传统定量评价指标。

通过分析落潮流速变化指数数值大小，可以反映砂质海岸带整治修复工程对近岸海域潮汐过程落潮潮流流速的改善程度，进而揭示海岸整治修复工程对近岸海域潮汐水动力环境的改善效果。通过分析水体半交换率数值大小，可以反映砂质海岸带整治修复工程对海湾水体交换时间的改善程度，进而揭示海岸整治修复工程对海湾水体交换过程的改善效果。

第二节　近岸海域水环境整治工程效果评价方法

海洋水环境评价是海洋环境评价的核心内容，很早就引起了国内外学者的关注。相关学者从物理、化学、生物毒理学等方面研究提出了很多种海洋水环境评价标准和评价指标[173-175]。为了衡量海水环境状况，我国海洋管理部门先后于 1982 年和 1997 年两次发布了海水水质标准，1997 年修订的海水水质标准（GB 3097—1997）从海水水质评价指标、海水水质类别等方面对 1982 年发布的海水水质标准（GB 3097—1982）进行了大幅度的修改。当前海水水质评价多采用单因素评价法，这种评价方法通过寻找影响海水水环境质量的最大因素，以其作为海水环境质量的指示指标，将它的实测浓度与海水水质标准浓度比较，计算海水水质指数，这种计算方法简单明了。但这种单因素评价方法仅仅考虑了引起海水环境污染的最严重因素，而忽略了其他污染因素对海水环境质量的影响贡献，评价结果被认为过于保守。

一、海洋水环境质量评价方法

污染指数评价法是一种基于统计学的海水环境质量定量描述方法，它采用各种数学方法计算多种水质因子的综合水质级别，常用的污染指数法的数学计算方法有均方根法、加权平均指数、均值法、内梅罗水质指数、豪顿水质指数、布朗水质指数等[177]。随着计算机数值计算技术快速发展，更多的数学方法在水环境质量评价中的应用可以实现，从而创新出了许多综合性的海水水环境质量评价方法，包括单项污染指数法、逼近理想排序法、模糊综合评价法、层次分析法、支持向量机、灰色关联分析法、灰色聚类分析法数据包络分析法等[177-178]。

1. 灰色关联分析法

灰色关联分析法就是利用灰色系统理论，将需要评价的海水环境质量状况与其水质评价标准看作一个灰色系统，按照不同海洋功能区的海水质量评价标准，确定海水质量标准与实测海水浓度之间的关联度，最后根据最大关联度原则确定评价区域海水环境质量状况[179-180]。灰色关联度分析法全面考虑海水环境质量标准分级界限的模糊性，注重评价水环境的整体质量状况，计算方法简便，评价结果简明。灰色关联分析法评价海水环境质量的流程为：第一，对海水环境质量样本数据及评价标准进行无量纲标准化处理；第二，计算海水环境质量样本数据与海水环境质量标准之间的关联系数；第三，计算海水质量标准与实测海水环境质量样本数据之间的关联度；第四，按照最大关联度原则确定海水环境质量样本数据的标准级别。

2. 灰色聚类分析法

灰色聚类分析方法的理论基础也是灰色系统理论，它采用关联矩阵或者白化函数将海水环境调查样本数据聚类成为若干个数值相近的类别[181]。这种方法充分考虑了海水环境质量分级界限的模糊性，是一种加权的灰色分析法，具有较高的信息利用率和准确度。灰色聚类分析法主要评价流程如下：按照建立白化函数→确定聚类权重→计算聚类系数→确定海水环境质量样本评价标准级别。

3. 模糊综合评价法

模糊综合评价法将整个海洋环境系统当作一个复杂庞大巨系统，这个系统存在着大量不确定性因素，具有明显难以定量的模糊性。模糊综合评

价法采用“亦彼亦此”的模糊集合理论，描述待评价系统中的非确定性问题，有效解决了传统数学模型中“非彼即此”的确定性局限问题[182]。它通过建立隶属函数的隶属度，对所有数据样本进行模糊分类，这样就解决了评价边界模糊和监测误差等因素对评价结果的影响。

4. 单项污染指数法

单项污染指数法是以海水水质标准为基础，在计算各类污染物单项污染指数的基础上，选取各类污染物单项污染指数中最大类别为样本的总体评价结果[183]。这种单项污染指数法，计算过程和结果简单明了，可以直观判断评价样本与评价标准的比值关系，很容易识别评价区的主要污染因子，以及污染物是否超标及其超标情况，是当前海洋水体环境质量评价的主要方法之一。单项污染指数法的主要评价流程如下：第一，确定评价标准；第二，通过计算样本数据数值与评价标准数值的比值，确定单项污染指标的污染指数；第三，按照“最大取优”的原则选取各污染指数中数值最大的污染指标作为样本的总体评价结果。

二、水环境整治工程效果评价指标建立与遴选

砂质海岸带整治修复工程主要是通过关、停、并、转砂质海岸带各种陆源入海排污口，加快砂质海岸带近岸海域水体交换周期，污染物生态净化及降解稀释等多种办法，降低砂质海岸带陆源污染物排放对水环境的影响压力，改善砂质海岸带近岸海域水环境质量。砂质海岸带整治修复工程近岸海域水环境效果评价就是评价砂质海岸带整治修复工程实施对近岸海域水环境质量的整体改善效果。为了体现砂质海岸带整治修复工程对近岸海域水环境质量的整治效果，特别是体现砂质海岸带整治修复工程对影响近岸海域水环境质量突出因素的整治改善效果，本书采用更能体现对突出影响因素改善效果的单项污染指数法评价砂质海岸带整治修复工程的近岸海域水环境效果，该方法也就是采用实测海水污染物浓度与海水环境质量标准对应的污染物浓度进行比较，计算比值[184]。

《全国海洋功能区划（2011—2020 年）》对 8 类一级海洋功能区水环境质量有不同的具体要求（表 6－1），例如旅游休闲娱乐区、农渔业区海水环境质量不劣于二类水质要求，工业与城镇用海区海水环境不劣于三类海水环境质量要求，港口航运区、矿产与能源区海水环境质量不劣于四类水质要求。海水主要污染物一类、二类、三类、四类水质标准根据海水水质质量标准（GB 3097—1997）确定，具体见表 6－2。

表6-1　一级海洋功能区海水环境质量要求

功能区类型	水质要求	功能区类型	水质要求
农渔业区	不劣于二类	矿产与能源区	不劣于四类
旅游休闲娱乐区	不劣于二类	特殊利用区	不劣于现状
港口航运区	不劣于四类	保留区	不劣于现状
工业与城镇用海区	不劣于三类	海洋保护区	不劣于一类

注：由于特殊利用区和保留区的功能特性，《全国海洋功能区划》中对其水质要求为“不劣于现状”。但考虑两类功能区的需求，目前，在实际评价中这两项是按照不劣于四类的标准进行评价的，可根据主体功能区划的具体类型确定更为细化的要求。

表6-2　海水主要污染物水质标准

序号	污染物类型	一类标准	二类标准	三类标准	四类标准
1	溶解氧（DO）＞（mg/L）	6.00	5.00	4.00	3.00
2	化学需氧量(COD)≤(mg/L)	2.00	3.00	4.00	5.00
3	石油类≤（mg/L）	0.05	0.05	0.30	0.50
4	无机氮≤（以N计）（mg/L）	0.20	0.30	0.40	0.50
5	活性磷酸盐≤(以P计)(mg/L)	0.015	0.030	0.030	0.045
6	铜≤（μg/L）	5.00	10.00	50.00	50.00
7	锌≤（μg/L）	20.00	50.00	100.00	500.00
8	汞≤（μg/L）	0.05	0.20	0.20	0.50
9	镉≤（μg/L）	1.00	5.00	10.00	10.00
10	铅≤（μg/L）	1.00	5.00	10.00	50.00

为了反映砂质海岸带整治修复工程对近岸海域环境质量的整体改善效果，特别是对突出污染因素的整治效果，本书采用单因素污染指数法计算海洋环境中主要污染物的污染指数，具体计算方法如下[185-186]：

$$HI_i = \frac{a_i}{A_i} \tag{6.2-1}$$

式中，HI_i 是第 i 类污染物的污染指数（$HI_i \geqslant 0$），a_i 是第 i 类污染物实际测量浓度，A_i 是第 i 类污染物在某一海洋功能区的海水水质标准要求浓度。污染指数越小，尤其是与砂质海岸带整治修复工程实施前比较，说明砂质海岸带整治修复工程近岸海域水环境质量改善效果越好。

采用污染指数最大值法集成海水环境质量指数，具体如下：

$$SWEI = \mathrm{Max}(HI_i) \quad (6.2-2)$$

式中，$SWEI$ 是海洋环境质量指数（$SWEI \geqslant 0$），HI_i 是第 i 类污染物的污染指数。

三、讨论

主要污染物污染指数和海洋环境质量指数都是海洋环境定量评价的传统评价指标[183]。本章结合海岸整治修复工程所在海域的海洋功能定位特征，对主要污染指数和海洋环境质量指数计算方法进行了改进。对比分析海岸带整治修复工程实施前和实施后的近岸海域主要污染物污染指数，分析各类污染物污染指数在海岸带整治修复工程实施前和实施后的变化特征，挑选出海岸带整治修复工程实施前各污染物污染指数中的最大者，为海岸带整治修复工程实施前的海洋环境质量指数；挑选出海岸带整治修复工程实施后各污染指数中的最大者，为海岸带整治修复工程实施后的海洋环境质量指数。对比海岸带整治修复工程实施前和实施后的海洋环境质量指数数值变化，评价海岸带整治修复工程实施对近岸海域水体环境中主要污染物的改善效果。砂质海岸带整治修复工程的目标是改善砂质海岸资源环境整体状况，包括清除部分陆源入海排污口，清理海湾垃圾、整理海湾渔业开发活动等，所以环境质量指数越小，说明砂质海岸带近岸海域水体环境状况越好；而与整治修复工程实施前相比较，如果海洋环境质量指数数值变得越小，说明砂质海岸带整治修复工程对近岸海域水体中主要污染物整治的环境效果越好。

第七章 砂质海岸带整治修复工程效果综合评价方法

第一节 砂质海岸带整治修复工程效果综合评价理论方法

砂质海岸带整治修复工程是以整治与修复砂质海岸带资源环境问题为导向的海岸生态修复、资源维护、环境整治等多种工程的总称，其海岸带整治修复工程效果也会体现在生态、环境、资源、社会经济等多个方面。但当前海岸带整治修复工程效果评价多集中在以海滩资源为核心的自然资源方面，少有将海岸自然环境、海滩资源、景观生态、社会经济结合在一起的海岸带整治修复工程综合效果评价研究报道[187]。海岸带整治修复工程综合效果评价是揭示海岸带整治修复工程实施综合效果的重要途径，是反映海岸带整治修复工程在自然环境、自然资源、生态功能、社会经济方面实施效果及贡献的基础工作。由于海岸带整治修复工程实施的资源环境与社会经济效果在很多方面难以确定，精确定量评价往往比较困难。模糊综合评价方法是评价不确定、模糊性事件的重要方法，受到国内外很多学者的关注，也给海岸带整治修复工程综合效果评价提供了重要的理论依据与评价方法[188-189]。

一、模糊综合评价理论方法

1. 模糊综合评价方法的起源

模糊数学是用精确的数学方法对模糊现象或模糊概念进行描述和建模计算，用来解决模糊问题的一种数学方法。模糊数学最早由美国控制论专家扎德（Lotfi A. Zadeh）教授提出。1965 年，扎德（Lotfi A. Zadeh）在 *Information and Control* 杂志发表的论文“Fuzzy Sets”中，用“隶属函数”来描述差别不明显，比较模糊的事物，从而打破了传统集合论中属于或不属于的绝对关系，开启了模糊数学时代[190-191]。模糊数学主要研究那些界限不明确，难以精确界定的模糊问题，模糊集合是模糊数学的核心。当前，模糊数学已拓展形成模糊概率、模糊群论、模糊拓扑学等多个分支学

科[192]，在解决实际问题中发挥了重要作用。例如，英国工程师 Mamdani 和 Assilian 通过创立模糊控制器基本框架，解决了蒸汽机自动控制问题；日本山川烈博士发明的模糊推理机，实现了推理速度 1000 万次/秒。

20 世纪 70 年代我国改革开放以后，模糊数学快速发展，先后成立了模糊数学与模糊系统学会，创立了《模糊数学》杂志。2005 年，刘应明院士荣获国际模糊系统协会模糊数学“Fuzzy Fellow 奖”（模糊杰出人物奖），打破了欧美科学家垄断这一奖项的格局，标志着我国已成为与美国、欧洲、日本并驾齐驱的全球模糊数学四大研究中心之一。模糊综合评价模型是 20 世纪 80 年代我国著名教授汪培庄先生提出的一种基于模糊数学的复杂系统评价模型[193]。模糊综合评价模型是根据模糊数学的模糊集合理论，将不确定、模糊性的事物转化为以隶属函数定量表达的数学分析方法，给受多种因素影响或制约的事物或对象做出一个综合评价结果[194-195]。模糊综合评价法主要用来解决由于各因素之间相互作用以及各因素对主导功能影响程度难以精确量化的“模糊性”复杂系统问题。

综合评价方法是在单一评价方法的基础上发展起来的，相对于单一评价方法，综合评价方法不仅评价客体多，而且评价方法和标准更为复杂。综合评价是对评价对象的多个或全部属性做出全局性、系统性的评价，揭示评价对象的状态及其发展规律，以便找出自身差距，及时采取措施进行改进。综合评价方法有灰色系统理论评价方法、模糊综合评价方法、数据包络分析模型评价方法、人工神经网络评价方法等很多种。目前，综合评价方法日趋数学化、复杂化、多学科化，已经成为一种多学科、多方法的综合体。这些综合评价方法都有各自的优缺点和不同的适用环境，在实际应用中需要根据需求环境合理选择。

对于多因素影响的复杂系统，如果采用单一层次的模糊综合评价法，当所有因素的权重进行归一化后，各因素权重大小差别就比较小了，造成各因素对主体决策的影响差异性不大，综合评价会失去揭示事物本身成因的实际意义。为了解决此问题，金菊良等将模糊综合评价方法和层次分析方法相结合，提出多层次模糊综合评价方法[196]。多层次模糊综合评价方法根据评价体系中多个因素的相互关系，首先，把影响事物的所有因素梳理成不同层次的若干类；然后，在每一类因素集中开展综合评价；最后，根据每一个因素类的评价结果，再进行高一层次的因素类间综合评价。多层次模糊综合评价方法是一种将层次分析法和模糊综合评价法融合起来的多层次多属性综合决策评价方法，它将评价指标体系分解为层层递进的多层次结构，利用模糊数学理论确定不同层次间的模糊关系矩阵，利用层次分

析法确定同一层次的指标因素权重，然后通过模糊运算进行综合评判，最后将综合评价结果转换为最终的管理决策依据。由于这种多层次模糊综合评价法很好地克服了指标属性的模糊性，更加符合人类的语言和思维习惯，因此广泛应用于经济、环境、工程等多种事物或事件的综合评价。

2. 模糊综合评价方法原理

模糊综合评价方法是对模糊性、不确定的事物运用数学知识量化后进行科学分析的一种分析评价方法，具体原理如下[197-198]：

（1）建立评价集。根据评价对象特征，分别建立评价指标集 C、指标质量水平标准集 V_h、以及评语集 V，分别表示如下：

$$C = \{c_1, c_2, \cdots, c_i, \cdots, c_n\} \tag{7.1-1}$$

$$V = \{\nu_1, \nu_2, \cdots, \nu_j, \cdots, \nu_m\} \tag{7.1-2}$$

$$V_h = \{\nu_{h1}, \nu_{h2}, \cdots, \nu_{hj}, \cdots, \nu_{hm}\} \tag{7.1-3}$$

上式中，m 是评价等级数或指标质量水平级别数。其中，指标质量水平标准集 V_h是定义在评语集 V 上的一个子集。各评价指标质量水平标准集应根据指标的内涵确定，或者依据统计资料，或者依据经验确定。

（2）建立模糊评价矩阵。根据评价对象特征及其各个评价因素情况，邀请熟悉评价对象的若干位专家们，按照相关要求，判定各评价指标 c_i 相对于标准集 V_h的隶属等级，$v_j \in V$。统计各位专家判定的 c_i 隶属于 v_j 等级的频数 f_{ij}，再用专家总数量除以统计的频数 $\sum_{j=1}^{m} f_{ij}$，可以计算出各评价指标所属评价等级的隶属度：

$$r_{ij} = \frac{f_{ij}}{\sum_{j=1}^{m} f_{ij}}, j = 1,2,\cdots,m \tag{7.1-4}$$

由以上计算得到最低级评价指标的模糊评价向量：

$$R_i = (r_{i1}, r_{i2}, \cdots, r_{ij}, \cdots, r_{im}) \tag{7.1-5}$$

从而得到上一级综合评价指标的模糊评价矩阵：

$$R = (R_1^T, R_2^T, \cdots, R_n^T) \tag{7.1-6}$$

（3）综合模糊向量计算。将采用层次分析法计算出的评价指标权重向量 W_R与评价指标对应的模糊评价矩阵 R 进行模糊矩阵合并运算，就可以计算出上一级评价指标的综合评价模糊向量：

$$B_i = W_R \cdot R = (b_{i1}, b_{i2}, \cdots, b_{in}) \tag{7.1-7}$$

式中，“·”为广义的模糊乘，可针对不同问题的具体要求，以及评价指标与评价标准之间关系遴选不同的算子。

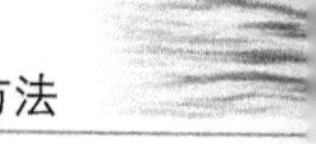

可得更上一级评价指标的综合模糊评价矩阵：

$$B = (B_{T1}, B_{T2}, \cdots, B_{Tn}) \tag{7.1-8}$$

如果 B 是目标 G 的综合模糊评价矩阵，W 是目标 G 在指标层的权重向量，则综合评价目标 G 的综合评价模糊向量表示如下：

$$G = W \cdot B = (g_1, g_2, \cdots, g_m) \tag{7.1-9}$$

二、层次分析法及其计算过程

层次分析法（analytical hierarchy process，AHP）是美国运筹学家 T. L. Saaty 于20世纪70年代提出的一种用于求解多层次递进结构复杂性问题的问题分解分析方法，在多指标综合定量评价工作中应用广泛[199]。层次分析法是将整个决策过程划分为目标层、准测层、方案层、指标层等具有递进归属关系的层次结构，通过对每一层次中的各个元素进行两两比较，判断每两个元素的相对重要性，以此为基础构造判断矩阵，计算每一层次中各个元素的相对重要性排序，确定各层次每个元素的相对权重[200]。层次分析法是一种十分有效的指标评价方法，应用于多种多指标综合评价研究工作中。

层次分析法的具体计算过程如下：

1. 建立多层次评价结构框架

第一，明确解决问题的组成结构，包括确定评价对象、评价目的和评价范围；第二，进行影响因素识别和评价因素筛选；第三，开展评价因素层次关系分析，确定各评价因素之间的层次隶属关系；第四，根据评价因素的层次隶属关系，将评价因素划分成不同的层次组织。在这种层次组织关系中，目标层一般为最高层，表示评价的目标或结果；中间层依次为准则层、因素层，指标层为最底层，隶属于因素层或直接隶属于准则层。这样整个评价问题就被分解成为由目标层、准测层、因素层、指标层组成的多层次结构模型。为了便于计算评价，要求每个层次的评价因素个数小于9。

2. 建立判断矩阵

建立两两比较判断矩阵是层次分析法的核心，它是对处于同一层次同一组的要素进行相对重要性两两比较，具体流程见图7－1。

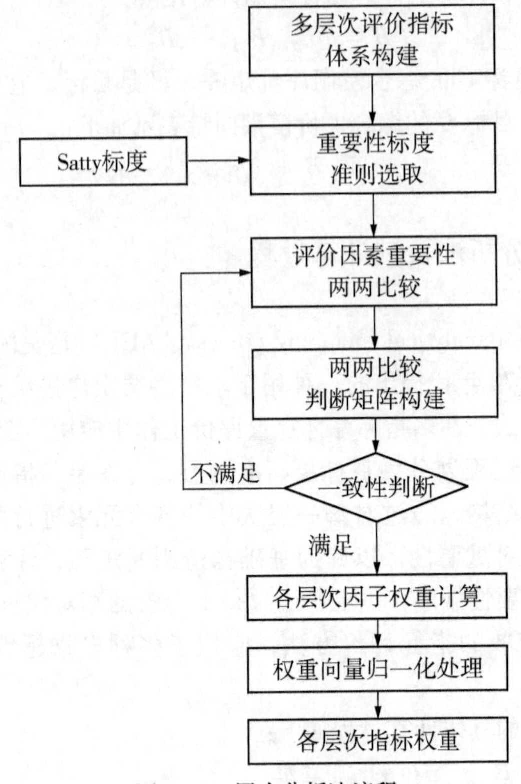

图7－1　层次分析法流程

3．两两比较判断矩阵

假设B_1，B_2，…，B_n代表同一层次同一组的不同评价因素，以上一层要素A为基准，进行要素间两两比较，将两两比较结果以矩阵形式表征，如$A=(b_{ij})_{n\times n}$，b_{ij}代表第i行元素和第j列元素两两对比后的相对重要性程度。

A	B_1	B_2	…	B_n
B_1	1.00	b_{12}	…	b_{1n}
B_2	b_{21}	1.00	…	b_{2n}
…	…	…	1.00	…
B_n	b_{n1}	b_{n2}	…	1.00

4. Satty 标度

传统层次分析法 Satty 标度方法是用区间［1，9］内的自然数来表征某个指标因子与其他指标因子的相对重要性，如表 7－1 所示。其中 1、3、5、7、9 五个数字作为标准标度，而 2、4、6、8 作为两标度之间的中间值[201]。

表 7－1　Satty 标度方法

定义		标度值
B_i比 B_j重要	极端重要	9
	次极端重要	8
	强烈重要	7
	次强烈重要	6
	明显重要	5
	稍明显重要	4
	稍微重要	3
	次稍微重要	2
B_i比 B_j同等重要		1
B_i没有 B_j重要	次稍微不重要	1/2
	稍微不重要	1/3
	稍明显不重要	1/4
	明显不重要	1/5
	次强烈不重要	1/6
	强烈不重要	1/7
	次极端不重要	1/8
	极端不重要	1/9

Satty 标度的两两比较判断矩阵应满足三个条件：

$$\begin{cases} b_{ij} > 0 \\ b_{ij} \text{ 与 } b_{ji} \text{ 互为倒数}(i,j = 1,2,\cdots,n) \\ b_{ii} = 1.00 \end{cases} \tag{7.1－10}$$

5. 权重计算

采用 MATLAB 软件计算判断矩阵 A 的最大特征值。判断矩阵 A 应该满足下式要求

$$AW = \lambda_{\max} \cdot W \tag{7.1－11}$$

式中，λ_{max} 是判断矩阵 A 的最大特征值，W 是最大特征值 λ_{max} 对应的正规化特征向量，正规化特征向量 W 的分量 W_i 就是第 i 个评价指标在指标集中的权重值。

$$\lambda_{max} = \sum_{i=1}^{n} (AW)_i/(nW_i) \tag{7.1-12}$$

采用方根求解方法，计算判断矩阵 A 的归一化特征向量及其特征值。首先，计算判断矩阵 A 每一行标度值的 n 次方根 $\overline{Wi} = \sqrt[n]{Mi}$；第二，将判断矩阵 A 的每一行标度方根向量进行归一化处理，得到特征向量 W 的第 i 个分量；第三，计算判断矩阵 A 的最大特征值 $\lambda_{max} = \sum_{i=1}^{n} (AW)_i(nW_i)$，其中 $(AW)_i$ 为向量 AW 的第 i 个分量。

6. 一致性检验

一致性检验的目的是检验判断矩阵 A 是否具有一致性。一致性检验一般采用判断矩阵的一致性指标 CI 与平均随机一致性指标 RI 进行比较确定是否通过检验，一致性检验指标 CR 计算如下：

$$CR = \frac{CI}{RI} \tag{7.1-13}$$

如果 $CR<0.10$ 时，说明判断矩阵 A 具有满意的一致性，也就是说判断矩阵 A 建立过程中保持了思路的连续性；如果 $CR \geqslant 0.10$，说明判断矩阵 A 不满足一致性检验要求，需要对判断矩阵 A 进行重新调整。

判断矩阵一致性指标 CI 计算方法如下：

$$CI = \frac{(\lambda_{max} - n)}{(n-1)} \tag{7.1-14}$$

式中，n 为判断矩阵 A 的阶数。平均随机一次性指标 RI 由大量试验得出，部分常用值见表 7－2。

表 7－2　随机一次性指标 RI

阶数 n	RI	阶数 n	RI
2	0.42	8	1.41
3	0.58	9	1.45
4	0.90	10	1.49
5	1.12	11	1.51
6	1.24	12	1.54
7	1.32	13	1.56

7. 确定权重

两两比较判断矩阵的权重计算，从数学上来理解，就是计算判断矩阵的最大特征值及对应的特征向量：

$$A_{n\times n}\cdot W=\lambda_{\max}\cdot W \tag{7.1-15}$$

式中，$A_{n\times n}$ 为 $n\times n$ 阶的两两比较判断矩阵；$\lambda_{\max}$ 是两两比较判断矩阵的最大特征值；W 是两两比较判断矩阵最大特征值所对应的特征向量；计算得到的 W 就是评价指标权重排序。

三、多层次模糊综合评价模型计算过程

1. 多层次模糊综合评价模型计算步骤

多层次模糊综合评价计算要经过指标因子分类、单一层次综合评价、自下向上的多层次综合评价，具体见图7－2。

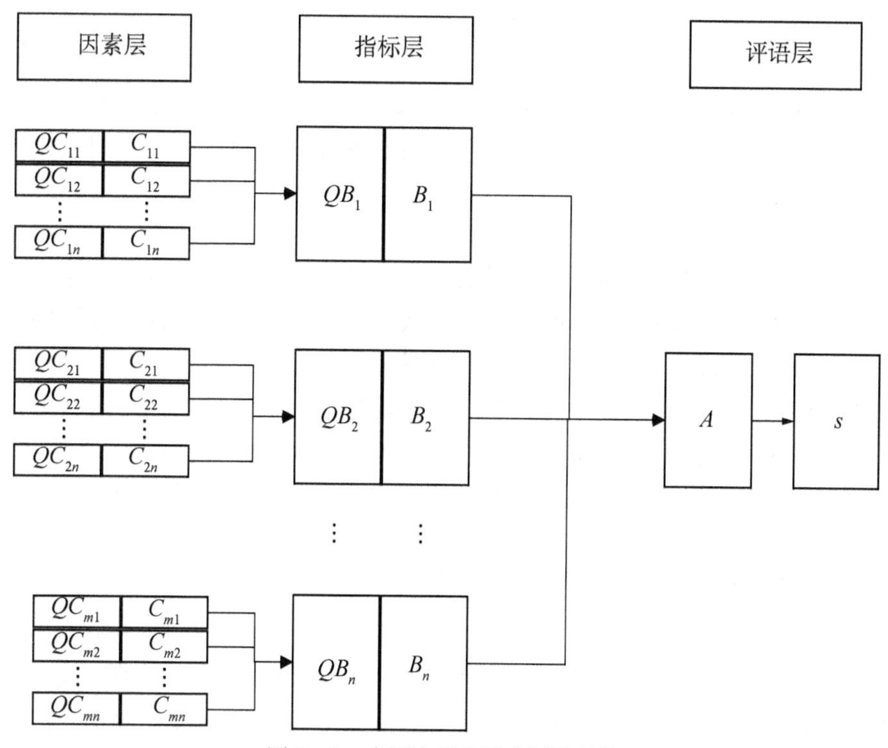

图7－2　多层次模糊综合评价结构

其一，指标因素分类，设置因素集 $U=\{U_1, U_2, \cdots, U_n\}$，评语集 V

$= \{V_1, V_2, \cdots, V_m\}$，根据各个评价因素集之间的相互关系及隶属关系，按照相关管理和隶属范围将所有评价因素集划分成 W 类（指标层），每一个因素集又划分为 P 种因素（因子层）。

其二，单层次综合评价，针对因素层每一类指标因子 U_i，进行模糊综合评价的合成

运算：

$$B_{\mathrm{i}} = Q_{c\mathrm{i}} \cdot C_{\mathrm{i}} \tag{7.1-16}$$

式中，B_i 代表 U_i 的一级综合评价结果矩阵，C_i 代表 U_i 的单因素评价矩阵，Q_{ci} 代表 U_i 的一阶权重向量。

其三，多层次综合评价。将每一个指标因子 U_i 作为评价集的一个因素，用一级综合评价结果 B_i 作为 U_i 对上一级的隶属度，从而构成评价矩阵：

$$R = \begin{bmatrix} b_1 \\ b_2 \\ \vdots \\ b_n \end{bmatrix} \tag{7.1-17}$$

假设在层次 n 中 U_1，U_2，…，U_n 的权重向量 $Q=(Q_1, Q_2, \cdots, Q_n)$，则模糊综合评价的合成运算 $S=Q\cdot R$，由此就可以得到评价对象的最终评价结果。

可以看出，多层次模糊综合评价方法就是一种集成了层次分析法和模糊综合评价法的综合模糊问题多层次决策分析方法，其中模糊关系矩阵的确定、权重的计算和综合评价模型的选取是多层次模糊综合评价方法的三个关键步骤。多层次模糊综合评价方法的基本思路是：第一，将评价指标体系分解为递阶的多层次结构；第二，利用层次分析法确定同一层次的指标因子权重；第三，利用模糊数学理论确定不同层次间的模糊关系矩阵；第四，通过模糊运算进行综合评判；第五，将综合评价结果转换为最终的评价结果。

2. 模糊综合评价模型计算过程

模糊综合评价法与层次分析法相互结合，能有效解决判断矩阵的不确定性，克服信息不完备缺点，而且模糊综合评价模型的建立和求解也较简单，因此能够在自然环境、社会经济等复杂系统决策评判过程中得到广泛的应用[202]。在层次分析法确定权重的基础上，利用模糊数学中隶属度的概念，构造模糊关系矩阵，选择合适的模糊运算法则对权重与模糊关系矩阵进行合成，从而获得评价结果。模糊综合评价法的计算流程见图 7－3。

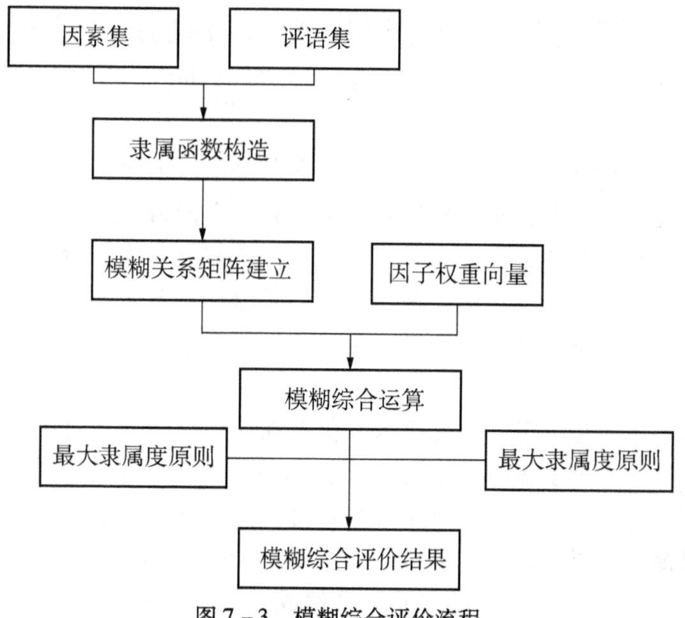

图7－3　模糊综合评价流程

（1）构造模糊关系矩阵。在因素集 U 和评语集 V 给定之后，按照模糊数学理论，计算各因子对其上级节点之间的隶属度，建立表征因素集与评语集之间隶属管理的模糊关系矩阵：

$$R = \begin{vmatrix} r_{11} & \cdots & r_{1n} \\ \vdots & \ddots & \vdots \\ r_{n1} & \cdots & r_{nm} \end{vmatrix} \tag{7.1－18}$$

式中，$0 \leqslant r_{ij} \leqslant 1.0$，$r_{ij}$表示第 i 个因素对第 j 级个等级的隶属度。关于隶属度的计算方法，目前常用的有试验法、经验公式法、模糊统计法、例证法等。

（2）合成运算。多层次模糊综合评价法是一种逐层分析的理论，第 k 层的评价结果作为第 $k-1$ 层的隶属度，从而依次得到目标层的隶属度向量，作为模型的最终评价结果。模糊综合评价法的合成运算则可以用下式来表示：

$$S = W \cdot R \tag{7.1－19}$$

式中，“·”是模糊矩阵中常见的运算符号，一般有 4 种运算模型：M（∧，∨）、M（·，∨）、M（·，⊕）和 M（∧，⊙）。考虑到评价因素的特殊性与运算过程的便捷性，本书选用 M（·，⊕）作为多层次模糊综合评价的运算模型。

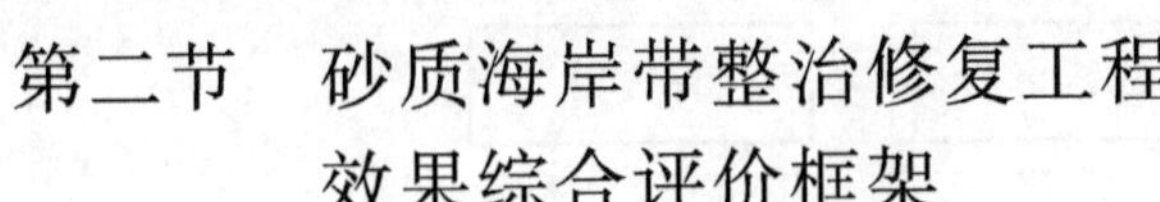

第二节　砂质海岸带整治修复工程效果综合评价框架

砂质海岸带整治修复工程效果评价涉及砂质海岸带的沙滩养护、近岸海域水环境质量改善、海岸带景观美化优化、人民群众满意度以及旅游休闲娱乐经济效益等多个方面，且很多评价对象描述复杂，难以量化，采用传统的评价方法难以客观地反映砂质海岸带整治修复工程的真实效果。因此，本书采用模糊综合评价法研究建立砂质海岸带整治修复工程效果综合评价方法。

砂质海岸带整治修复工程效果评价是在前期砂质海岸带资源环境问题识别和砂质海岸带整治修复工程效果鉴别的基础上，围绕砂质海岸带整治修复工程的目标，考察砂质海岸带整治修复工程在有效保护海岸带资源环境，提升海岸带资源环境承载能力，推动社会与自然和谐发展，保障沿海地区社会经济健康持续发展方面取得的成效[203]。评价指标主要有综合分析、现场调研、问卷调查等方式，运用灰色关联度分析方法，对砂质海岸带整治修复工程效果的主要表征指标进行筛选[204]，指标体系将涵盖自然环境效果、景观生态效果、海滩资源效果和社会经济效果四个方面，包括：

（1）自然环境效果评价指标：①海岸带地形地貌指标，反映海岸带地形地貌整治修复效果；②近岸海域水文水动力环境指标，反映近岸海域水文水动力条件、水体交换能力改善效果；③近岸海域冲淤环境指标，反映海岸侵蚀防护，维护岸滩稳定，维持海岸泥沙冲淤平衡的环境整治效果；④近岸海域水体环境质量指标，主要反映改善近岸海域水体环境质量的整治修复工程效果。

（2）景观生态效果评价指标：①景观丰富度指标，反映砂质海岸带整治修复工程实施后海岸带景观类型的丰富程度；②景观自然度指标，反映砂质海岸带整治修复工程实施后海岸带原生自然景观类型的保留与保护程度；③景观破碎度指标，反映砂质海岸带整治修复工程实施后海岸带景观格局的破碎程度；④景观有序度指标，反映砂质海岸带整治修复工程实施后海岸带景观生态功能组团秩序；⑤植被保留指标，反映砂质海岸带整治修复工程实施后海岸带自然植被景观区域的保留状况。

（3）海滩资源效果评价指标：①海滩资源空间规模数量指标，反映砂质海岸带整治修复工程实施后海滩资源的空间规模状况；②海滩资源质量指标，反映砂质海岸带整治修复工程实施后海滩资源粒度、厚度质量；

③海滩资源剖面形态指标，反映砂质海岸带整治修复工程实施后沙滩资源的剖面高程形态变化状况。

（4）社会经济效果评价指标：①社会效果指标，反映砂质海岸带整治修复工程实施后海岸带区域社会效益提升效果；②经济效果指标，反映砂质海岸带整治修复工程实施后海岸带区域经济效益的促进效果；③公众认知指标，反映砂质海岸带整治修复工程实施后海岸带区域公众对滨海景观的可观赏性、休闲娱乐场所的舒适性等提升效果的认可度。

一、海岸带整治修复工程效果综合评价指标层次框架建立

根据层次分析方法，建立砂质海岸带整治修复工程效果评价指标层次体系如图7－4所示。目标层为砂质海岸带整治修复工程综合效果 A；准则层包括自然环境效果 B_1、景观生态效果 B_2、海滩资源效果 B_3、社会经济效果 B_4；因素层针对4个准则层元素，设置了13个因素，包括自然环境效果3个因素 $C_1 \sim C_3$、景观生态效果4个因素 $C_4 \sim C_7$、海滩资源效果3个因素 $C_8 \sim C_{10}$、社会经济效果3个因素 $C_{11} \sim C_{13}$；指标层 D 是对因素层的进一步细化到具体评价指标，共设置17个指标 $D_1 \sim D_{17}$，其中近岸海域水文水动

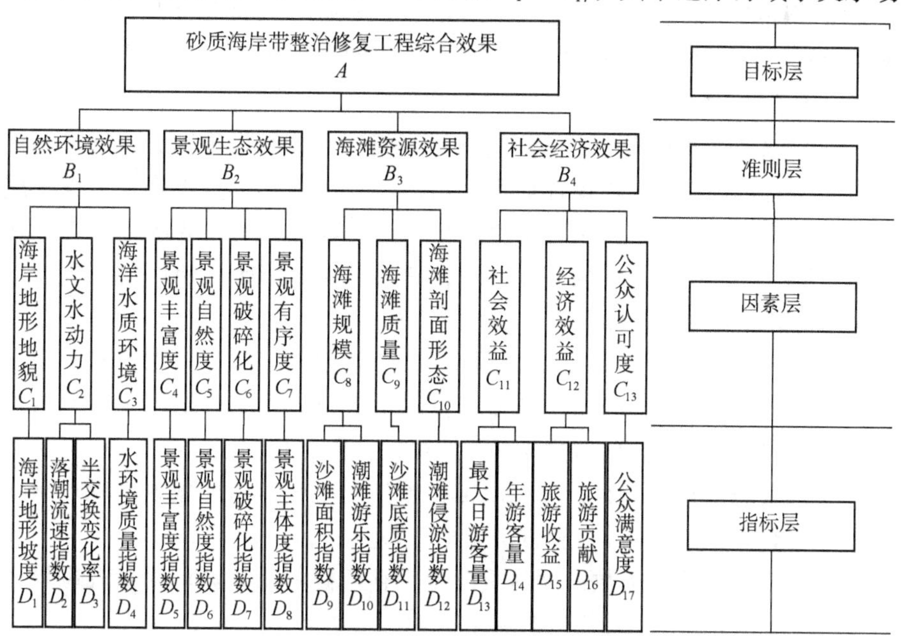

图7－4　砂质海岸带整治修复工程效果综合评价指标层次框架

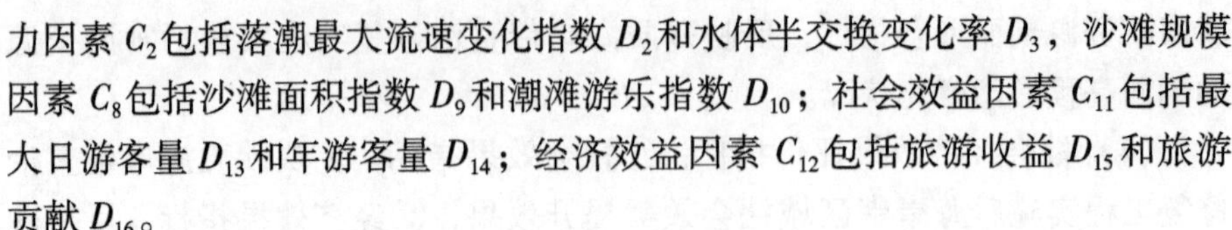

力因素 C_2 包括落潮最大流速变化指数 D_2 和水体半交换变化率 D_3，沙滩规模因素 C_8 包括沙滩面积指数 D_9 和潮滩游乐指数 D_{10}；社会效益因素 C_{11} 包括最大日游客量 D_{13} 和年游客量 D_{14}；经济效益因素 C_{12} 包括旅游收益 D_{15} 和旅游贡献 D_{16}。

二、海岸带整治修复工程效果综合评价指标量化方法

砂质海岸带整治修复工程效果评价指标体系层层递进，其中需要量化计算的为指标层。指标层各个指标的含义与计算方法如下：

（1）海岸地形坡度：为砂质海岸带平均大潮高潮线以上整治修复工程范围内的平均地形坡度变化。可采用海岸整治修复工程实施前的海岸坡度离散方差和海岸整治修复工程实施一段时间后的海岸坡度离散方差的比值计算，具体计算方法见第四章。

（2）落潮流速变化指数：为海岸带整治修复工程实施前实测落潮潮流流速与海岸带整治修复工程实施后实测落潮潮流流速的平均变化值，落潮潮流流速变化指数计算方法见第六章。

（3）水体半交换变化率：为海岸带整治修复工程实施前、实施后水体半交换周期的变化率，即海岸带整治修复工程实施前的水体半交换周期与海岸带整治修复工程实施后的水体半交换周期的变化情况，水体半交换周期变化率具体计算方法见第六章。

（4）水环境质量指数：为单指标污染指数计算结果得到后，再采用最大值法集成的区域海洋水体环境质量指数，对比海岸带整治修复工程实施前的近岸海域水环境质量指数与海岸带整治修复工程实施后的近岸海域水环境质量指数，根据它们的变化情况，评价砂质海岸带整治修复工程近岸海域水体环境效果，具体计算方法见第六章。

（5）景观自然度指数：为砂质海岸带整治修复工程区域内自然景观面积的实际比例，主要反映海岸带整治修复工程对砂质海岸带原生自然景观的保护程度，景观自然度指数的具体计算方法见第五章。

（6）景观丰富度指数：为海岸带整治修复工程实施区域内景观类型在空间上的丰富程度，具体计算方法见第五章。

（7）景观破碎度指数：为砂质海岸带整治修复工程区域内景观斑块数量与区域面积的比例，计算方法见第五章。

（8）景观主体度指数：为砂质海岸带整治修复工程实施区域景观类型

与区域功能区符合程度，计算方法见第五章。

（9）沙滩面积指数：为砂质海岸整治修复工程实施前的沙滩面积与砂质海岸整治修复工程实施后沙滩面积的变化比例，计算方法见第四章。

（10）潮滩游乐指数：为砂质海岸带整治修复工程实施前适合休闲娱乐的潮滩区域面积与砂质海岸带整治修复工程实施后适合休闲娱乐的潮滩区域面积的变化情况，计算方法见第四章。

（11）沙滩底质指数：为砂质海岸整治修复工程实施前、后沙滩沙体中适宜平均粒径沙粒干重占总体沙粒干重比例的变化数量，具体计算方法见第四章。

（12）潮滩侵淤指数：为砂质海岸海岸整治修复工程实施后的剖面侵蚀或淤积情况定量描述，具体计算方法见第四章。

（13）最大日游客指数：为砂质海岸带整治修复工程实施后区域最大日游客接待数量与区域设计的日游客接待量的比值。

（14）年游客指数：为砂质海岸带整治修复工程实施后区域年游客接待总数量与区域设计的年游客接待量的比值。

（15）旅游收益指数：为砂质海岸带整治修复工程实施后区域旅游税收收入占区域财政总收入的比例。

（16）旅游贡献指数：为砂质海岸带整治修复工程实施后区域旅游业发展对区域经济增长的贡献状况，采用旅游产值增加值与国民生产总值增加值的比例。

（17）公众满意度指数：为砂质海岸整带治修复工程实施后，附近人民群众对砂质海岸整治修复工程的满意程度。采用问卷调查法获取，公众满意度指数为调查人数中对海岸整治修复工程满意的人数占调查问卷人数的比例。

以上指标具体量化标准见表 7 - 3。本书以评价指标变化的 ±0. 10 倍和 ±0. 30 倍为阈值，评价指标变化处于 ±0. 10 倍以内，说明海岸带整治修复工程实施前后指标变化不大；评价指标变化处于 ±0. 10 倍至 ±0. 30 倍之间的，说明海岸带整治修复工程实施前后指标有变化；评价指标变化处于 ±0. 30 倍以外的，说明海岸带整治修复工程实施前后指标有明显变化；正值为变好，负值为变差明显。

表7-3　砂质海岸带整治修复工程效果量化标准

准则层	指标层	量化等级与标准				
		Ⅰ级 (5.0)	Ⅱ (4.0)	Ⅲ级 (3.0)	Ⅳ级 (2.0)	Ⅴ级 (1.0)
自然环境效果	1. 海岸地形坡度	海滩地形变得很平整	海滩地形变得较为平整	没有改变海滩地形坡度	海滩地形变得不平整	海滩地形变得很不平整
	2. 落潮流速变化	落潮流速明显变缓	落潮流速变缓	落潮速度没有变化	落潮流速变急	落潮流速变的很急
	3. 半交换变化率	半交换周期明显变小	半交换周期稍有变小	半交换周期没有变化	半交换周期稍有加大	半交换周期明显加大
	4. 海水环境质量	海水质量明显变好	海水质量变好	海水质量没有变化	海水质量稍有变差	海水质量明显变差
景观生态效果	1. 景观自然度指数	景观自然度明显增加	景观自然度稍有增加	景观自然度没有变化	景观自然度稍有减少	景观自然度明显减少
	2. 景观丰富指数	景观丰富度明显提升	景观丰富度稍有提升	景观丰富度没有变化	景观丰富度稍有减弱	景观丰富度明显减弱
	3. 景观破碎度指数	破碎度明显减少	破碎度稍有减少	破碎度没有变化	破碎度稍有增加	破碎度明显增加
	4. 景观主体度指数	主体度明显增加	主体度稍有增加	主体度没有变化	主体度稍有减少	主体度明显减少
海滩资源效果	1. 沙滩面积指数	沙滩规模明显增加	沙滩规模稍有增加	沙滩规模没有变化	沙滩规模稍有减少	沙滩规模明显减少
	2. 潮滩游乐指数	潮滩游乐空间明显增加	潮滩游乐空间稍有增加	潮滩游乐空间没有变化	潮滩游乐空间稍有减少	潮滩游乐空间明显减少
	3. 沙滩底质指数	表层沉积物粒度明显变大	表层沉积物粒度有所变大	表层沉积物粒度没有变化	表层沉积物粒度变小	表层沉积物粒度明显变小
	4. 潮滩侵淤指数	沙滩剖面形态保持90%以上	沙滩剖面保持80%以上	沙滩剖面保持70%以上	沙滩剖面保持50%以上	沙滩剖面保持30%以上

续表 7－3

准则层	指标层	量化等级与标准				
		Ⅰ级（5.0）	Ⅱ（4.0）	Ⅲ级（3.0）	Ⅳ级（2.0）	Ⅴ级（1.0）
社会经济效果	1. 日最大游客指数	日最大游客达到设计量的 80% 以上	日最大游客达到设计量的 60%～80%	日最大游客达到设计量的 40%～60%	日最大游客达到设计量的 20%～40%	日最大游客达到设计量的 20% 以下
	2. 年游客指数	0.80 以上	0.60～0.80	0.40～0.60	0.20～0.40	0.20 以下
	3. 旅游收益指数	20.0% 以上	12.0%～20.0% 之间	8.0%～12.0% 之间	5.0%～8.0% 之间	5.0% 以下
	4. 旅游贡献指数	15.0% 以上	10.0%～15.0% 之间	5.0%～10.0% 之间	1.0%～5.0% 之间	1.0% 以下
	5. 公众满意度	公众十分满意	公众比较满意	公众满意度一般	公众满意度较差	公众满意度很差

三、砂质海岸带整治修复工程效果综合模糊评价模型

根据砂质海岸带整治修复工程效果评价指标层次体系，创建砂质海岸带整治修复工程效果评价模型如下：

$$X_A = \sum_{i=1}^{4} B_i \sum_{j=1}^{13} C_j \sum_{z=1}^{17} D_z\left(\frac{u_z}{5}\right) \qquad (7.2-1)$$

式中，X_A 为砂质海岸带整治修复工程效果综合评价值，B_i 为准则层第 i 个元素权重，C_j 为因素层第 j 个因素权重，D_z 为指标层第 z 个指标的权重，u_z 为第 z 个指标的量化得分（无量纲）。砂质海岸带整治修复工程效果评估准则层、因素层、指标层各评估指标的权重见表 7－14 权重 A。

为了满足砂质海岸带整治修复效果评价结果有效支撑海岸带整治修复管理工作需求，需要对综合评价进行等级划分。本书根据砂质海岸带整治修复结果的总体效果状况，将总体修复效果划分为 4 个等级，分别是：Ⅰ级（优秀）、Ⅱ级（良好）、Ⅲ级（合格）、Ⅳ级（较差）。砂质海岸带整治修复效果评价等级划分阈值标准的确定主要根据砂质海岸带整治修复工程各单项评价指标效果与砂质海岸带整治修复工程效果综合评价值的对应关系，结合专家咨询校核调整相结合的方法确定。表 7 - 4 为砂质海岸带整治修复效果等级划分标准。

表 7 - 4　砂质海岸带整治修复工程效果等级划分标准

评价标准	砂质海岸整治修复工程效果等级	砂质海岸整治修复工程效果表述
≥0.75	Ⅰ级	效果优秀
0.50～0.75	Ⅱ级	效果良好
0.25～0.50	Ⅲ级	效果及格
≤0.25	Ⅳ级	效果较差

第三节　综合模糊评价指标权重确定方法

评价指标权重主要反映了各评价指标在评价指标体系中的相对重要程度。各评价指标权重赋值是否合理对评价结果的科学性有着直接影响。过分夸大或降低某一个评价指标的贡献（权重），都会导致综合评价结果的不准确，甚至与实际情况不符。因此，评价指标权重确定必须找到科学合理的评价指标权重赋值方法。评价指标权重赋值方法一般可以分为客观赋权法和主观赋权法两大类，主观赋权法包括 Delphi 法、专家评判法和 Satty 层次分析法等，主观赋权法往往根据同行专家对评价对象的经验认知确定各个评价指标的权重，多没有统一的客观标准，主观赋权法从经验认知出发，操作简单，得到了许多学者的普遍认可。

近年来，随着数学、统计学、运筹学等相关理论和学科的快速发展，出现了大批客观权重赋值法，主要有最大熵权法、离散系数法、均值法、灰度关联法、局部变权法等。最大熵权法主要是根据各评价指标熵值大小确定评价指标的权重，一个评价指标的熵值越小，表明该指标反映的信息量越大，在评价指标集中发挥影响的作用就越大，具有较大的权重值[206-207]。离散系数法又称为标准差率法，它主要根据各指标在评价对象上呈现出的离散程度大小进行赋权，如果一个评价指标差异性越大，它就更能够反映出评价对象的特征，具有更大的影响权重[208-209]。离散系数法在评价指标独立性较强的综合评价赋权中较为常用。灰色关联度法主要根据各评价指标之间的关联程度大小确定各个评价指标的权重[210-211]。局部变权法是在评价指标整体权重确定方法的基础上，根据个别评价指标的特点进行权重修正处理，这种权重确定方法既能反映客观权重随指标取值的

渐变性，又能够根据实际情况对部分评价指标进行激励和惩罚，使评价结果更符合实际情况[212]。以上这些评价指标权重确定方法各有利弊，在实际应用中需要根据研究样本的数据特点选择适合的评价指标权重确定方法。客观赋值法计算得到的评价指标权重是依赖于评价指标数据本身的差异大小确定它们对评价结果贡献大小的绝对客观权重数值，需要根据实际情况进行修正完善。

一、Satty 层次分析法评价指标权重计算

本书在综合研究评价指标主观赋权法和客观赋权法的基础上，根据砂质海岸带整治修复工程效果评价指标体系的数据特点，采用 Satty 标度法分别对砂质海岸带整治修复工程评价指标体系的准则层、因素层、指标层各层次评价指标权重进行专家打分赋值。第一，建立准则层、因素层、指标层各层次评价指标相对重要性程度判断矩阵；第二，根据同一层次内的各评价指标两两比较的相对重要性程度，划分为 A 比 B 极端重要、A 比 B 强烈重要、A 比 B 明显重要、A 比 B 稍微重要、A 比 B 同等重要 5 个等级；第三，邀请熟悉砂质海岸整治修复工程的 15 名专家，对于每一个相对重要性程度判断矩阵，采用 T. L. Saaty 的 1 ～ 9 标度法进行重要性程度等级定量赋值[201]；第四，统计相对重要性程度专家定量判断矩阵，计算各评价指标相对重要性程度 15 个专家定量赋值的平均值，形成各层次评价指标相对重要性程度专家评判平均值矩阵；第五，通过求解各层次评价指标相对重要性程度专家评判平均值矩阵的最大特征值，计算砂质海岸带整治修复工程效果评价各层次评价指标的排序权重，并进行一致性检验。

各层次评价指标权重具体计算确定过程如下。

1. 准则层指标权重计算

采用上述权重计算法，首先建立准则层 4 个评价指标的相对重要性程度判断矩阵，邀请 15 名专家针对准则层的自然环境效果、景观生态效果、海滩资源效果、社会经济效果 4 个评价指标进行两两比较，评判评价指标两两比较的重要性程度等级，并采用 T. L. Saaty 的 1 ～ 9 标度法进行标度赋值，形成 15 个专家评判重要性程度判断矩阵，表 7 – 5 是其中一个专家评判的准则层 4 个评价指标重要性程度评判矩阵，其他专家评判矩阵就不再累赘列举。统计 15 个专家评判的重要性程度判断矩阵，求取重要性程度判断矩阵中每一矩阵值的平均值，形成表 7 – 6 的准则层 4 个评价指标相对重要性判断矩阵。

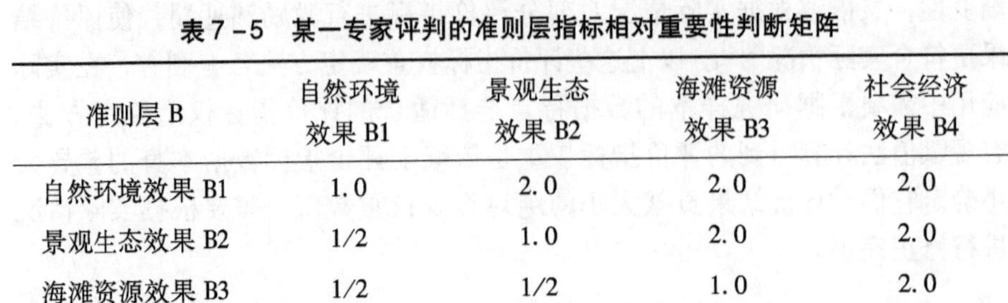

表 7－5　某一专家评判的准则层指标相对重要性判断矩阵

准则层 B	自然环境效果 B1	景观生态效果 B2	海滩资源效果 B3	社会经济效果 B4
自然环境效果 B1	1.0	2.0	2.0	2.0
景观生态效果 B2	1/2	1.0	2.0	2.0
海滩资源效果 B3	1/2	1/2	1.0	2.0
社会经济效果 B4	1/2	1/2	1/2	1.0

表 7－6　准则层指标相对重要性判断矩阵

准则层 B	自然环境效果 B1	景观生态效果 B2	海滩资源效果 B3	社会经济效果 B4
自然环境效果 B1	1.0000	1.1736	1.6255	1.3443
景观生态效果 B2	0.8521	1.0000	1.3850	1.1455
海滩资源效果 B3	0.6152	0.7220	1.0000	1.2092
社会经济效果 B4	0.7439	0.8730	0.8270	1.0000

计算准则层 4 个评价指标相对重要性判断矩阵的特征值，得到最大特征值 $\lambda_{max} = 0.561$，$CI = -1.146$，当 $n = 4$ 时，$RI = 0.90$。可以看出，$CR = -1.274 < 0.1$，矩阵具有较好的一致性。

由准则层 4 个评价指标相对重要性判断矩阵，计算得到的准则层 4 个评价指标自然环境效果、景观生态效果、海滩资源效果、社会经济效果的权重向量为（B1，B2，B3，B4）＝（0.1951，0.2267，0.2961，0.2821）。

2. 因素层指标权重计算

因素层指标包括自然环境效果 3 个构成因素、景观生态效果 4 个构成因素、海滩资源效果 3 个构成因素、社会经济效果 3 个构成因素。

（1）建立自然环境效果 3 个构成因素海岸地形地貌、海洋水文动力、海洋水质环境的相对重要性程度判断矩阵，邀请 15 名专家针对自然环境效果 3 个构成因素海岸地形地貌、海洋水文动力和海洋水质环境进行两两比较，评判两两比较评价指标的重要性程度等级，并采用 T. L. Saaty 的 1～9 标度法进行标度赋值，形成 15 个自然环境效果构成因素专家评判重要性程度判断矩阵，其中某一个专家评判的自然环境效果 3 个构成因素重要性程度评判矩阵见表 7－7，其他专家评判的自然环境效果 3 个构成因素重要性程

度评判矩阵就不在这里赘举了。求取 15 个专家评判重要性程度判断矩阵中每一矩阵值的平均值，形成自然环境效果 3 个构成因素相对重要性判断矩阵（表 7 -8）。

表 7 -7　某一专家评判的自然环境效果 3 个构成因素相对重要性判断矩阵

自然环境效果 B1	海岸地形地貌 C1	近岸水文水动力 C2	近岸水质环境 C3
海岸地形地貌 C1	1.0	3.0	2.0
近岸水文水动力 C2	1/3	1.0	2.0
近岸水质环境 C3	1/2	1/2	1.0

表 7 -8　自然环境效果 3 个构成因素相对重要性判断矩阵

自然环境效果 B1	海岸地形地貌 C1	近岸水文水动力 C2	近岸水质环境 C3
海岸地形地貌 C1	1.0000	0.2615	0.5588
近岸水文水动力 C2	3.8241	1.0000	2.1367
近岸水质环境 C3	1.7897	0.4680	1.0000

计算自然环境效果 3 个构成因素相对重要性判断矩阵的特征值，得到最大特征值 $\lambda_{max} = 3.10$，$CI = 0.050$；当 $n = 3$ 时，$RI = 0.58$。可以看出，$CR = CI/RI = 0.05/0.58 = 0.086 < 0.10$，矩阵具有较好的一致性。

由自然环境效果 3 个构成因素相对重要性判断矩阵，计算得到的自然环境效果 3 个构成因素海岸地形地貌、海洋水文动力、海洋水质环境的权重向量为（$CI, C2, C3$）=（0.1512，0.5782，0.2706）。

（2）建立景观生态效果 4 个构成因素的相对重要性程度判断矩阵，邀请 15 名专家针对景观生态效果的构成因素景观自然度、景观丰富度、景观破碎度和景观有序度进行两两比较，评判两两比较重要性程度等级，并采用 T. L. Saaty 的 1 ～ 9 标度法进行标度赋值，形成 15 个景观生态效果构成因素专家评判重要性程度判断矩阵，4 × 4 专家评判打分重要性矩阵模式见表 7.5。为使全书更为精炼，这里就不再赘举 15 个专家评判的景观生态效果 4 个构成因素重要性程度评判矩阵。求取这 15 个判断矩阵中每一矩阵值的平均值，形成景观生态效果 4 个构成因素相对重要性判断矩阵，见表 7 -9。

表7－9　景观生态效果4个构成因素相对重要性判断矩阵

景观生态效果 B2	景观自然度 C4	景观丰富度 C5	景观破碎度 C6	景观有序度 C7
景观自然度 C4	1.0000	0.4664	0.6958	0.9764
景观丰富度 C5	2.1439	1.0000	1.4917	2.0933
景观破碎度 C6	1.4373	0.6704	1.0000	1.4033
景观有序度 C7	1.0242	0.4777	0.7126	1.0000

计算景观生态效果4个构成因素相对重要性程度判断矩阵的特征值，得到最大特征值 $\lambda_{max}=2.36$，$CI=-0.5467$；当 $n=4$ 时，$RI=0.90$。可以看出，$CR=CI/RI=-0.5467/0.90=-0.6074<0.10$，矩阵具有较好的一致性。

由景观生态效果4个构成因素相对重要性判断矩阵，计算得到景观生态效果4个构成因素景观自然度、景观丰富度、景观破碎度、景观有序度的权重向量为（C4、C5、C6、C7）＝（0.3218，0.1501，0.2239，0.3142）。

（3）建立海滩资源效果3个构成因素海滩规模、海滩质量、海滩形态的相对重要性程度判断矩阵，邀请15名专家针对海滩资源效果3个构成因素海滩规模、海滩质量、海滩形态进行两两比较，评判两两比较重要性程度等级，并采用T. L. Saaty的1～9标度法进行标度赋值，形成15个海滩资源效果构成因素专家评判重要性程度判断矩阵，3×3专家评判打分重要性矩阵模式见表7－7。为使全文更为精炼，这里就不再一一列举15个专家评判的沙滩资源效果3个构成因素重要性程度评判矩阵。求取这15个判断矩阵中每一个矩阵值的平均值，形成海滩资源效果3个构成因素相对重要性判断矩阵，见表7－10。

表7－10　海滩资源效果3个构成因素相对重要性判断矩阵

海滩资源效果 B3	海滩规模 C8	海滩质量 C9	海滩形态 C10
海滩规模 C8	1.0000	0.7392	0.6120
海滩质量 C9	1.3527	1.0000	0.8279
海滩形态 C10	1.6339	1.2078	1.0000

计算海滩资源效果3个构成因素相对重要性判断矩阵的特征值，得最大特征值 $\lambda_{max}=2.86$，$CI=-0.070$；当 $n=3$ 时，$RI=0.58$。可以看出，$CR=CI/RI=-0.070/0.58=-0.1207<0.10$，矩阵具有较好的一致性。

由海滩资源效果 3 个构成要素相对重要性判断矩阵，计算得到海滩资源效果 3 个构成因素海滩规模、海滩质量、海滩形态的权重向量为（C8，C9，C10）＝（0.4253，0.3144，0.2603）。

（4）建立社会经济效果 3 个构成因素社会效益、经济效益、公众认可度的相对重要性程度判断矩阵，邀请 15 名专家针对社会经济效果 3 个构成因素社会效益、经济效益、公众认可度进行两两比较，评判两两比较重要性程度等级，并采用 T. L. Saaty 的 1～9 标度法定量标度赋值，形成 15 个社会经济效果构成因素专家评判重要性程度判断矩阵，3×3 专家评判打分重要性矩阵模式见表 7－11。为使全文表现更为精炼，这里就不再一一列举 15 个专家评判的社会经济效果 3 个构成因素重要性程度评判矩阵。求取这 15 个判断矩阵中每一矩阵值的平均值，形成表 7－12 社会经济效果 2 个构成因素相对重要性判断矩阵。

表 7－11　社会经济效果 3 个构成因素相对重要性判断矩阵

社会经济效果 B3	社会效益 C11	经济效益 C12	公众认可度 C13
社会效益 C11	1.0000	0.5437	0.4283
经济效益 C12	1.8393	1.0000	0.7878
公众认可度 C13	2.3347	1.2693	1.0000

计算社会经济效果 3 个构成因素相对重要性判断矩阵的特征值，得最大特征值 $\lambda_{max}=1.48$，$CI=-1.4260$；当 $n=3$ 时，$RI=0.58$。可以看出，$CR=CI/RI=-1.4260/0.58=-2.4586<0.10$，矩阵具有较好的一致性。

由社会经济效果 3 个构成因素相对重要性判断矩阵，计算得到社会经济效果 3 个构成因素社会效益、经济效益、公众认可度的权重向量为（C11、C12、C13）＝（0.5071，0.2757，0.2172）。

表 7－12　某一专家评判的近岸海域水文动力因素 2 个构成指标的相对重要性判断矩阵

近岸海域水文动力因素 C2	落潮速度变化指数 D2	水体半交换变化率 D3
落潮速度变化指数 D2	1.0	3.0
水体半交换变化率 D3	1/3	1.0

3. 指标层指标权重计算

自然环境效果的近岸海域水文动力因素含有潮流速度变化和水体半交换周期变化 2 个指标；海滩资源效果的海滩规模因素含有沙滩面积指数和潮

滩游乐指数 2 个指标；社会经济效果的社会效益因素含有最大日游客指数和年游客指数 2 个指标，社会经济效果的经济效益因素含有旅游收益指数和旅游贡献指数 2 个指标。同样构造以上指标层 4 个相对重要性判断矩阵，邀请 15 名专家分别针对近岸海域水文动力因素 2 个构成指标的判断矩阵、海滩规模因素 2 个构成指标的判断矩阵，社会效益因素 2 个构成指标的判断矩阵，经济效益因素 2 个构成指标的判断矩阵进行两两比较，评判两两比较重要性程度等级，并采用 T. L. Saaty 的 1 ～ 9 标度法定量标度赋值，形成 15 个海洋水文动力因素构成指标判断矩阵、15 个海滩规模因素构成指标判断矩阵、15 个社会效益构成指标评判矩阵、15 个经济效益构成指标评判矩阵。某一专家评判的近岸海域水文动力因素构成的潮流速度变化和水体半交换周期变化 2 个指标的相对重要性判断矩阵见 7 – 12，其他指标层专家评判的相对重要性矩阵模式与表 7 – 12 相似，这里不再一一列举 15 个专家评判的 4 种指标层 2 个构成指标的重要性程度评判矩阵。求取以上 4 个判断矩阵中每一矩阵值的平均值，计算每一矩阵的特征根和特征向量，得到指标层每一评价指标的权重数值，计算比较简单，计算结果见表 7 – 13。

表 7 – 13　指标层评价指标权重

指标层	权重	指标层	权重
海岸地形坡度离散度 D1	1.0000	景观自然度指数 D5	1.0000
落潮流速变化指数 D2	0.5429	景观丰富度指数 D6	1.0000
半交换变化率 D3	0.4571	景观破碎度指数 D7	1.0000
水环境质量指数 D4	1.0000	景观主体度指数 D8	1.0000
沙滩面积指数 D9	0.5319	最大日游客指数 D13	0.2672
潮滩游乐指数 D10	0.4681	年游客指数 D14	0.7328
沙滩底质指数 D11	1.0000	旅游收益指数 D15	0.5372
潮滩侵淤指数 D12	1.0000	旅游贡献指数 D16	0.4628
		公众满意度 D17	1.0000

二、最大熵值法评价指标权重计算

采用最大熵值法对以上各层次评价指标的权重进行计算。最大熵值法确定评价指标权重的方法如下[205]：

第一步，构造决策矩阵。采用标准化处理后的数据构造砂质海岸带整治修复工程效果评价矩阵 B。

$$B = \begin{matrix} M_1 \\ M_2 \\ \cdots \\ M_m \end{matrix} \begin{pmatrix} x_{11} & x_{12} & \cdots & x_{1n} \\ x_{21} & x_{22} & \cdots & x_{2n} \\ \cdots & \cdots & \cdots & \cdots \\ x_{m1} & x_{m2} & \cdots & x_{mn} \end{pmatrix} B = \begin{matrix} M_1 \\ M_2 \\ \cdots \\ M_m \end{matrix} \begin{pmatrix} x_{11} & x_{12} & \cdots & x_{1n} \\ x_{21} & x_{22} & \cdots & x_{2n} \\ \cdots & \cdots & \cdots & \cdots \\ x_{m1} & x_{m2} & \cdots & x_{mn} \end{pmatrix} \tag{7.3-1}$$

式中，M_{ij}表示第 i 层次第 j 个评价指标的权重，x_{ij} 表示第 i 层次第 j 个评价指标的无量纲标准化值，m 表示层次的个数，n 表示评价指标的个数。

第二步，计算贡献矩阵。计算每个原始评价指标的贡献值，构造评价指标贡献矩阵，原始评价指标的贡献值如下：

$$p_{ij} = \frac{x_{ij}}{\sum_{j=1}^{n} x_{ij}} \tag{7.3-2}$$

$$P = \begin{vmatrix} p_{11} & p_{12} & \cdots & p_{1n} \\ p_{21} & p_{22} & \cdots & p_{2n} \\ \cdots & \cdots & \cdots & \cdots \\ p_{m1} & p_{m2} & \cdots & p_{mn} \end{vmatrix} \tag{7.3-3}$$

第三步，计算熵值 e_i ，计算公式如下：

$$e_i = -k \sum_{i=1}^{n} (p_{ij} \ln p_{ij}) \tag{7.3-4}$$

$$k = \frac{1}{\ln m} \tag{7.3-5}$$

第四步，计算评价指标权重，计算公式如下：

$$w_j = \frac{1 - e_j}{\sum_{j=1}^{m} (1 - e_j)} \tag{7.3-6}$$

采用以营口月亮湾海岸整治修复工程效果监测数据为案例数据，具体见表 8－11。对表 8－11 的监测数据进行标准化处理，并计算指标层的贡献矩阵如下：

$$P = \begin{vmatrix} 0.2857 & 0.2143 & 0.2857 & 0.2143 \\ 0.2667 & 0.3000 & 0.1333 & 0.2667 \\ 0.2941 & 0.2353 & 0.2353 & 0.2353 \\ 0.3077 & 0.2308 & 0.2308 & 0.2308 \end{vmatrix}$$

$$e_4 = (0.9923, 0.9628, 0.9964, 0.9854)$$

$$bw_4 = (0.1177, 0.5927, 0.0575, 0.2321)$$

$$cw_{13} = \begin{pmatrix} 0.3958, 0.2084, 0.3958, 0.2500, 0.2500, 0.2500, 0.2500, \\ 0.2075, 0.3962, 0.3962, 0.2574, 0.2539, 0.4888 \end{pmatrix}$$

$$dw_{17}\begin{pmatrix} 1.0000, 0.5000, 0.5000, 1.0000, 1.0000, 1.0000, 1.0000, 1.0000, 0.5000, \\ 0.5000, 1.0000, 1.0000, 0.5000, 0.5000, 0.5000, 0.5000, 1.0000 \end{pmatrix}$$

三、模糊综合评价指标权重确定

对比 Satty 层次分析法和最大熵值法计算得到的砂质海岸带整治修复工程模糊综合评价指标权重（表 7－14）。Satty 层次分析法计算的准则层评价指标权重值较大的为“海滩资源效果”和“社会经济效果”，“景观生态效果”和“自然环境效果”权重最小。这实际上反映了专家对砂质海岸带整治修复效果的关注方面，最为关注的当然是海滩资源的整治修复效果，因为海滩资源是砂质海岸最为核心的滨海旅游资源。其次关注的是社会经济效果，砂质海岸带整治修复工程的目的是为社会公众提供一个舒适的滨海旅游休闲娱乐场所，并通过滨海旅游休闲娱乐活动形成驱动区域社会发展的经济效果；景观生态效果是实现社会经济整体效果的必然要求，没有良好的海岸景观生态效果，滨海沙滩资源难以得到规模化利用，也就难以取得整体社会经济效益；自然环境效果是实现以上 3 个效果的基础条件，良好的自然环境效果是助推砂质海岸带旅游休闲娱乐功能充分发挥的基本环境条件。

表 7－14　砂质海岸带整治修复工程效果评价指标权重比较

准则层	权重 A	权重 B	因素层	权重 A	权重 B	指标层	权重 A	权重 B
自然环境效果 B1	0.1951	0.1177	海岸地形地貌 C1	0.1512	0.3958	海岸地形坡度 D1	1.0000	1.0000
			海洋水文动力 C2	0.5782	0.2084	落潮流速变化指数 D2	0.5429	0.5000
						半交换变化率 D3	0.4571	0.5000
			海洋水质环境 C3	0.2706	0.3958	水环境质量指数 D4	1.0000	1.0000

续表 7 - 14

准则层	权重 A	权重 B	因素层	权重 A	权重 B	指标层	权重 A	权重 B
景观生态效果 B2	0. 2267	0. 5927	景观自然度 C4	0. 3218	0. 2500	景观自然度指数 D5	1. 0000	1. 0000
			景观丰富度 C5	0. 1501	0. 2500	景观丰富度指数 D6	1. 0000	1. 0000
			景观破碎度 C6	0. 2239	0. 2500	景观破碎度指数 D7	1. 0000	1. 0000
			景观主体度 C7	0. 3142	0. 2500	景观主体度指数 D8	1. 0000	1. 0000
海滩资源效果 B3	0. 2961	0. 0575	海滩规模 C8	0. 4253	0. 2075	沙滩面积指数 D9	0. 5319	0. 5000
			海滩质量 C9	0. 3144	0. 3962	潮滩游乐指数 D10	0. 4681	0. 5000
			沙滩形态 C10	0. 2603	0. 3962	沙滩底质指数 D11	1. 0000	1. 0000
						潮滩侵淤指数 D12	1. 0000	1. 0000
社会经济效果 B4	0. 2821	0. 2321	社会效益 C11	0. 5071	0. 2574	最大日游客指数 D13	0. 2672	0. 5000
			经济效益 C12	0. 2757	0. 2539	年游客指数 D14	0. 7328	0. 5000
						旅游收益指数 D15	0. 5372	0. 5000
			公众认可度 C13	0. 2172	0. 4888	旅游贡献指数 D16	0. 4628	0. 5000
						公众满意度 D17	1. 0000	1. 0000

注：权重 A 为 Satty 层次分析法计算得到的各层次评价指标权重；权重 B 为最大熵值法计算得到的各层次评价指标权重。

最大熵值法计算的准则层评价指标权重值较大的为“景观生态效果”，

达到0.5927；其次为“社会经济效果”，权重值为0.2321；“自然环境效果”第三，权重值为0.1177；“海滩资源效果”权重最小，仅为0.0575。这种准则层评价指标权重分配过于侧重景观生态效果，而对海滩资源效果的权重分配太小，显然与砂质海岸整治修复工程养护海滩资源，整治海岸自然环境，保护海岸生态景观，发展社会经济的总体目标不符合，评价结果不能反映砂质海岸带整治修复工程的实际效果。

在指标层方面，Satty层次分析法计算的“自然环境效果”评价指标权重中，专家更关注整治修复后海湾内水动力条件，因为涨落潮流速变化、水体半交换周期等海洋水动力条件是砂质海岸带是否适合开展水体游乐活动的前提条件，也是保证砂质海岸带近岸海域泥沙冲淤平衡的基本前提，故权重最大，而海岸地形，尤其是海岸景观区域的地形坡度则对砂质海岸带旅游娱乐功能影响不大，所以权重较小。“景观生态效果”中，以景观丰富度和景观主体度最受关注，而景观自然度和景观破碎度则关注度较低。“沙滩资源效果”中主要关注沙滩空间规模和沙滩质量；“社会经济效果”中以关注社会效益为主。

最大熵值法计算的评价指标权重，在“自然环境效果”中，海岸地形和海水环境质量的权重相等且接近海洋水文动力效果的2倍，正好与Satty层次分析法计算的评价指标权重相反，也和实际情况有所差异。在“景观生态效果”中，4个评价指标权重相同；在“海滩资源效果”中，海滩质量和海滩形态的权重相等且接近海滩空间规模的2倍。“社会经济效果”中，则是公众认可度权重最大，社会效益和经济效益的较小且相等，也与Satty层次分析法差别较大。

通过对比分析Satty层次分析法和最大熵值法计算的砂质海岸带整治修复工程效果评价指标权重，可以看出，虽然Satty层次分析法的权重计算方法是一种主观赋权法，但这种主观赋权法是基于许多专家对砂质海岸带整治修复工程效果评价深刻认知基础上做出的评判赋值，与砂质海岸带整治修复工程效果评价实际需求情况比较相符，更能反映砂质海岸带整治修复工程实施的实际效果；而最大熵值法虽然是一种客观赋权法，但由于本书收集到的砂质海岸带整治修复工程成功案例较少，依据少量案例计算得出的砂质海岸带整治修复工程效果评价各层次指标权重和实际情况有一定差距，不能很好地反映砂质海岸带整治修复工程实施的实际效果。

综合以上对比分析，鉴于Satty层次分析法计算得出的砂质海岸带整治修复工程效果评价的准则层、因素层、指标层各元素的权重更为合理可信，所以本书采用Satty层次分析法计算得出的砂质海岸带整治修复工程效果评

价各层次指标权重。

四、讨论

本章研究建立以旅游休闲娱乐产业开发为导向的砂质海岸带整治修复工程效果综合模糊评价模型与评价方法，只适合以旅游休闲娱乐产业开发为导向的砂质海岸带整治修复工程效果综合评价。对于其他海岸带整治修复工程效果综合评价，还需要根据海岸带整治修复工程具体目标，研究遴选评价指标、确定评价指标体系权重。对于砂质海岸带整治修复工程效果综合评价值等级划分阈值，一般需要在对大量的海岸带整治修复工程案例进行综合评价应用研究基础上，对评价结果数值分布做频率统计，绘制数值分布频率直方图，按砂质海岸带整治修复工程实际效果情况，选择数值分布频率曲线分布突变处为分界，确定等级划分的综合评价值各级阈值[205]。由于目前砂质海岸整治修复工程效果综合评价研究还处于探索阶段，能收集到的综合评价应用研究案例有限，所以本书只采用单项评价指标与综合评价值对应综合分析方法初步划定了评价等级的各级阈值，更客观的阈值划分方法有待后期进一步深入研究确定。

第八章　营口月亮湾砂质海岸带整治修复工程效果评估实践

第一节　营口月亮湾砂质海岸带整治修复工程概况

营口月亮湾砂质海岸位于渤海辽东湾东岸，营口市鲅鱼圈经济技术开发区南部，也就是营口市鲅鱼圈区。该区域西临辽东湾，南以熊岳河为界，北至营口港鲅鱼圈港区南大堤，具体地理位置：北纬40°12′～40°15′，东经122°03′～122°06′，空间位置见图8－1。月亮湾砂质海岸是渤海辽东湾东岸典型的岬湾型海岸，以细砂、粉砂为主，沙质细软，地貌类型齐全，包括海岸沙丘、海岸沙滩、河口沙坝及其沙坝与海岸之间自然演变形成的河口潟湖，以及水下沙坝等。月亮湾海水浴场是辽东半岛西岸著名的沙滩海水浴场，也是公众观海、亲海的乐园。月亮湾原为开阔的岬湾型海湾，北起

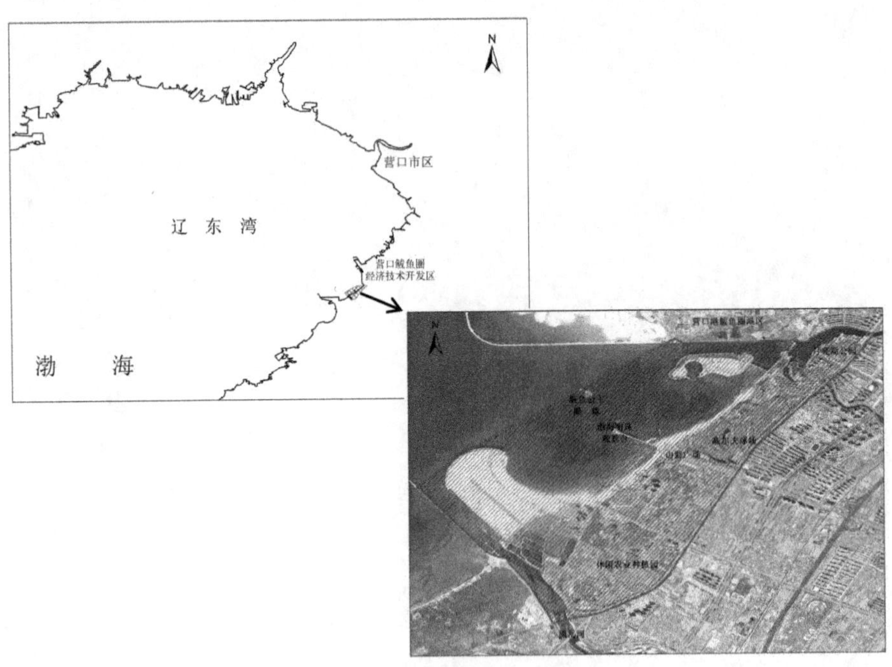

图8－1　研究区位置图

鲅鱼圈岬角南至仙人岛岬角，两岬角之间为绵长细软的砂质海岸，长度约6.0 km。21世纪初，营口港鲅鱼圈港区扩建，占用了月亮湾三江入海口以北的砂质海岸，使得月亮湾北部为营口港鲅鱼圈港区南大堤所环抱。2010年以来，营口港在仙人岛北岸修建营口港仙人岛港区，占用了熊岳河口以南的砂质海岸，仙人岛港区北大堤呈东南—西北走向环抱月亮湾。

月亮湾砂质海岸附近交通十分便利，哈大高铁可直通沈阳、长春、哈尔滨、大连等东北主要城市，沈海高速在鲅鱼圈出口直通月亮湾山海广场景区，辽宁沿海滨海公路从月亮湾海岸东侧穿过，距离月亮湾沙滩浴场不足百米。优越的区位条件、优质的沙滩资源和海岸景观使月亮湾成为辽宁省乃至东北三省、内蒙古东部最为优质的海岸沙滩浴场。营口市政府结合国家海域海岸整治修复项目在月亮湾海岸实施了海滩养护、海岸景观美化、海岸空间整理、旅游基础设施建设等海岸整治修复工程，建设了规模化的沙滩浴场、游艇码头、月亮湖公园以及观景台等旅游基础服务设施，目的是将月亮湾海岸打造成集海水浴场、海面踏浪、海岸休闲于一体的滨海旅游休闲娱乐功能区，全面改善月亮湾砂质海岸景观格局。

一、营口月亮湾资源环境概况

1. 气候条件

月亮湾所在的营口市鲅鱼圈区域在气候上为暖温带大陆性季风气候，冬季受到西伯利亚极地高压气团控制，夏季受到北太平洋副热带低压气团控制，夏热冬冷，四季分明，光照充足，雨热同期。月亮湾区域年平均气温为9.8 ℃，冬季最低月平均温度为 -8.4 ℃，夏季最高月平均温度为24.8 ℃，极端最高气温为34.4 ℃，出现在1978年8月5日；年极端最低气温 -22.4 ℃，出现在1976年2月5日。本区年平均降水量549.9 mm，年最大降水量741.7 mm，年最小降水量396.4 mm，一日最大降水量可达204.7 mm。夏季盛行西南风，冬季盛行北风和东北风，春秋季多为西南风和偏南风，是典型的季风气候。

2. 海岸带地形地貌

月亮湾砂质海岸带由海岸沙滩、海岸起伏状风成沙丘组成典型的砂质海岸地貌形态。海岸表层沉积物由粉砂、细砂和粗砂等组成，一般沉积物由海岸沙滩向潮滩逐渐变细，高潮滩附近因海岸侵蚀引起表层沉积物粗化，低潮线附近离岸沙坝的沉积物以粉砂和细砂为主。月亮湾近岸海域水下等深线基本平行海岸线，呈 NW ~ SE 向。向东北宽度由600 m降至月亮湾北侧中部的150 m，向北又逐渐变宽，至营口港鲅鱼圈港区南大堤增加到1.20 km；自山海广场观海栈桥向西南逐渐变窄，至熊岳河口填海造地区减小为180 m。从近岸海域地形图可以看出，整个月亮湾内，湾口水深约 -7.0 m，湾内水深基本在0～-5.0 m之间。湾内海底地形整体上坡度较缓，0 m以上的潮滩地形平均坡度在0.8%～2.9%之间，0～-5 m等深线之间的近岸海域海底平均坡度为0.15%～0.22%，-5.0～-7.0 m等深线之间的海湾海底平均坡度为0.09%～1.5%。0～-5.0 m等深线之间的海域分布有礁石滩，礁石滩集中分布在月亮湾西侧的鲅鱼公主雕塑附近和山海广场观景台北侧。在月亮湾中部-1.0～-4.0 m等深线之间存在一个不规则的深坑，基本呈倒葫芦状垂直岸线分布，最宽处约650 m，最窄处约150 m，面积约0.50 km^2，最大深度约16 m。-5.0 m等深线以下的海底地形较为规则，形成近似平行于海岸线的等深线，但在-5.0 m至-6.0 m等深线之间存在一个形状不规则的深坑，最宽约1.50 km，最窄约900 m，面积约1.90 km^2，深度最大约18 m。月亮湾海域水深地形空间分布见图8-2。

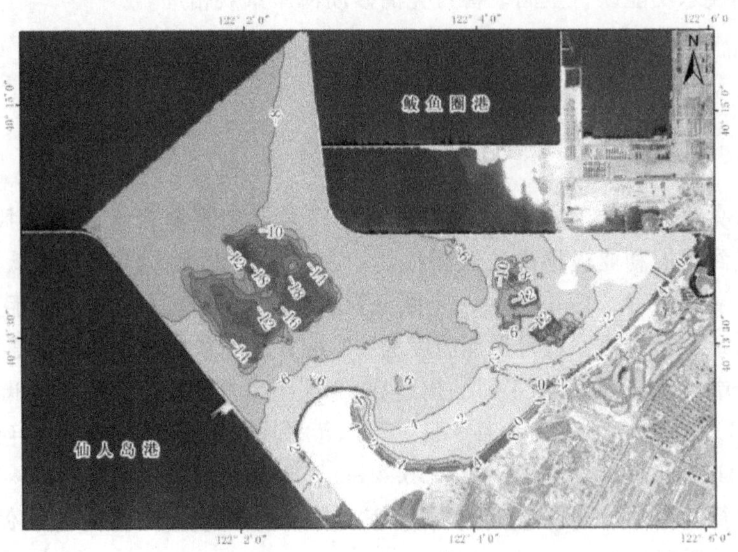

图8-2　月亮湾海岸地形

3. 海洋水文水动力

（1）水温。月亮湾海域海水多年平均水温11.30 ℃，7～8月海水温度最高，平均水温为26.60 ℃，1～2月海水温度最低，基本在0 ℃以下，每年都会出现海面结冰现象，影响月亮湾及附近鲅鱼圈港口航运通行。

（2）潮汐。营口市月亮湾海域当地理论深度基准面与其他基准面的关

系如图 8 -3 所示，本书潮位观测采用营口市鲅鱼圈理论深度基准面计算。

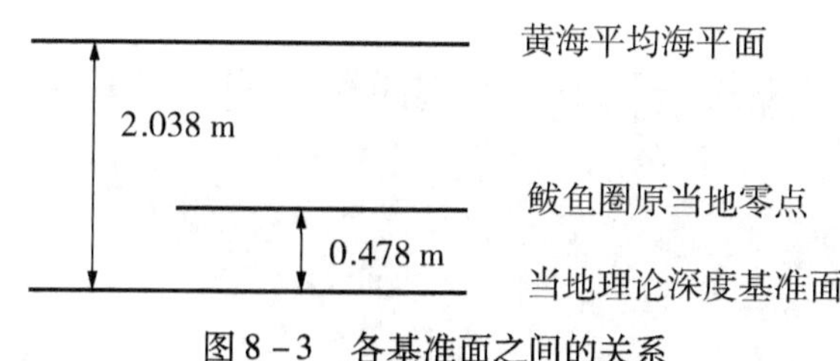

图 8 -3　各基准面之间的关系

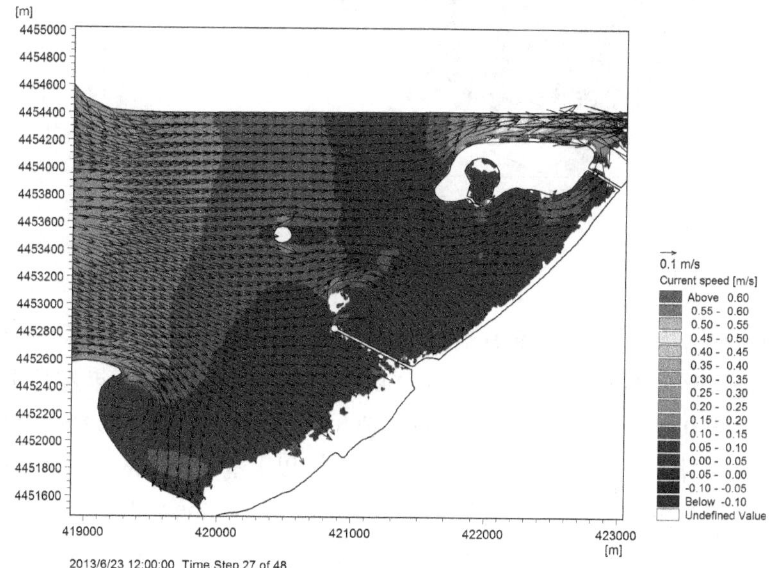

图 8 -4　涨急时刻湾内流场图

根据营口市月亮湾附近韭菜坨子多年实测潮位资料统计，月亮湾海域最高高潮位为 5. 08 m（1994 年 8 月 4 日），最低低潮位为 -1. 06 m（1995 年 12 月 25 日），平均海平面为 1. 96 m，平均潮差为 2. 46 m，最大潮差为 4. 37 m。月亮湾海域每天有两次涨落潮过程，一次高潮过程、一次低潮过程；两次涨潮、落潮过程的周期大致相同，潮流强度不等，一强一弱。潮汐周期表现为非正规半日潮，潮流多为往复流，主流向与等深线走向一致，落潮流主流方向为 SW 向，涨潮流主流方向为 NE 向。涨急时刻月亮湾内潮流场流向见图 8 -4，落急时刻月亮湾内潮流场流向见图 8 -5。

（3）波浪。营口月亮湾海面开阔，沿岸波浪以风浪为主，涌浪较小。因受风向季节变化的控制，波浪向随季节变化明显。根据沿岸波浪观测站观测资料统计：月亮湾海域常波浪方向为 SW 向，强浪向为 N 或 NNE，春

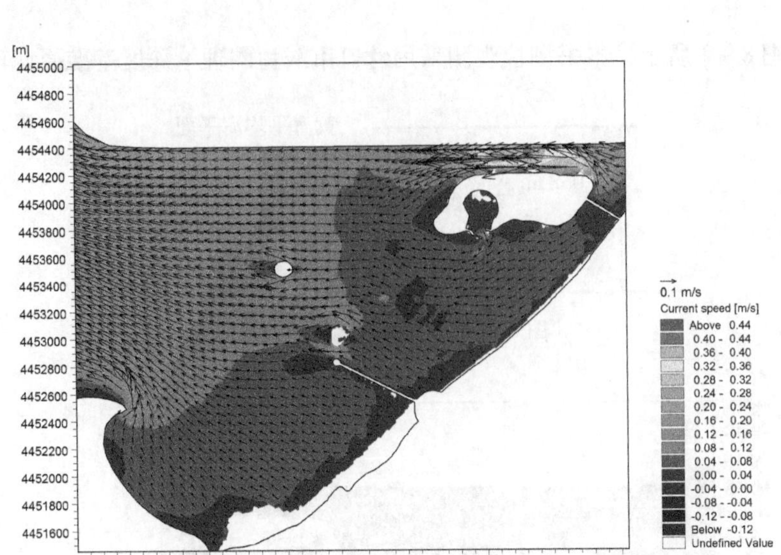

图 8－5　落急时刻湾内流场图

季波浪方向分布杂乱，夏季波浪方向多偏南向，涌浪较少，秋季波浪方向多偏南向，秋末多转为偏北向，冬季波浪方向多偏北向。多年逐月平均波浪波高介于 0.20 ～0.60 m 之间，较大值出现在 11 月，为 2.60 m，最大波高出现在 4 月，为 2.70 m；波高频率 1.50 m 以上的仅占 1%。从波型来看，明显以风浪为主，涌波甚微且为当地风成涌，风浪与涌浪出现频率之比为 1∶0.05。风浪主要来自两个方面，其一为 SW，其二为 NNE，N 及 NNE 为强浪向，SW 及 WSW 向为常浪向。

（4）海冰。月亮湾所处的辽东湾海域是我国每年冬季结冰较重的海区。依据《中国海洋灾害公报》（海冰部分）资料，鲅鱼圈港及其附近海域常年初冰日开始于 11 月 18 日前后，终冰日约为翌年的 3 月 22 日，结冰期 126 天左右。月亮湾海域通常在每年的 12 月中下旬进入盛冰期，固定冰区宽度在 5 nmile 左右，流冰外缘线通常在 8 ～ 10 nmile，最远可达 20 nmile 以外，冰区外缘的流冰大多由辽河漂来的流冰块组成。根据鲅鱼圈海冰雷达观测站的冰情观测资料，近年来月亮湾海域的初冰日在 12 月 10 日前后，终冰日在 3 月上旬，最早在 2 月 15 日，冰期为 67 ～ 126 天不等，冰情总体来说较常年具有明显减弱的趋势。比较有代表性的 2003—2004 年度，在冰情最重的 1 月，上旬海冰以尼罗冰（Ni）、皮冰（R）和莲叶冰（P）为主，中旬以尼罗冰（Ni）、灰冰（G）和初生冰（N）为主，下旬以灰白冰（Gw）、灰冰（G）、尼罗冰（Ni）为主。流冰厚度 12 月平均 5 ～ 10 cm，最厚 15

cm；1 月平均 10 ～ 30 cm，最厚 40 cm；2 月平均 20 ～ 25 cm，最厚 45 cm。

4. 月亮湾开发利用的主要资源环境问题

20 世纪 70 年代以来，注入月亮湾的熊岳河由于河流上游修建水库等原因，截拦了大量本因汇入月亮湾的河流输沙和径流。随着月亮湾北部营口港鲅鱼圈港区的扩建、南部营口港仙人岛港区的新建，以及熊岳河入海径流量和输沙量急剧下降，月亮湾海岸水沙冲淤平衡被打破，海岸侵蚀问题日益凸显。2005 年以来，月亮湾砂质海岸侵蚀加剧，顺岸发育的侵蚀陡坎长约 2. 0 km，陡坎高度约 2. 0 m。月亮湖公园的岸滩滩面在 2007 年夏季至冬季被波浪侵蚀下切，下切深度随着距平均高潮线距离的增加而增大，最大可达 0. 30 m（图 8 – 6）。表层沉积物的平均粒径（Φ）呈变小的趋势，反映夏季至冬季岸滩沉积物变粗。月亮湖公园外的滨海浴场北部海岸防护工程受损严重，防浪墙坍塌，局部海岸年侵蚀后退速率 0. 80 m/a。由于资金的匮乏，营口市经济技术开发区政府在海岸波浪破碎带内取砂，进行沙滩补沙，这一活动加强了岸滩的动力条件，导致北侧沙滩存在明显的侵蚀现象，侵蚀陡坎高度约 0. 50 m，侵蚀岸线长度约 800 m。营口月亮湾砂质海岸整治修复工程实施前的海岸侵蚀现状见图 8 – 7。

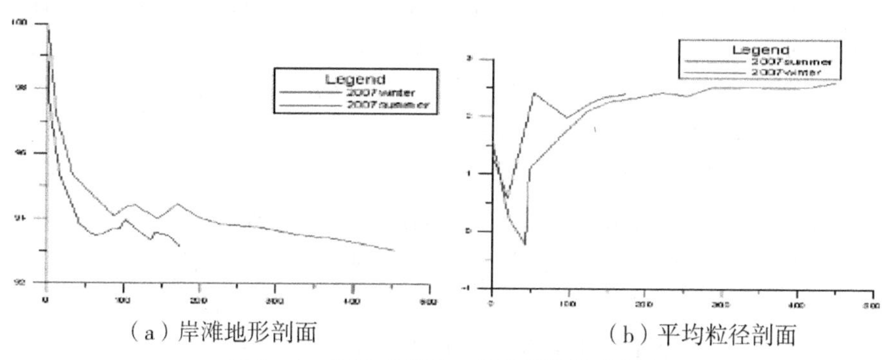

（a）岸滩地形剖面　　（b）平均粒径剖面

图 8 – 6　2007 年夏季 – 冬季岸滩剖面变化

山海广场南侧海岸侵蚀现状　　山海广场北侧海岸侵蚀现状

图 8 – 7　月亮湾砂质海岸整治修复工程实施前的侵蚀现状

二、营口月亮湾砂质海岸整治修复工程概况

近年来，在营口市经济技术开发区城市发展规划和西海岸旅游规划的引导下，市政府积极推动滨海旅游资源开发。营口市经济技术开发区政府围绕打造高品位的滨海旅游休闲娱乐区的目标，在山海广场北部开展了海岸景观美化工程，完成了近 3.0 km 砂质海岸的海岸景观建设；在沙滩浴场海岸，整治修复了山海广场南部砂质岸段，打造形成营口月亮湾精品旅游区。月亮湾砂质海岸整治修复工程分为沙滩养护修复工程、海岸景观整理和美化工程两部分，共同目标是将月亮湾砂质海岸打造成鲅鱼圈西海岸旅游休闲娱乐经济区，形成集海水娱乐、海底观光、海面踏浪、海岸休闲、景观观赏、游乐采摘为一体的滨海休闲娱乐带。

1. 海岸景观空间整理与美化工程

2009 年，营口市经济技术开发区在月亮湾砂质海岸投资 3.5 亿元修建了山海广场景区，包括山海广场、渤海明珠观景台（贝壳）及观海栈桥、鲅鱼公主雕像、月亮湾滨海浴场等，总占地面积 $4.0\times10^5\ m^2$。山海广场位于月亮湾砂质海岸中间部位，总占地面积约 $1.0\times10^5\ m^2$，其中广场主体建筑用地 $6.0\times10^4\ m^2$，是整个月亮湾砂质海岸旅游休闲娱乐区域的核心区。山海广场为面海建设的双层结构，其中下层是月亮湾滨海浴场的商业街；上层是由音乐喷泉、灯饰景观、绿化带等组成的观海景观平台，在平面布设上主要由广场入口的笃信笛雕塑、铜制海珠石、海洋十二生肖铜制雕塑、8 个反映当地历史与民俗的汉白玉浮雕墙以及下沉式演艺广场等组成。渤海明珠观景台处于月亮湾中部海域，主体为钢结构，最大悬臂长 65 m、高 40 m，具有海洋景观观赏、海水垂钓、高空蹦极及小型演艺等多种功能。渤海明珠观景台由垂直于海岸长度为 668 m 的观海栈桥连接海岸陆地，游客可以通过观海栈桥抵达渤海明珠观景台。鲅鱼公主雕像位于山海广场向海 1500 m 的海面上，依托海中礁石修建，雕塑高 60 m，通体为不锈钢材质，源于鲅鱼圈传说故事中的鲅鱼公主，是月亮湾景区的标志性建筑。月亮湾滨海浴场被渤海明珠观景台的观海栈桥分隔成南、北两段，长度都在 1500 m 以上，沿沙滩外缘修建了 2500 m 的木栈道和石岛红景观墙、3000 m 长的电瓶车车道、15 m 宽的绿化带和 5 个综合性旅游服务站。整个月亮湾海岸按照海岸旅游休闲娱乐规划，自北向南被划分为月亮湖公园、高尔夫休闲娱乐区、山海广场、滨海休闲观光带、农业生态旅游度假区五大功能区，成为营口市现代化、生态化的城市迎宾大厅。

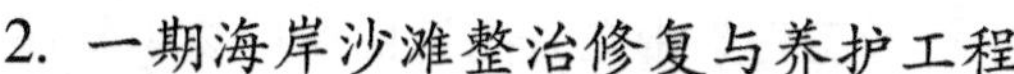

2. 一期海岸沙滩整治修复与养护工程

2012 年营口市经济技术开发区编制了“辽宁省营口鲅鱼圈沙滩浴场整治与修复工程”项目申请书和实施方案，上报财政部和原国家海洋局，并获得国家海域海岸带整治修复资金立项支持。该项目以月亮湾砂质海岸整治修复工程为核心，主要开展沙滩沙源喂养和海岸景观美化查漏补缺工程，整治修复与养护沙滩浴场岸线 800 m，形成不少于 20 m 的沙滩滩肩，建设不少于 1000 m^2的海岸景观绿化带，项目总投资 1500 万元。

一期海岸整治修复工程的海滩整治修复与养护对象为山海广场北侧侵蚀较为严重的800 m 岸段，在进行人工补沙修复的同时修建人工潜堤，以达到降低海岸水文水动力、稳定沙滩补沙剖面的目的。一期海岸整治修复工程主要包括人工补沙工程和人工潜堤工程。

图 8－8　月亮湾沙滩养护平面规划示意图－人工补沙工程

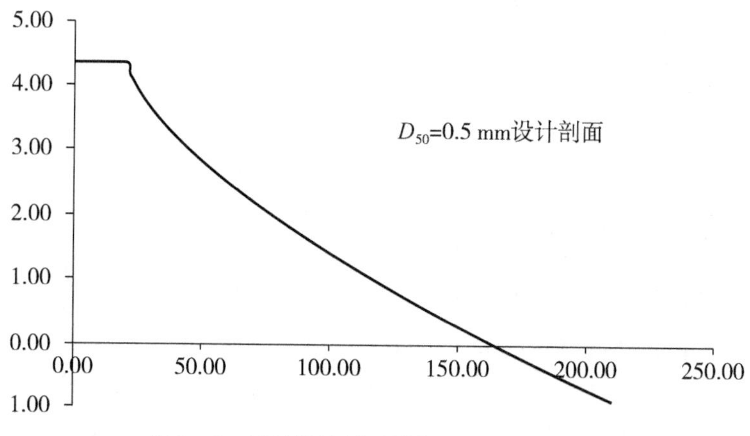

图 8－9　设计填沙剖面形态（D_{50} =0. 5 mm）

（1）人工补沙工程。人工补沙工程集中在月亮湾山海广场观景栈桥北侧，人工补沙工程全长 800 m，补沙区域平面布置如图 8－8 所示。沙滩滩肩高程及滩肩宽度由补沙剖面设计方案比较确定，其中沙滩滩肩宽度为 20～40 m 不等，补沙粒径为 0.5 mm，沙滩滩肩高程为 4.35 m（当地理论深度基准面）。依据设计方案确定的补沙剖面，潮间带海滩补沙宽度约为 75 m，补沙边坡为 1∶22，补沙剖面如图 8－9 所示。为了提高人工补沙工程补沙后滩面的稳定性，降低人工补沙工程成本，在海滩表层 0.3 m 以下，采用未经分选的较为经济且稳定性较好的粗沙填筑；在海滩表层 0.3 m 以上，采用分选较好且中值粒径为 0.5 mm 的细沙覆盖。

（2）人工潜堤工程。根据月亮湾沙滩现状稳定性评价及实际侵蚀情况，人工补沙海滩最南端约 200 m 的岸段侵蚀最为严重，为了防止人工补沙海滩发生再次侵蚀，在人工补沙海滩最南端外侧距离海岸线 200 m 处设计布设人工潜堤一条，人工潜堤工程位置及稳定海岸线如图 8－10 所示，图中绿线为修建人工潜堤工程后形成的稳定海岸线。人工潜堤工程的设计除满足消减波浪对沙滩的侵蚀作用和稳固沙源的作用外，还能使漂沙在人工潜堤后堆积，形成堤后的沙舌及系岸沙洲，间接发挥稳定海滩的功能。人工潜堤工程的最终方案如下：①人工潜堤离岸距离为 200 m；②人工潜堤堤顶宽度为 20 m；③人工潜堤堤顶高程 1.5 m；④人工潜堤堤顶水深确定为 0.5 m。

一期海岸沙滩整治修复与养护工程经过工程勘察、工程设计、人工沙滩喂养、海岸景观美化查漏补缺、监测与后评价等过程，在山海广场北侧沙滩浴场采用人工补沙的软防护措施，修复与养护 800 m 受损沙滩岸线、查漏补缺修复植被景观带约 4100 m^2。2014 年 5 月完成修复工作，经过整治与修复重塑了沙滩的自我修复能力，海岸景观进一步美化。

图 8－10　月亮湾沙滩养护平面规划示意图－人工潜堤工程

3. 二期海岸空间综合整治工程

为进一步优化和改善月亮湾海岸资源环境，2015 年营口市经济技术开发区组织申报了 2015 年中央海岛和海域保护资金项目“辽宁省营口鲅鱼圈月亮湾综合整治与修复项目”，并获得财政部和原国家海洋局批准。项目修复月亮湾海滩 4180 m，新建 500 m 人工岬角和 250 m 礁盘区抛石防护工程。二期海岸空间综合整治工程的平面布局见图 8－11。另外，营口市经济技术开发区在月亮湾南部的熊岳河口北岸通过填海造地工程阻挡了熊岳河入海径流对月亮湾海水质量环境的影响，在营口港鲅鱼圈港区南大地堤外海域通过填海造地建设了金泰游艇码头。

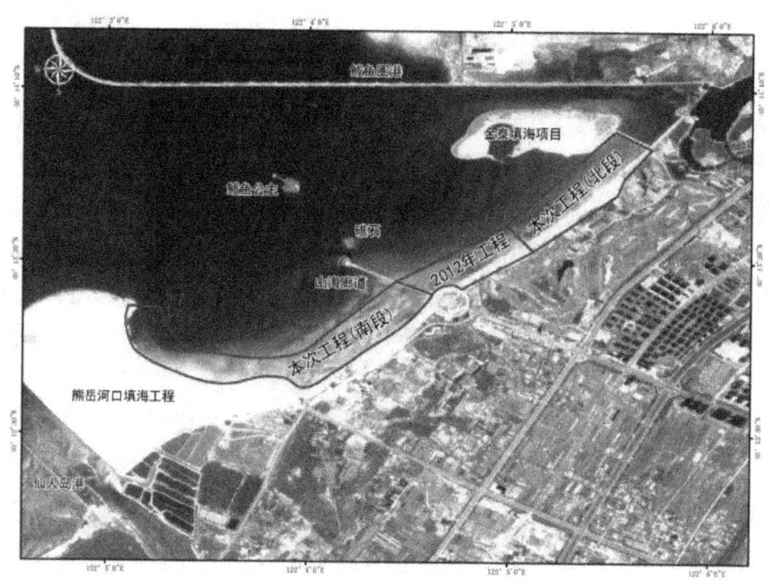

图 8－11　月亮湾海岸空间综合整治工程平面布局

二期海岸空间综合整治工程实施目标包括：①落实辽宁省海洋功能区划，逐步整治破坏月亮湾滨海旅游资源的用海活动，调整月亮湾海域使用空间布局，提高海域资源开发利用效益。②拯救受损的沙滩、沿岸沙坝等滨海旅游景观资源。养护海滩长度 4. 50 km，滩肩宽度不小于 50 m，滩肩高程不低于 2. 50 m，使月亮湾沙滩达到自我修复的动态平衡。③新建海滩防护人工岬角工程 500 m，礁盘区抛石防护工程 250 m，显著防护其后方沙滩。④通过人工种植沙地植被、盐生植被、乔木、灌木等植物，完成景观海岸防护工程 1400 m，配套景观工程 3500 m，进一步美化海岸滨海景观，沙滩后方景观明显改善。

二期海岸空间综合整治工程位于山海广场两侧，分为南段和北段，修复海滩总长度为4500 m，其中南段修复海滩长度3300 m，北段修复海滩长度1200 m。为对整治修复工程实施后的海滩形成有效防护，在沙滩西侧设置人工岬角，位于整治修复海滩的最南侧，人工岬角长500 m、宽9.20 m，其中堤头段长30 m、宽15 m。同时，为保护北侧海滩侵蚀岸段的稳定性，在山海广场观景台与礁盘之间通过抛石加固的方式，形成抛石潜堤，同时兼顾人工鱼礁的作用。抛石潜堤位于山海广场观景台端部，长250 m，宽2.50 m。具体实施方案如下。

（1）人工岬角工程。人工岬角工程堤身结构方案：人工岬角工程堤心为1～500 kg开山石（含泥量小于10%），沿堤心向海一侧依次铺设1.0 m厚10～100 kg块石垫层、1.0 m厚200～300 kg垫层块石和1.50 t四脚空心方块，坡度为1：1.5，坡脚抛填300～500 kg棱体块石，坡度为1：3，堤顶高程－4.50 m。内侧护面由堤心向外依次铺设1.0 m厚10～100 kg块石垫层和0.90 m厚100～200 kg块石，坡度为1：1.5；坡脚抛填100～200 kg棱体块石，厚度不小于1.0 m。人工岬角顶部宽度为9.20 m，向海一侧坡顶设混凝土胸墙，胸墙顶部高程为5.50 m。胸墙后方堤顶高程为4.50 m，堤顶路面自上而下为200 mm现浇砼路面、200 mm厚水泥稳定碎石垫层、200 mm厚碎石垫层；内侧坡顶设置浆砌块石外包混凝土挡墙，并设置护轮坎。

人工岬角工程堤头结构方案：人工岬角工程堤头段长度为30 m，堤心为1～500 kg开山石（含泥量小于10%），堤心两侧护面对称布置，坡度均为1：1.5，沿堤心石坡面向两侧依次铺设1.0 m厚10～100 kg块石垫层和1.0 m厚200～300 kg垫层块石，其上规则摆放2.0 t扭王字块，坡脚抛填300～500 kg棱体块石，坡度为1：3。堤顶两侧均设置胸墙，堤顶高程为5.50 m，后方路面高程4.50 m。

（2）礁盘区抛石防护工程。礁盘区抛石堤为潜堤，潜堤顶部高程为1.70 m，潜堤顶部宽为2.50 m。堤心为1～500 kg开山石（含泥量小于10%），堤心两侧护面对称布置，堤心石两侧坡度均为1：1.5，堤身段沿堤心石向两侧及堤顶依次铺设1.0 m厚10～100 kg块石垫层、1.15 m厚400～500 kg块石护面，坡脚抛填150～200 kg棱体块石，坡度为1：3。堤头段沿堤心石坡面向两侧及堤顶依次铺设1.0 m厚50～100 kg块石垫层、1.35 m厚500～800 kg块石护面，坡脚抛填200～300 kg棱体块石，坡度为1：3。

（3）沙滩养护工程。沙滩养护工程的海滩滩肩宽34 m，与护岸相接处

高程 4.50 m，滩肩外沿高程 4.10 m。4.10 m 高程以下向海侧坡度 1 : 10，铺设至原泥面。补沙粒径范围在 0.55 ~ 0.65 mm，回填量约 76 万 m^3。

第二节　营口月亮湾砂质海岸带整治修复工程效果监测

营口月亮湾砂质海岸带整治修复工程效果监测包括海岸带地形地貌效果监测、景观生态效果监测、海滩表层沉积物效果监测、水动力水环境效果监测以及社会经济－资源环境综合效果监测。

一、海岸带地形地貌效果监测

海岸带地形地貌效果监测分为海滩地形剖面监测与海岸全地形监测。海滩地形剖面监测在监测区域布设 27 条监测剖面，剖面之间间距约 150 m，每条剖面长度约 300 m，自平均大潮高潮线垂直向海至平均小潮低潮线，27 条监测剖面具体分布见图 8－12。沿每条监测剖面自陆地向海域方向布设测量点，测量点间距一般为 5.0 m，对于地形变化较大的区域（陡坎、滩肩、坡折带）加密测量点。监测方法主要采用 RTK 地形测量系统在低潮期间作业。海域水深地形测量采用南方 SDE－28D 双频全数字化测深仪，该仪器采用电脑主板控制与 DSP 数据处理芯片技术处理测深仪的高、低频测量数据，

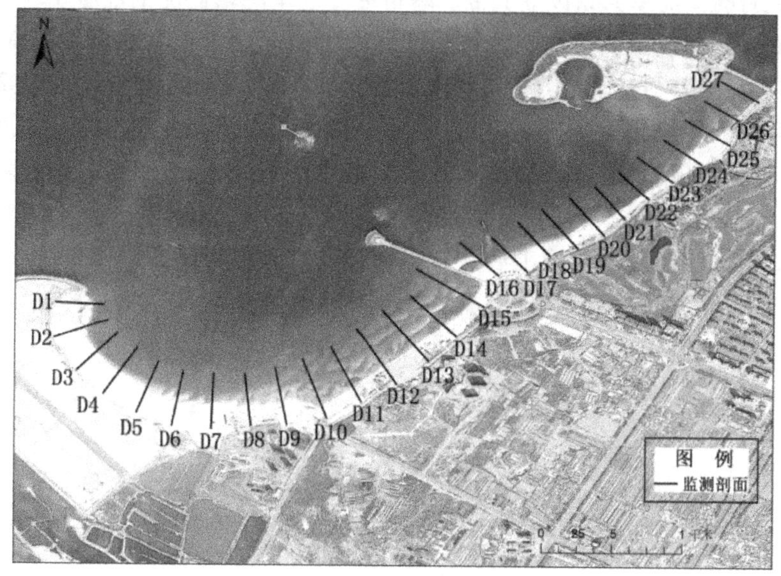

图 8－12　监测剖面位置示意图

响应快、精度高，测量数据满足水下地形监测要求。采用以上测量仪器监测每个测量点的地面高程及其精确地理坐标。为了反映海岸沙滩修复与养护工程实施的海滩地形地貌效果，监测时间分别设在海岸沙滩修复与养护工程实施前、工程实施竣工验收后以及工程实施竣工后第一年及一年半后。

海岸带全地形监测采用 Trimble® 5800 II GPS 测量系统，用于海岸线以上地形高程测量。测量范围在研究区域海岸线以上区域，将海岸线以上陆地区域划分为 5.0 m 大小的网格，测量每一网格地形高程及其精确地理坐标。将测量点数据在 GIS 软件支持下空间插值，形成空间分辨率为 5.0 m 研究区域 DEM 高程数据，依据 DEM 高程数据计算研究区域坡度。同时，收集海岸整治修复工程实施前的研究区域 1∶50000 比例尺地形图，数字化后插值制作研究区域海岸整治修复工程实施前的 DEM 高程数据，并依据 DEM 高程数据计算研究区域海岸整治修复工程实施前坡度。将海岸整治修复工程实施前的坡度数据与海岸整治修复工程实施后的坡度数据进行空间叠加，对比分析海岸整治修复工程实施对海岸地形坡度的影响。

二、海滩表层沉积物整治修复工程效果监测

砂质海岸表层沉积物监测采用海滩断面法，在海滩整治修复与养护工程实施前的 2012 年，开展了潮上带、潮间带及近岸海域表层沉积物断面监测。在月亮湾海岸共布设潮上带、潮间带及近岸海域监测剖面各 12 个，每个潮间带剖面设 4 个采样点，每个近岸海域剖面设 4 个监测点，具体见图 8－13。海滩整治修复与养护工程实施后的 2016 年，在海滩纵向布设 27 个调查采样断面站位（图 8－14），在每个调查断面上，分潮上带、潮间带、潮下带分别采集表层沉积物样品，潮上带采集一个样品，潮间带采集两个样品，潮下带采集一个样品，采集深度约 10 cm。在海滩整治修复与养护工程实施前、竣工后以及竣工后每年春季和秋季采集样品。用 Trimble® 5800 Ⅱ GPS 测量系统测定每个采样点的精确地理位置，后期监测采样在同一位置采集样品。

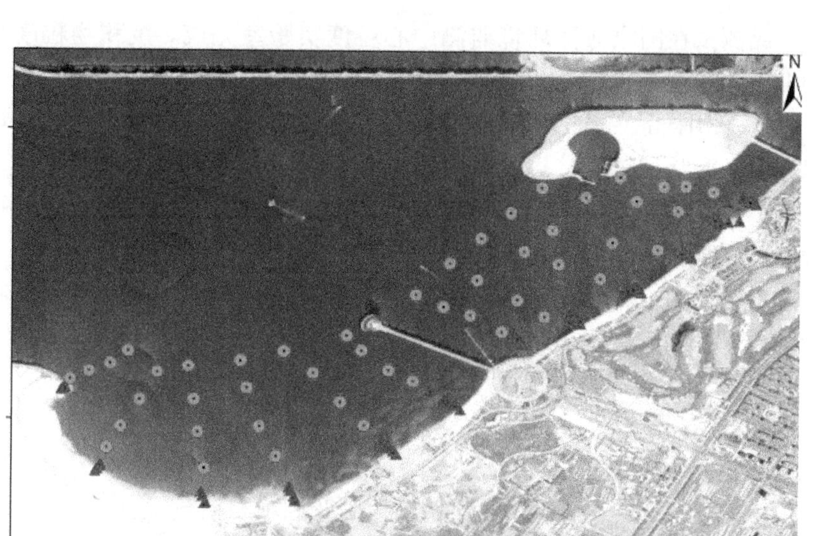

图 8－13　工程实施前表层沉积物采样站位

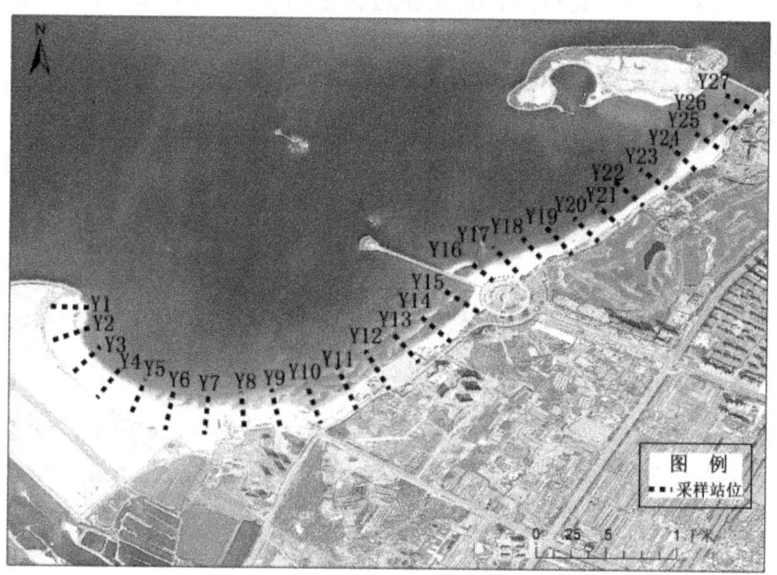

图 8－14　工程实施后表层沉积物采样站位

海滩沉积物样品按照国家标准《海洋调查规范》（GB/T 13909—1992）的要求进行处理，主要包括烘干、筛选、洗盐、去除有机质、去除钙胶结物、样品分散等几个处理环节。

样品测试在国家海洋环境监测中心粒度实验室完成。沉积物粒度测量采用 LS13320 型激光粒度分析仪，样品简要制备流程如下：

（1）采用样品勺均匀采取适量样品至小烧杯中，样品量尽可能满足仪器遮蔽率在 8 ～ 12 之间。

（2）加入 30 mL 蒸馏水浸泡样品，用玻璃棒搅拌样品使其分散，待上层液澄清后移去上层液，反复 2 ～ 3 次。

（3）在烧杯中加入数滴 0. 5 mol/L 六偏磷酸钠，使用超声波清洗机将样品超声分散。

（4）将上述样品冲洗至 LS13320 型激光粒度分析仪的样品池中，运行 40 s 后完成样品测试。

采用福克 – 沃德公式，通过图解法计算沉积物粒度参数（中值粒径 Md、平均粒径 Mz、分选系数 σ、偏态系数 Sk、峰态系数 Kg）[209 – 210]。表层沉积物粒径划分标准采用尤登 – 温德华氏等比制 φ 值标准[209]，也就是 φ 值粒级标准，具体见表 4 – 1。根据实验室粒度分析结果，并结合本地区的实际情况，对样品进行命名，以突出样品所在海滩表层沉积物特征。当样品中只有一个粒组的含量很高，其他粒组含量均小于 20% 时，则以含量高的粒组名称命名，例如中砂、细砂等；当样品中有两个粒组的含量分别大于 20% 时，按主次粒组原则命名，以含量高的粒组为基本命名，另一个粒组为辅命名，例如黏土质粉砂，就是以粉砂为主、黏土为辅；当样品中有 3 个粒组的含量均大于 20% 时，采用混合粒组命名法，例如砂—粉砂—黏土[211 – 212]。

三、海滩整治修复与养护工程其他效果监测

根据本书第四章的海滩整治修复与养护工程效果评价方法，将月亮湾砂质海岸整治修复工程区域划分为 27 个调查与评价单元，在每个调查与评价单元分别调查潮上带沙滩宽度、沙滩厚度、沙滩物质组成；潮间带的潮滩剖面高程、潮滩宽度、潮滩底质物质组成，以上参数的具体调查方法如下。

1. 沙滩宽度

沙滩宽度为从平均大潮高潮线至沙滩覆盖外缘线的宽度，外缘有植被生长区域至植被生长线，外缘无植被生长区域到永久堤坝坡角线或护栏边缘线。分别调查海岸整治修复工程实施前、后每个调查与评价单元的沙滩宽度。海岸整治修复工程实施后采用现场测量和卫星遥感影像相结合的办法

测量。现场测量工作中，在每个调查与评价单元中分东、中、西等间距采用皮尺测量3次，取3次测量的平均值作为该调查与评价单元的沙滩宽度；将现场测量值与空间分辨率为2.50 m的卫星遥感影像上测量的沙滩宽度进行比较，以校正卫星遥感影像测量的沙滩宽度数值。收集海岸整治修复工程实施前覆盖研究区域的同样高空间分辨率卫星遥感影像，根据海岸整治修复工程实施后的现场测量与遥感影像测量沙滩宽度的校正关系，采用卫星遥感影像调查海岸整治修复工程实施前每个调查与评价单元的沙滩宽度。

2. 沙滩厚度

沙滩厚度为砂质海岸沙滩表层到最底层的高度。沙滩厚度采用探杆测量法测量，在每一调查与评价单元，随机设置测量样点16个。将1.50 m的探杆深插入沙滩，提取沙滩剖面，测量每一调查样点的沙层厚度，每一调查单元的沙层厚度取16个调查样点的平均值。在海岸整治修复工程实施前和实施后分别测量每个调查与评价单元的沙滩厚度数值。

3. 海滩剖面高程

海滩剖面高程测量沿图8－12所示的调查断面测量，测量方法、时间及测量仪器见本书“一、海岸地形地貌效果监测”。根据海滩剖面高程测量数值，绘制每个测量剖面的剖面高程图。

4. 潮滩宽度

潮滩宽度为从平均大潮低潮线至平均大潮高潮线之间的潮间带滩涂宽度。选择大潮低潮时刻，采用RTK定位仪分别测量每个调查与评价单元大潮低潮时刻的水陆分界线关键拐点坐标、大潮高潮线痕迹线关键拐点坐标，将RTK定位仪测量的关键拐点坐标叠加到高空间分辨率卫星遥感影像上，根据遥感影像上的潮间带地形特征，分别顺序连接大潮低潮线上测量的各关键拐点和大潮高潮线上测量的各关键拐点，形成平均大潮低潮线和平均大潮高潮线。采用Arcmap10.0软件中的距离标尺，测量每个调查与评价单元平均大潮低潮线至平均大潮高潮线的距离。每个调查单元在不同位置测量3次，取3次测量的平均值作为该调查与评价单元的潮滩宽度。

5. 海滩底质物质组成

在海岸整治修复工程实施前开展了12个沙滩断面和12个潮滩断面的表层沉积物采样测试，每个沙滩断面包括4个采样点，每个潮滩断面也包括4个采样点；在海岸整治修复工程实施完成1年后开展了27个断面表层沉积物采样测试，每个断面包括2个沙滩采样点和2个潮滩采样点。将海岸整治修复工程实施前的断面位置与海岸整治修复工程实施后的每个断面位置

进行空间叠加，根据空间就近原则将每个断面调查数据分配到每个调查与评价单元。

四、水动力水环境效果监测

1. 水动力效果监测

在月亮湾近岸海域布设3个潮汐观测站。观测站位示意图见图8－15。1#站位观测最大水深7.40 m，2#站位观测最大水深8.30 m，3#站位观测最大水深8.90 m。潮流观测采用SLC9－2型直读式海流计分表层、中层、底层3个深度分别观测，各层次每小时观测一次，一周日内每站共测得25组完整流速记录，各测站水深观测与流速观测同步进行。选择大、小潮期间各进行一次同步周日连续流速观测。波浪观测采用自动水下验潮仪AWH-HR136观测，AWH-HR136验潮仪是一款高精度，自容式的电池供电的设备，用于长时间记录海面水位。

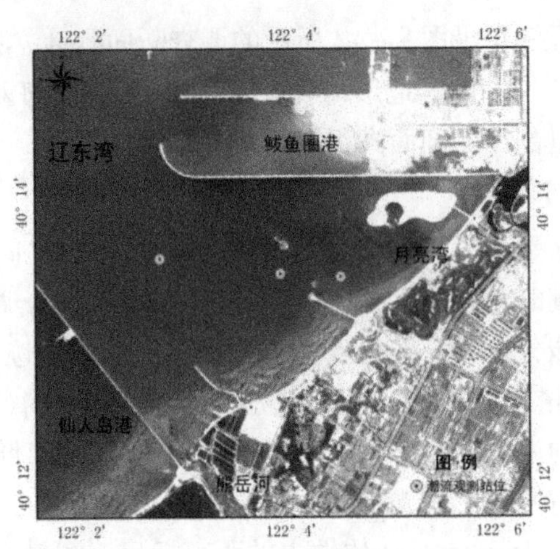

图8－15　流速观测站位示意图

月亮湾海岸整治修复工程实施前，在大潮期间（2013年6月23～24日）和小潮期间（2013年6月17～18日）进行同步潮汐流速周日连续定点观测；工程实施后，在大潮期间（2016年6月23～24日）和小潮期间（2016年6月17～18日）进行同步潮汐流速周日连续定点观测。潮汐观测数据分析计算按照《海滨观测规范》（GB/T 14914—2006）、《海洋调查规范——海洋水文观测》（GB/T 12763.2—2007）进行。首先对实测数据摘取整点流速、流向值，然后绘制整点流速矢量图及潮位—潮流关系图。利用

整点流速、流向资料进行潮流统计分析，并根据交通部《海港水文规范》JTJ213－98有关公式计算出最大流速、流向。波浪观测资料采用营口鲅鱼圈海水水文观测站的观测数据，选取2013年夏秋季观测的波浪资料和2016年夏秋季观测的波浪资料，计算平均波浪高度和最大波浪高度。

2. 水环境质量效果监测

水质监测采用定点采样分析测试法进行，在月亮湾海域均匀布设监测采样点位。在海岸整治修复工程实施前的2013年、海岸整治修复工程实施竣工后的2017年各采样测试分析一次。具体水质采样点布设见图8－16。海水样品的采集和分析参照《海洋监测规范》（GB 17378—2007）、《海洋调查规范》（GB/T 12763—2007）。2013年，海水环境质量调查要素主要有：pH、盐度、温度、悬浮物、溶解氧、COD、无机氮、活性磷酸盐、石油类、重金属Pb、Zn、Cu、Hg、Cd。2017年，海水环境质量调查要素主要有：pH、温度、盐度、悬浮物、COD、化学需氧量、无机氮、活性磷酸盐、石油类、氰化物、硫化物、重金属Pb、Zn、Cu、Hg、Cd以及As。

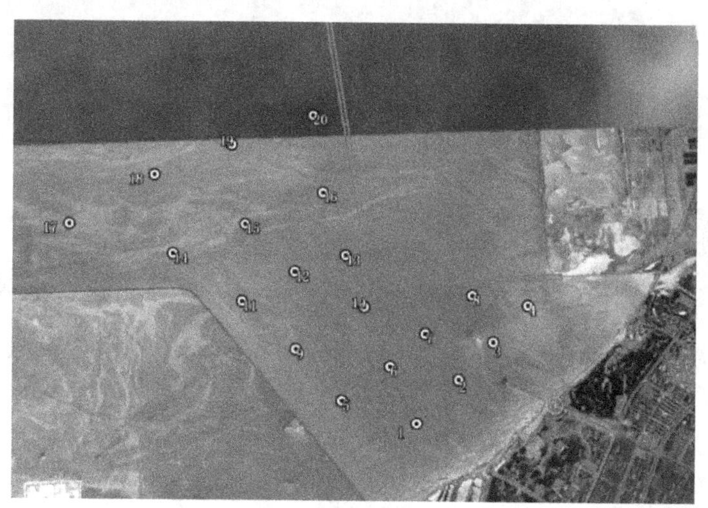

图8－16　海水水质调查站位

五、海岸景观生态整治修复工程效果监测

搜集覆盖月亮湾砂质海岸的高空间分辨率卫星遥感影像SPOT5（采集时间2005年8月）和高空间分辨率卫星遥感影像GF－1（采集时间2017年6月）作为营口月亮湾砂质海岸整治修复工程实施前、实施后海岸景观格局监测的基础数据。SPOT5卫星遥感影像具有B、G、R、NIR 4个多光谱和一

个 Pan 波段，多光谱波段空间分辨率 10.0 m，全色波段空间分辨率 2.5 m。GF－1 卫星遥感影像具有 B、G、R、NIR 4 个多光谱和一个 Pan 波段，多光谱波段空间分辨率为 8.0 m。全色波段空间分辨率为 2.0 m。参考数据有营口月亮湾区域 1∶10000 数字地形图。月亮湾海岸整治修复工程实施前、后的景观格局变化监测的卫星遥感影像及其空间范围见图 8－17。

（a）海岸整治修复工程实施前的遥感影像图

（b）海岸整治修复工程实施后的遥感影像图

图 8－17　营口月亮湾海岸整治修复工程实施前、后区域高空间分辨率遥感影像

六、海岸整治修复工程综合效果监测

针对营口月亮湾砂质海岸整治修复工程进程及其自然环境效果、景观生态效果、沙滩资源效果和社会经济效果的体现特点，设置了不同调查监测时间。自然环境效果中地形地貌监测方法见本节第一部分；水文水动力监测方法见本节第四部分；海水环境质量监测方法见本节第四部分；景观生态效果监测方法见第五章；沙滩资源效果监测方法见本节第二部分。社会经济效果监测中，游客量采用现场调查方法，在 2018 年 8 月的旅游高峰期共调查两周的单日游客量，依次估算最大日游客量和年游客量。公众满意度采用现场问卷调查方法同期完成，共发放调查问卷 120 份，收回有效调查问卷 109 份。旅游收入和旅游税收分析数据采用营口月亮湾开发前 2008 年的社会经济统计年鉴数据和 2018 年海岸整治修复完成后旅游休闲区成熟营业后的社会经济统计年鉴数据。各项评价指标变化对比标准赋值见表 8－2。

表 8－2　月亮湾砂质海岸整治修复效果评价指标量化值

准则层	指标层	量化等级与标准				
		Ⅰ级（5.0）	Ⅱ（4.0）	Ⅲ级（3.0）	Ⅳ级（2.0）	Ⅴ级（1.0）
自然环境效果	海滩地形坡度		√			
	潮流速度变化			√		
	半交换周期变化		√			
	海水环境质量指数			√		
景观生态效果	景观自然度指数				√	
	景观丰富度指数	√				
	景观破碎度指数				√	
	景观主体度指数		√			
沙滩资源效果	沙滩面积指数	√				
	潮滩游乐指数		√			
	沙滩损失量		√			
	潮滩侵淤指数		√			
社会经济效果	最大日游客指数		√			
	年游客指数			√		
	旅游收益指数			√		
	旅游贡献指数		√			
	公众满意度	√				

第三节　营口月亮湾海滩资源养护工程效果评估

营口月亮湾海滩资源养护工程工程效果评估主要采用本书第四章的海滩资源养护工程效果评估方法，在海洋资源养护工程效果初步分析，沙滩资源养护效果空间差异化评价、潮滩资源养护效果空间差异性评价以及海滩资源整体养护效果空间差异性评价。

一、海滩资源养护工程效果初步分析

1. 海岸带地形地貌整治修复工程效果初步分析

海滩资源整治修复工程通过向沙滩、潮滩大量填补沙源，从而改变海滩原有的侵蚀地貌形态，形成海滩整治修复工程设计的海滩形态[109]。在海滩整治修复工程完成后，海滩补沙在潮汐、波浪等水动力作用下，会发生新的水沙冲淤过程，不断调整水沙冲淤平衡，形成与水动力过程相适应的新的海滩形态[110]。相对于一期海岸整治修复工程剖面形态变化，二期 20 个剖面监测结果反映出沙滩整体侵蚀变化稍小，滩肩基本没有发生侵蚀后退现象，其中 D1 剖面～ D8 剖面是在熊岳河口外填海造地内湾人工填沙营造的人工沙滩，经历水沙冲淤时间较短，所以整体上滩肩、潮滩形态保持得比较好，沙滩外缘线 0 m 处滩面高程都在 3.0 m 左右，滩肩宽度多在 40 m 以上。

表 8 -3 为一期工程实施的 6 个剖面参数变化，在沙滩填沙补沙方面，填沙量面积最大的是 D18 剖面，填沙量在 300 m^2 以上；其次是 D16 剖面和 D17 剖面；最后为 D19 剖面和 D20 剖面；D21 剖面填沙最少，仅为 28.436 m^2。沙滩修复与养护工程实施 1 年后的沙滩侵蚀量，以 D20 剖面最大，D17 剖面、D18 剖面、D19 剖面侵蚀量相近，D21 剖面侵蚀量最小。滩肩后退宽度也是以 D20 剖面最大，后退宽度为 6.0 m；其次是 D16 剖面和 D19 剖面，滩肩后退宽度都为 4.0 m；D21 剖面滩肩后退宽度为 2.0 m；D17 剖面和 D18 剖面滩肩保持稳定，没有发生后退。

通过表 8 - 4 的 20 个剖面参数可以看出，20 个剖面总填沙面积为 5427.92 m^2，平均每个剖面填沙量为 271.40 m^2，其中 D13 剖面、D24 剖面、D12 剖面、D14 剖面、D23 剖面、D15 剖面填沙量较大，分别为 610.50 m^2、577.80 m^2、509.62 m^2、507.11 m^2、480.39 m^2 和 456.40 m^2；而 D2 剖面、

D5 剖面、D7 剖面、D8 剖面的填沙量都在 100.0 m^2 以下。工程实施 1 年后的侵蚀总量为 101.19 m^2，单个剖面平均侵蚀量为 5.06 m^2，其中 D24 剖面和 D25 剖面的单宽侵蚀量分别为 10.91 m^2、15.16 m^2，而 D23 剖面的单宽侵蚀量只有 0.56 m^2。

表 8－3　一期海岸整治修复工程实施的剖面参数变化

剖面	单宽填砂量（m^2）	单宽侵蚀量（m^2）	工程后平均坡度	工程后 1 年平均坡度	滩肩后退量（m）
D16	277.8223	13.0314	0.0511	0.0605	4.0
D17	275.8507	19.4445	0.0523	0.0499	0
D18	305.6879	20.7877	0.0584	0.0606	0
D19	193.4871	19.9551	0.0781	0.0656	4.0
D20	123.1691	31.2296	0.074	0.1081	6.0
D21	28.436	7.9221	0.1951	0.1313	2.0

表 8－4　2016 年修复养护的 20 剖面参数变化

剖面	单宽填砂量（m^2）	单宽侵蚀量（m^2）	工程后平均坡度	工程后 1 年平均坡度	滩肩后退量（m）
D1	159.9221	6.376	0.0948	0.0957	0
D2	71.1089	4.158	0.1038	0.1067	0
D3	109.2308	3.9978	0.1120	0.1152	0
D4	135.438	5.2469	0.1119	0.1161	0
D5	83.8903	3.3884	0.1068	0.1103	0
D6	141.8024	1.3257	0.1088	0.1122	0
D7	83.2597	2.33	0.1105	0.1142	0
D8	43.5235	3.9363	0.1118	0.1158	0
D9	174.2638	7.0511	0.1142	0.1175	0
D10	226.0376	2.0221	0.0625	0.0659	0
D11	360.2816	4.2563	0.1335	0.1371	0
D12	509.621	2.7417	0.0564	0.0625	0
D13	610.5003	7.1101	0.0551	0.0624	0

续表 8-4

剖面	单宽填砂量（m^2）	单宽侵蚀量（m^2）	工程后平均坡度	工程后 1 年平均坡度	滩肩后退量（m）
D14	507.1116	5.8406	0.0578	0.0637	0
D15	456.3969	4.9084	0.0552	0.0646	0
D22	415.5517	9.878	0.0892	0.0979	0
D23	480.3926	0.5609	0.0782	0.0789	0
D24	577.7979	10.908	0.1275	0.129	0
D25	281.7934	15.1554	0.1139	0.1156	0
D26	38.4312	2.8238	0.9035	0.9345	0
D27	35.6782	3.1648	0.9242	0.9425	0

2. 海滩表层沉积物整治修复工程效果初步分析

对月亮湾沙滩修复与养护工程实施前后表层沉积物监测分析表明：月亮湾海岸潮滩及近岸海域表层沉积物主要有砂（S）、粉砂质砂（TS）、砂质粉砂（ST）、砂-黏土-粉砂（S-Y-T）、黏土-砂-粉砂（Y-S-T）、粉砂（T）和黏土质粉砂（YT）7 种类型，以砂、粉砂质砂、黏土质粉砂为主要沉积物类型，砂质沉积物占绝对优势。图 8-18 是月亮湾沙滩修复与养护工程实施前的表层沉积物空间分布。

图 8-18　表层沉积物类型分布

从图 8－18 中可以看出，月亮湾潮滩基本上以砂分布为主，在潮滩下部局部区域存在粉砂质砂、个别局部区域存在砂质粉砂、砂－黏土－粉砂、黏土－砂－粉砂。在近岸海域，自海向陆表层沉积物依次为黏土质粉砂、粉砂、黏土－砂－粉砂、砂－黏土－粉砂、砂质粉砂、粉砂质砂、砂，各种沉积物类型总体呈带状依次从海向陆转变。总体上，自海向陆，沉积物粒径逐渐变粗，从黏土质粉砂过渡到砂，各沉积物类型基本上呈 NE－SW 向条带状展布。观海堤（栈桥）南侧砂质条带宽度明显宽于北侧，其他沉积物类型条带宽度与北侧相近，观海堤（栈桥）南侧砂质沉积物中存在一块相对细粒沉积物区，月亮湾外海细粒沉积物呈犄角状侵入海湾内部砂质沉积物中。

在 2012 年 8 月月亮湾沙滩修复与养护工程实施前，开展了月亮湾海滩沉积物粒度特征采样监测。在砂质（S）分布区域，砂含量范围 75.00%～100.00%，粉砂含量范围 0.00%～18.48%，黏土含量范围 0.00%～6.98%，中值粒径（Mdφ）范围 1.11～2.85。在粉砂质砂（TS）分布区域，砂含量范围 48.87%～70.01%，粉砂含量范围 20.98%～38.47%，黏土含量范围 9.01%～12.66%，中值粒径（Mdφ）范围 2.89～4.06。在黏土质粉砂（YT）分布区域，砾石含量 0.00%，砂含量 0.00%～15.04%，粉砂含量范围 57.67%～68.77%，黏土含量范围 23.39%～33.37%，中值粒径（Mdφ）范围 6.42～7.21。

月亮湾海岸表层沉积物分选系数处于 0.54～2.82 之间，平均值为 1.37，从分选好至分选差均有分布，总体上自陆向海，沉积物分选程度逐渐变差。分选较好的沉积物与砂质组分含量高值区相对应，这是因为在破浪反复冲刷淘洗作用下，细粒组分逐渐被带走，剩下相对单一的砂质组分，因此砂质沉积物分选较好；分选较差至分选差的沉积物与粉砂质砂、砂质粉砂和黏土质粉砂分布区相对应，多粒级组分混合使得沉积物分选变差。表层沉积物偏态分布在－0.29～0.74 之间，平均值为 0.14，从负偏态变化到极正偏态，沉积物偏态程度以近于对称分布和正偏态为主。粉砂和砂两种沉积物分布区因其组分相对单一，沉积物偏态程度显示出近似对称分布；粉砂质砂和砂质粉砂两种沉积物分布区显示出正偏态到极正偏态，说明沉积物以粗粒组分为主。表层沉积物峰态分布区间为 0.69～3.31，平均值 1.27，从平坦峰态变化到非常尖锐峰态。大部分区域表层沉积物的峰态值接近 1.0，显示出正常海滩砂沉积特征，但在观海堤（栈桥）两侧各显示出一个很尖锐峰态（1.56～3.0）的沉积物分布区，为两个多物源混合沉积区。

月亮湾沙滩修复与养护工程实施后的 2016 年 8 月对月亮湾海滩沉积物粒度特征进行再次监测。月亮湾沙滩修复与养护工程实施后，表层沉积物类型还是以砂质类型为主，占到总断面监测点总数量的81.63%；粉砂质砂占总监测点数的15.31%；砂质粉砂占总监测点数的3.10%。中值粒径最大值4.57 mm，最小值0.11 mm，平均为1.51 mm。平均粒径最大值4.83 mm，最小值0.21 mm，平均为1.63 mm。分选系数最大值2.90，最小值0.50 mm，平均为1.47 mm。偏态最大值0.61 mm，最小值 -0.20 mm，平均为0.32 mm。峰态最大值2.94，最小值0.73 mm，平均为1.44 mm。

对比分析月亮湾沙滩修复与养护工程实施前、后的表层沉积物特征变化，潮间带地表沉积物类型发生变化的断面有Y1、Y3、Y8、Y11、Y14、Y17、Y18、Y19；潮下带地表沉积物类型发生变化的断面有Y1、Y2、Y3、Y4、Y5、Y11、Y12、Y23、Y24、Y25、Y26、Y27。

3. 海滩地形变化分析

根据第四章的公式（4-7）～公式（4-11）结合监测结果计算得到各指标如下：

(1) 修复后沙滩年损失量。月亮湾海岸整治修复工程竣工一年后，一期岸滩沙量减少了1.1万 m^3，二期岸滩沙量减少了1.3万 m^3，修复后沙滩年损失量变化程度计算如下：

$$L = \frac{V_0 - V_X}{V_0} \times 100 = \frac{2.40}{76.50 + 16.50} \times 100 = 2.60 < 5.00$$

(2) 修复后单宽剖面侵蚀量。以月亮湾海岸整治修复工程竣工后的剖面地形监测数据表8-4为基础，进行各个断面的单宽剖面侵蚀量计算，然后进行加权平均，得到月亮湾海岸整治修复工程实施后整体单宽剖面侵蚀量计算如下：

$$K = \frac{S_0 - S_x}{S_0} \times 100 = 3.60 < 5.00$$

(3) 滩肩年后退速率。以月亮湾海岸整治修复工程竣工后的滩肩外缘线作为基准岸线，后续年际监测数据与其进行对比分析，滩肩年后退速率可按照下面公式进行计算：

$$R = \frac{\sum_{i=i}^{n} (B_i - B_0)}{nT} = 0.01 < 0.05$$

(4) 剖面坡度方差变化。根据月亮湾海岸整治修复工程施工后和施工一年后监测的岸滩数据，计算各个断面的坡度变化及方差，然后进行加权平均，3个剖面的坡度离散方差计算如下：

$$\sigma^2 = \frac{\sum (x - \mu)^2}{N}$$

利用上面的计算结果，按照下面公式计算地形平均坡度变化：

$$Q = \frac{|D_X - D_0|}{D_0} \times 100 = 2.20 < 3.00$$

二、沙滩养护工程效果评价

由图 8－19（a）沙滩面积指数空间矢量图可以看出，沙滩面积指数最

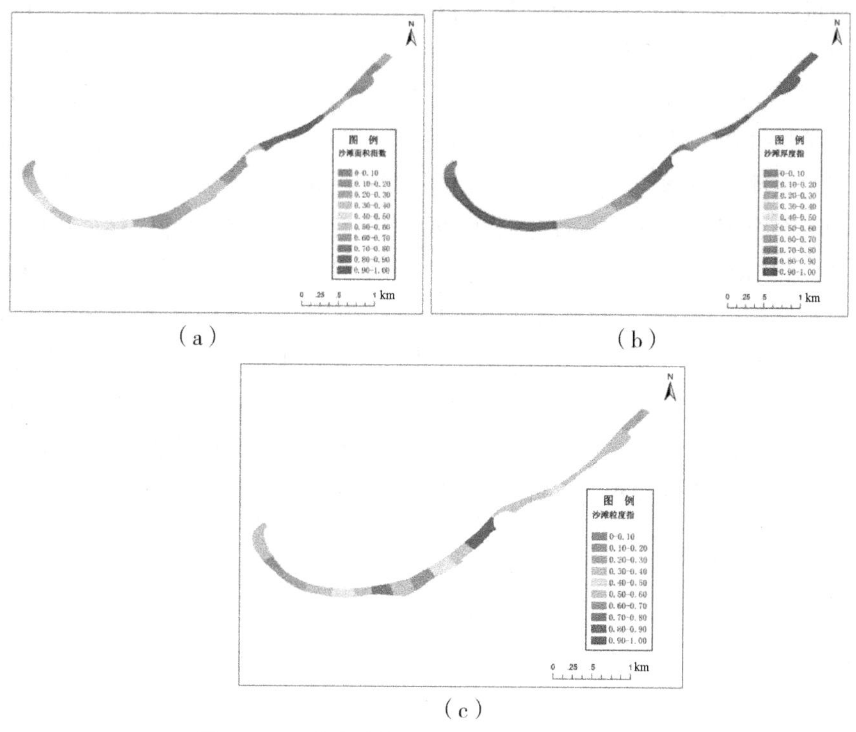

图 8－19　沙滩养护效果评价指标空间差异性

大值集中分布在月亮湾砂质海岸一期沙滩整治修复与养护工程岸段，该岸段 7 个评价单元中 5 个评价单元的沙滩面积指数都在 0.80 以上，其他 2 个评价单元因受到山海广场及观景栈桥建设占用了部分沙滩面积而数值较低。西南部 5 个评价单元的沙滩面积指数也较大，处于 0.40～0.50 之间；其他评价单元的沙滩面积指数都小于 0.30。说明月亮湾海岸整治修复工程整体扩大沙滩滩肩宽度，其中以观景栈道东北边的一期工程实施区域最为明显，沙滩面积比工程实施前扩大了 10 倍以上；其次为月亮湾西南部，也就是填海造地区域人工沙滩内湾，沙滩面积扩大了 5 倍左右；其他评价单元沙滩面

积也都扩大了1.0～3.0倍不等。图8-19（b）是沙滩厚度指数的空间矢量图，沙滩厚度指数整体比较高，多数评价单元都在0.80以上，最大值分布在填海造地区域人工沙滩内湾，达到0.90以上，整体空间差异性不大。说明月亮湾海岸整治修复工程通过沙滩补沙，整体增加了沙滩厚度。由图8-19(c)沙滩粒度指数空间矢量图可以看出，沙滩粒度指数在月亮湾中部观景栈道两侧岸段数值较高，基本都在0.50以上；而在海湾东、西两端岸段数值较低，多数评价单元在0.30左右。说明月亮湾砂质海岸沙滩补沙工程实施后，海湾中部沙滩粒度保持得比较好，而东、西两端沙滩底质粒径发生了相对较大的变化。

图8-20为月亮湾27个评价单元的沙滩养护指数分布图。可以看出沙滩养护指数在多数评价单元都在0.40以上，其中处于0.70以上的是处于观景栈道东侧一期修复工程的19#、20#和21#评价单元；处于0.60～0.70之间的有5个评价单元，都处于观景栈道东、西两侧，分别是13#、14#、16#、17#和18#评价单元；处于0.50～0.60之间的有10个评价单元，占到总评价单元的37.04%，多分布在观景栈道西南侧。处于0.40～0.50之间的评价单元有8个，多分布于月亮湾的最西北端。小于0.40的只有处于月亮湾最西端26#评价单元，沙滩养护指数为0.37。月亮湾沙滩养护效果整体表现为海湾中部沙滩养护效果相对比较好，而远离海岸中部观景平台的东、西两侧沙滩养护效果相对较差，尤其是靠近鲅鱼圈港区的东部6个评价单元，沙滩养护效果最差。

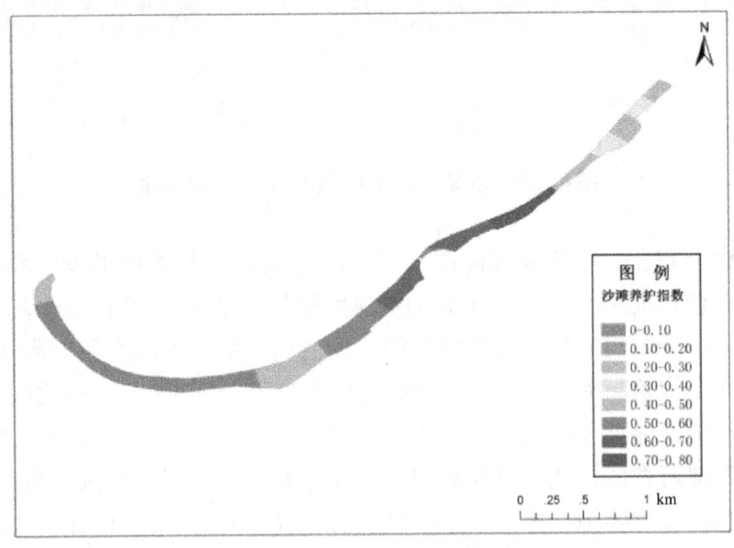

图8-20　沙滩养护指数空间分布

三、潮滩养护工程效果评价

图 8－21 是潮滩养护效果评价指标空间差异性分布图，可以看出，潮滩侵淤指数在 27 个评价单元之间空间差异性比较明显［图 8－21（a)］，观景栈道东、西两侧的 12#、15#、16#、17#、18#、19#、20#及 21#评价单元及西南端的 1#、2#、3#、4#评价单元的潮滩侵淤指数比较大，其中 1#和 2#评价单元都为 1.0，3#、4#评价单元也分别达到 0.83、0.85；观景栈道西段中部的 22#、23#、24#、25#评价单元及观景栈道东段中部的 8#、9#、10#评价单元的潮滩侵淤指数都小于 0.40，分别只有 0.27、0.22、0.36、34、0.38、0.38 和 0.39。潮滩底质指数在空间上差异比较小［图 8－21（b)］，多数评价单元都在 0.90 以上，只有处于观景栈道东侧中部的 19#、20#、21#评价单元小于 0.90，分别为 0.87、0.89 和 0.87，说明潮间带底质粒度整体保持得比较好。潮滩游乐指数整体上是观景栈道东侧评价单元数值高于观景栈道西侧评价单元，东侧评价单元的潮滩游乐指数都在 0.80 以上，而西侧评

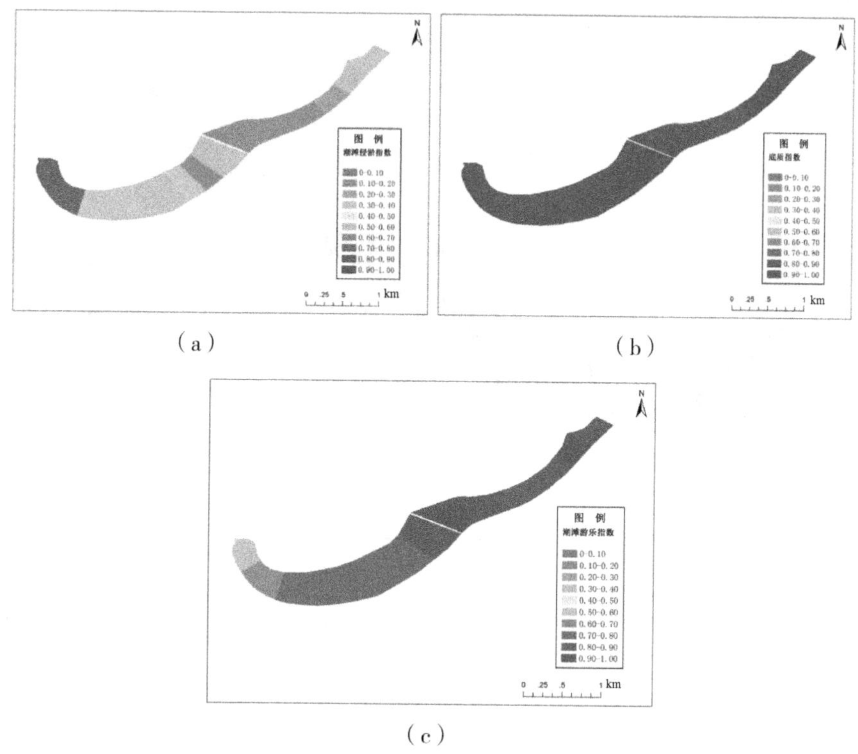

（a）　（b）

（c）

图 8－21　潮滩养护效果评价指标空间差异性

价单元的潮滩游乐指数多数在0.70～0.80之间，靠近观景栈道的13#、14#评价单元在0.80以上，而最西端的1#、2#评价单元分别只有0.36和0.38，是潮滩游乐指数最小的岸段。说明海岸整治修复对潮滩游乐区域的改善东侧整体要好于西侧，西南端的岬角位置潮滩游乐区域改善最差。

图8－22为月亮湾潮滩养护指数分布图，可以看出，月亮湾潮滩养护指数都在0.68以上，其中观景栈道东侧一期沙滩养护修复工程岸段的15#、16#、17#、18#、19#、20#和21#评价单元的数值都在0.80以上，为月亮湾潮滩修复养护效果最好的岸段；潮滩养护指数介于0.70～0.799之间的评价单元有12个，占总评价单元的44.44%，分布在观景栈道西侧的西段和东段以及观景栈道东侧最东端；潮滩养护指数低于0.60的有5个评价单元，分别处于观景栈道西侧中间岸段的8#、9#、10#评价单元，以及观景栈道东侧中间岸段的22#、23#评价单元，潮滩养护指数分别为0.69、0.68、0.67、0.69、0.69。潮滩养护效果整体表现为月亮湾中部观景栈道两侧好于其他岸段，而观景栈道东、西两侧中间岸段养护效果稍差，月亮湾东、西两端潮滩养护效果居中。这与沙滩养护指数的空间分布格局基本一致。

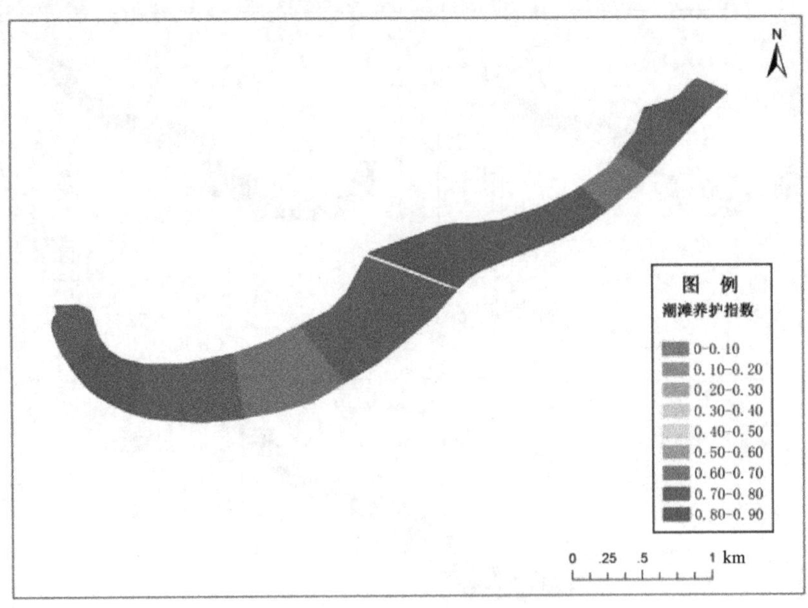

图8－22　潮滩养护指数空间分布

四、海滩养护工程整体效果评价

图 8-23 为月亮湾海岸综合养护指数分布图，可以看出，月亮湾海岸综合养护指数在空间分布上差异比较明显，整体上可以划分为养护效果好的评价单元，养护效果较好的评价单元和养护效果稍差的评价单元。处于月亮湾海湾中部观景栈道两侧的 13#、14#、16#、17#、18#、19#、20#和 21#评价单元的海岸综合养护指数都在 0.70 以上，属于海岸综合养护效果好的岸段；处于观景栈道西侧东段的 11#、12#，西段的 1#、2#、3#、4#、5#、6#、7#、8#，以及处于月亮湾最东端的 25#和 27#评价单元的海岸综合养护指数处于 0.60～0.70 之间，属于海岸综合养护效果较好的岸段。处于观景栈道东侧中间岸段的 22#、23#、24#和 26#，以及观景栈道西侧中间岸段的 9#、10#评价单元的海岸综合养护指数都在 0.50～0.60 之间，属于海岸综合养护效果稍差的岸段。月亮湾海岸养护工程综合效果整体较好，在空间上，处于月亮湾海湾中部观景栈道两侧岸段综合养护效果最好，而处于观景栈道东侧和观景栈道西侧中间岸段的海岸综合养护效果相对稍差。

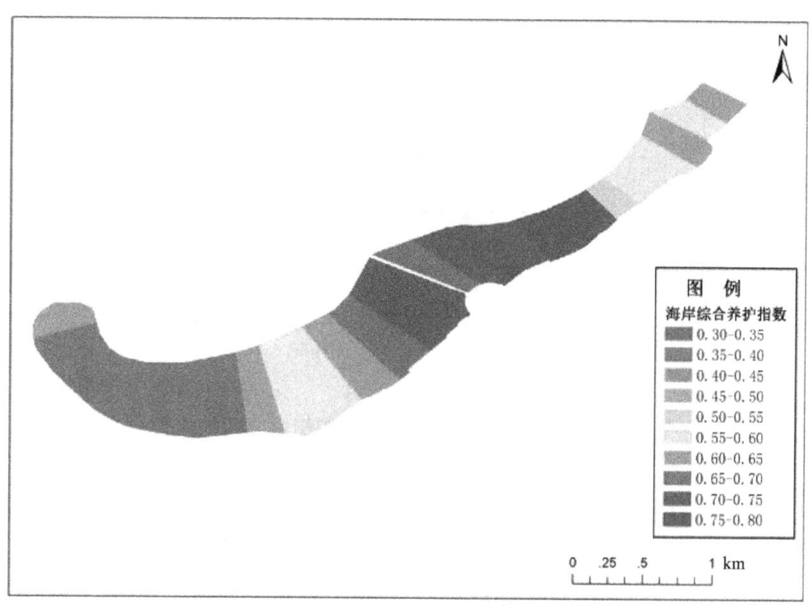

图 8-23　月亮湾海滩综合养护效果指数分布图

五、讨论

整体比较月亮湾砂质海岸沙滩养护指数和潮滩养护指数，发现潮滩养护指数整体高于沙滩养护指数，沙滩养护指数和潮滩养护指数在空间格局上整体保持一致，基本上表现为月亮湾中部靠近观景栈道两侧的评价单元效果评价指数比较大，月亮湾最东端和最西端效果评价指数次之，而处于观景栈道东侧、西侧中间岸段效果评价单元最小，这可能与整个月亮湾水沙冲淤过程的空间差异性有关。另外，由于沙滩区域毗邻潮滩区域，人类娱乐休闲活动、海洋水沙动力过程等外力作用都会影响它们之间的空间关联性。对月亮湾 27 个评价单元的沙滩养护指数和潮滩养护指数做相关性分析（图 8－24）。可以看出，沙滩养护指数与潮滩养护指数之间相关性较好，相关指数 R^2 大于 0.31，说明沙滩养护效果与潮滩养护效果之间存在一定的相关性，这一方面与月亮湾自然环境的空间差异性有关，同时也与人们海滩休闲娱乐区域选取的空间差异性有关。

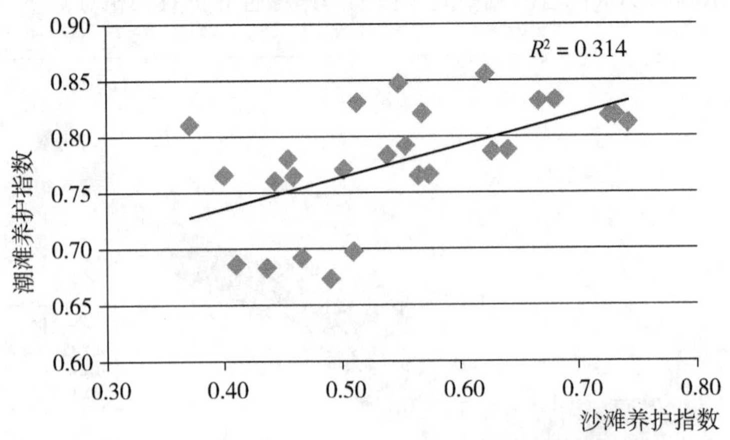

图 8－24　潮滩养护指数与沙滩养护指数之间的相关性

砂质海岸沙滩养护包括潮上带沙滩养护和潮间带潮滩养护，二者都是开展海岸沙滩休闲娱乐活动的重要资源。沙滩养护主要是通过人工补填沙砾，以扩大潮上带沙滩宽度和厚度，提高沙滩娱乐功能。沙滩养护工程是一个持续性工程，人工填沙后会受到风力、人力等多种外力作用，改变沙滩养护工程效果[174]。如果沙滩养护工程完成后管理不善，风力、人力等外力作用会造成沙滩面积萎缩，厚度降低，砂粒粒度泥沙或石化，降低沙滩的休闲娱乐功能，因此国内外都非常重视沙滩养护工程实施后的后期管理措施落实情况，许多沙滩养护效果评价都将沙滩管理作为一种重要评价指标[175-176]。砂质海岸潮间带滩平水浅，砂质细软，是游泳娱乐的重要资源，潮间带养护工程主要是修复维护潮滩地形和潮滩底质的物质组成，一般也是采用潮滩补沙，恢复潮滩地形，优化潮滩砂质组成；同时通过修筑潜堤、岬角等工程，改善潮间带的水动力环境，也是潮间带养护的重要途径。潮滩养护后潮滩底质砂粒会在波浪、风暴潮等水动力作用下发生移动，形成一种新的海岸水沙动力平衡态势，来维护潮滩养护工程效果。沙滩养护要根据海湾内自然环境空间差异性进行空间差异化养护修复，对于水沙动力过程较强的月亮湾观景栈道东、西两侧中间岸段，需要采取潜堤、抛石等其他工程降低水沙动力，维护沙滩养护效果。

第四节　营口月亮湾海岸带景观生态修复工程效果评价

采用第五章提出的海岸带景观生态修复工程效果监测方法，开展营口月亮湾海岸带整治修复工程实施前、实施后的景观格局监测，形成海岸带整治修复工程实施前、实施后的海岸带景观格局（图 8－25）。采用 GPS 定点记录验证法，开展海岸带整治修复工程实施后景观类型验证。根据每种景观类型斑块数量，在每种景观类型斑块数量中至少选择 20%，现场 GPS 定位并记录斑块景观类型。将现场 GPS 定位验证数据以点矢量数据格局与 2017 年景观格局图叠加，逐一判断卫星遥感影像景观分类与现场定位记录数据的一致性。经验证分析，2017 年卫星遥感影像海岸景观类型分类准确度达到 97.0%。同时，采用现场咨询、土地利用历史数据查询等方法，对 2005 年卫星遥感影像海岸景观类型分类数据进行验证，经对比分析，景观类型分类准确率分别达到 92%。

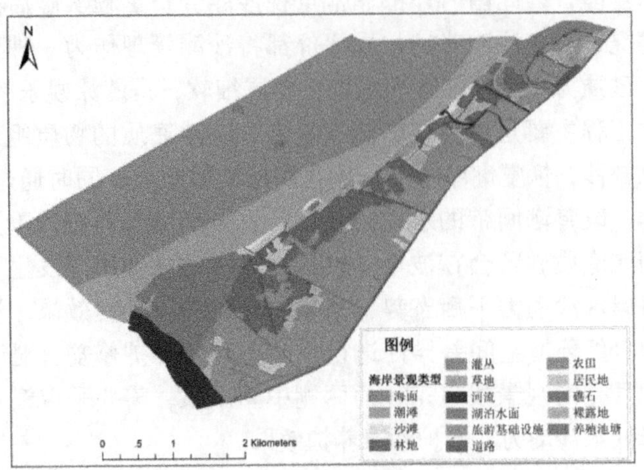

（a）工程实施前

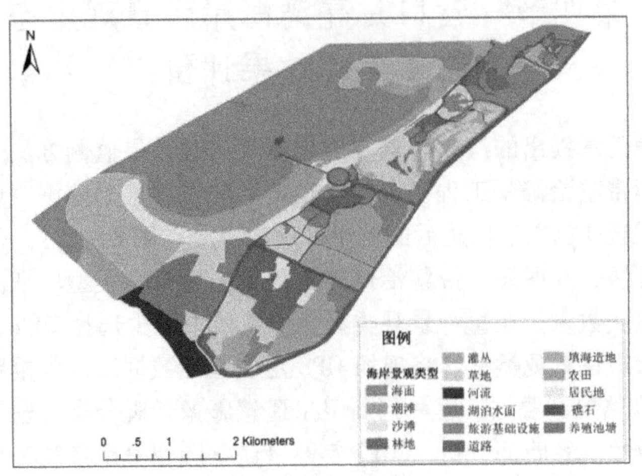

（b）工程实施后

图 8－25 营口月亮湾海岸带整治修复工程实施前、后的海岸带景观格局

一、营口月亮湾海岸带景观生态修复工程效果总体评价

营口月亮湾砂质海岸带整治修复工程实施前的 2005 年，营口月亮湾砂质海岸带区域总面积 1598.85 hm^2，总斑块数量 138 个，景观类型 15 个，主要包括海面（36.84%）、农田（18.42%）、潮滩（10.93%）、海岸带防护林地（8.89%）、养殖池塘（5.46%）。海岸带整治修复工程实施后的 2017

年，营口月亮湾砂质海岸带区域总面积为1594.05 hm^2，总斑块数量183个，景观类型15个，主要景观类型为海面（29.19%）、草地（10.24%）、潮滩（9.37%）、填海造地（9.04%）、旅游基础设施（8.93%）。与海岸带整治修复工程实施前的2005年相比，海岸带整治修复工程实施后因填海造地海面面积减少了126.68 hm^2，在海岸带景观格局中的面积比例也减少了7.65%。由于在海岸带景观格局改造过程中将大面积的农田改造成人工绿地，所以人工绿地面积大幅度增加，已占到海岸带景观格局总面积的10.24%，成为仅次于海面的第二大景观类型，与之对应的是农田面积减少了182.48 hm^2，在海岸带景观格局中的面积比例减少了11.35%。潮滩面积也因填海造地有所减少，但因为在西部填海造地的内湾人工营造了沙滩和潮滩，所以面积减少幅度不是很大，在海岸带景观格局中的比例仅减少了1.56%。由于海岸带整治修复工程中填海造地新形成的土地尚未开发利用，成为一种新增景观类型，面积达到143.12 hm^2，占海岸带景观格局的9.04%。另外，在海岸带整治修复工程实施过程中加大了旅游基础设施建设，新建了观海廊道、观景平台、观海栈桥等基础设施，旅游基础设施面积已达到141.53 hm^2。营口月亮湾砂质带海岸整治修复工程实施前、实施后景观类型变化具体情况见表8-5。

表8-5 月亮湾砂质海岸带整治修复工程景观类型变化统计

海岸带整治修复工程实施前			海岸带整治修复工程实施后		
景观类型	面积（hm^2）	斑块数量（个）	景观类型	面积（hm^2）	斑块数量（个）
沙滩	25.41	6	沙滩	61.92	4
潮滩	174.67	1	潮滩	148.48	4
海面	589.01	1	海面	462.33	1
养殖池塘	87.26	27	养殖池塘	58.56	17
林地	142.15	23	林地	98.57	22
灌丛	24.14	5	灌丛	68.83	22
草地	31.13	10	草地	162.17	28
旅游基础设施	16.73	8	旅游基础设施	141.53	47
道路	106.83	22	道路	65.75	22
湖泊	34.15	2	湖泊	32.44	2
农田	294.49	27	农田	112.01	8

续表 8 - 5

海岸带整治修复工程实施前			海岸带整治修复工程实施后		
景观类型	面积（hm^2）	斑块数量（个）	景观类型	面积（hm^2）	斑块数量（个）
河流	52.08	4	河流	37.31	3
居民地	18.27	12	填海造地	143.12	2
礁石	2.53	2	礁石	1.03	1
合计	1598.85	138	合计	1594.05	183

营口月亮湾砂质海岸带整治修复工程实施后，已形成蓝海 + 绿地 + 银滩的海岸景观格局。整个海岸带景观格局呈现明显的区域功能分区，面积最大的滨海嬉水观光区，以蓝色海面 + 银色沙滩景观为主体，面积达到 823.83 hm^2，占海岸带景观格局的 51.68%；面积最小的月亮湖公园处于海岸景观格局的最东北部，以湖面、绿地和儿童游乐设施景观为主，面积 100.86 hm^2，占海岸带景观格局的 6.33%；向南为以绿色灌草地景观为主的高尔夫休闲娱乐区，面积 120.23 hm^2，占海岸带景观格局的 7.54%；最中心的山海广场区以绿地和旅游观光广场景观为主，面积 195.15 hm^2，占海岸带景观格局的 12.24%；最西南部为农业生态旅游度假区以休闲农业景观为主，占海岸带景观格局总面积的 22.21%。

二、营口月亮湾海岸带景观空间整理效果评价

营口月亮湾海岸带整治修复工程分区整理工程实施前的 2005 年，月亮湾海岸以海面水域、海岸防护林、农田景观为主，5 个旅游休闲娱乐功能分区特点不明显。营口月亮湾海岸带空间整理工程实施后，月亮湖公园、高尔夫休闲区、山海广场区、农业生态旅游度假区和滨海嬉水观景区功能分区特点明晰。各功能分区主要利用方向及其景观主体度指数见表 8 - 6。

表 8 - 6　营口月亮湾各功能分区利用方向及景观主体度指数

序号	功能分区名称	功能区利用方向	主体度指数
1	月亮湖公园	湖泊水面、绿地、儿童游乐设施	0.89
2	高尔夫休闲区	高尔夫球场绿地	0.76
3	山海广场区	景观广场、道路、旅游场馆、绿地	0.68

续表 8－6

序号	功能分区名称	功能区利用方向	主体度指数
4	农业生态旅游度假区	农田、园林、草地、养殖池塘	0.65
5	滨海嬉水观光区	海面、沙滩、嬉水潮滩	0.77
总体	月亮湾旅游休闲娱乐区	景观广场、沙滩、海面、绿地、园林	0.74

营口月亮湾海岸带整治修复工程实施后，海岸带景观格局趋向复杂，主要景观类型转变为海面、绿地、海滩、景观广场等旅游基础设施及道路，总体景观主体度指数为 0.74。在 5 个功能分区中，月亮湖公园以月亮湖水面、乔木绿地及儿童游乐设施区为主要利用方向，与水上游乐公园利用方向较为一致，景观主体度指数最高，为 0.89；滨海嬉水观光区受填海造地、游艇基地建设等工程建设影响，海面空间比例有所降低，主要利用方向为海面、沙滩、嬉水潮滩，与功能分区主体功能也较为一致，景观主体度指数为 0.77；高尔夫休闲区以高尔夫球场绿地利用为主，景观主体度指数为 0.76；山海广场主要利用方向为景观广场、旅游场馆、绿地和农田，由于还有一定比例的农田区域美化工程尚未涉及，这与旅游景观广场区的主体功能不一致，景观主体度指数为 0.68。农业生态旅游度假区主要利用包括农田、园林、草地、养殖池塘、道路等，草地为荒草地，养殖池塘为废弃的水产养殖池塘，这些利用方向与农业生态旅游度假主体功能不一致，景观主体度指数最小，为 0.65。

三、营口月亮湾海岸带景观生态修复效果评价

海岸带整治修复工程实施前，营口月亮湾海岸是辽东半岛西岸典型的岬湾型砂质海岸，海岸存在海面、潮滩、沙滩、海岸沙丘等自然地貌景观。海岸沙丘地带种植了海岸防护林，因此区域整体景观表现为林地，防护林后的海岸沙地多被开辟为农田，部分难以利用的区域撂荒成为灌丛和草地，整体景观丰富度指数在 5.0 左右；景观自然度指数为 0.65，原生海岸景观类型中，海岸沙丘与沙地，部分被开垦为农田、部分开发成养殖池塘。北部月亮湖公园开发较早，景观丰富度指数在 6.0 左右，步行能看到的景观类型主要有湖面、林地、草地、旅游设施景观、农田等；景观自然度指数为 0.27，只有原来砂质海岸带防护林和灌丛部分保留，其他都为人工改造景观类型。高尔夫休闲娱乐区还没有开发，景观类型以农田、林地、灌丛、草地为主，景观丰富度指数为 7.0；景观自然度指数为 0.58，原生海岸景观类型中，海岸沙丘与沙地，部分被开垦为农田、部分被开发成旅游基础设施

和道路。中部山海广场区域，有一条直通海边的道路，景观丰富度指数在4.0左右，步行能看到的景观类型主要有农田、林地、灌丛、草地等；景观自然度指数为0.29，主要是海岸沙丘与沙地部分被开发为农田、旅游基础设施等人工景观类型。南部农业生态休闲区，景观丰富度指数在5.0左右，步行能看到的景观类型主要有农田、养殖池塘、林地、河流等；景观自然度指数为0.31，主要为海岸沙地被开发为农田和养殖池塘。滨海嬉水观光区景观丰富度指数为3.0，步行能够看到的主要景观类型为海面、潮滩和沙滩；景观自然度指数为1.0，没有人为开发改造的人工景观类型。

营口月亮湾海岸带整治修复工程实施后，海岸带景观类型明显增加，整体景观丰富度指数达到8.0左右，步行能够看到的景观类型主要有海面、沙滩、人工雕塑景观、草坪、花坛、树林、农田、广场及道路等；海岸带景观自然度指数整体为0.55，主要景观改造包括海面人工填海造地、景观道路建设、旅游基础设施建设、人工草坪、人工花坛、雕塑、农田开发等。北部月亮湖公园，景观丰富度指数维持在5.0左右，步行能够看到的主要景观类型包括湖面、旅游场馆等设施、林地、道路、商品居住区等；景观自然度指数为0.14，除少量海岸防护林被保留外，大部分区域都被改造成为人造景观类型。月亮湖公园以南修建了高尔夫休闲娱乐区，景观丰富度指数为5.0左右，步行能够看到的主要景观类型包括草坪、灌丛、林地、旅游设施、道路等；景观自然度指数为0.10，仅保留了很少量的海岸防护林，大部分区域被开发为高尔夫休闲娱乐球场草坪、灌丛、旅游设施及道路。山海广场区域，景观丰富度指数在6.0左右，步行能够看到的景观类型包括农田、草坪、人工雕塑景观、花坛、林地、广场及道路、旅游馆堂楼宇；景观自然度指数0.14，除极少量的海岸防护林和灌丛保留外，其他都是人造景观类型，尤其是人工草坪、雕塑景观、广场、道路等面积大幅度增加，成为该区域的主要目视景观类型。南部修建为农业生态休闲功能区，景观丰富度指数在8.0左右，步行能够看到的景观类型包括草地、养殖池塘、林地、农田、道路等；景观自然度指数为0.55，保留了原砂质海岸带防护林地、灌丛、草地等自然景观，部分海岸沙地北开发为养殖池塘、农田、旅游设施、道路等人造景观类型。滨海嬉水观光区景观丰富度也有所增加，景观丰富度指数在5.0左右，步行能够看到的景观类型包括海面、沙滩、潮滩、人工雕塑、道路、草坪、树林、旅游馆堂楼宇；景观自然度指数为0.81，主要存在局部海面北围填海造地，在北部填海造地形成游艇俱乐部，南部填海造地形成未被开发利用土地。营口月亮湾海岸带整治修复工程实施前、实施后的海岸带景观格局变化具体见表8－7。

表 8－7　营口月亮湾海岸景观格局变化

区域	海岸带整治修复工程实施前				海岸带整治修复工程实施后			
	景观类型	面积（hm^2）	景观丰富度指数	景观自然度指数	景观类型	面积（hm^2）	景观丰富度指数	景观自然度指数
月亮湖公园	湖面	32.98	6.0	0.27	湖面	31.37	5.0	0.14
	林地	24.34			旅游设施	27.33		
	旅游设施	13.72			林地	13.63		
	农田	10.71			道路	10.58		
	道路	7.04			居民区	7.48		
	草地	6.32			灌丛	4.60		
	灌丛	1.40			草地	4.49		
	河流	1.13						
高尔夫娱乐区	农田	42.07	7.0	0.58	草坪	58.05	5.0	0.10
	林地	32.75			灌丛	20.25		
	灌丛	23.18			旅游设施	16.89		
	草地	13.03			林地	9.74		
	旅游设施	9.12			道路	8.07		
	道路	5.86			河流	1.22		
	沙丘	5.81			湖面	1.07		
	河流	2.84						
	湖面	1.17						
山海广场区	农田	104.89	5.0	0.29	农田	62.12	6.0	0.14
	林地	40.54			旅游设施	50.77		
	旅游设施	19.82			草坪	30.60		
	草地	11.04			道路	25.08		
	道路	6.97			林地	15.26		
	沙丘	2.51			灌丛	11.09		
农业生态休闲区	农田	142.37	5.0	0.31	草地	73.52	8.0	0.55
	养殖池塘	86.36			养殖池塘	58.56		
	林地	48.81			林地	55.76		
	河流	48.08			农田	49.89		
	沙丘	10.21			旅游设施	36.78		
	道路	8.18			河流	36.09		
	旅游设施	7.01			灌丛	29.06		
					道路	14.32		

续表 8－7

区域	海岸带整治修复工程实施前				海岸带整治修复工程实施后			
	景观类型	面积（hm^2）	景观丰富度指数	景观自然度指数	景观类型	面积（hm^2）	景观丰富度指数	景观自然度指数
滨海嬉水观光区	海面	614.27	3.0	1.0	海面	453.20	5.0	0.81
	潮滩	174.67			潮滩	148.48		
	沙滩	25.55			填海造地	139.36		
					沙滩	61.92		
					旅游设施	5.50		
	礁石	2.53			道路	4.79		
					灌丛	3.51		

四、营口月亮湾海岸带景观格局优化效果评价

对比分析营口月亮湾海岸带整治修复工程实施前、实施后的景观破碎度指数（图 8－26，海岸带整治修复工程实施前，区域总斑块数量为 185 个，景观破碎度指数为每个 8.55 hm^2；海岸带整治修复工程实施后，景观斑块总数量降低到 150 个，景观破碎度指数提升到每个 10.58 hm^2。月亮湖公

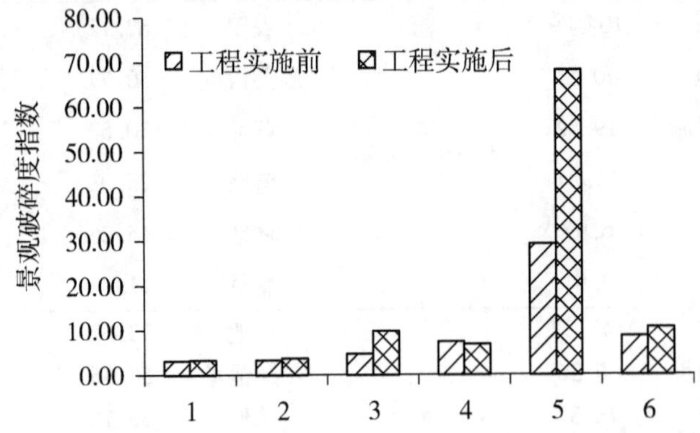

图 8－26　营口月亮湾海岸带各功能分区景观破碎度指数

注：1. 月亮湖公园；2. 高尔夫休闲区；3. 山海广场区；4. 农业生态旅游休闲度假区；5. 滨海嬉水观光区；6. 月亮湾旅游休闲娱乐区总体

园的景观破碎度指数最小，且海岸带整治修复工程实施前、实施后变化不

大，分别为每个 3.11 hm^2 和 3.26 hm^2。滨海嬉水观光区景观破碎度指数最大，说明景观斑块变多了，海岸带整治修复工程实施前，为每个 29.21 hm^2；海岸带整治修复工程实施后，进一步增加到每个 68.08 hm^2。山海广场区：海岸带整治修复工程实施前，景观斑块数量为 41 个，景观破碎度指数为每个 4.64 hm^2；海岸带整治修复工程实施后，景观斑块数量减少到 19 个，景观破碎度指数为每个 9.76 hm^2。高尔夫休闲区：海岸带整治修复工程实施前，景观斑块数量 35 个，景观破碎度指数为每个 3.29 hm^2；海岸带整治修复工程实施后，景观斑块数量 37 个，景观破碎度指数为每个 3.67 hm^2。农业生态休闲区：海岸带整治修复工程实施前，景观斑块数量 48 个，景观破碎度指数为每个 7.38 hm^2；海岸带整治修复工程实施后，景观斑块数量 52 个，景观破碎度指数为每个 6.75 hm^2。

海岸带整治修复工程实施后，月亮湾海岸带景观格局整体有所改变，景观变化度指数为 0.32，说明海岸带整治修复工程改变了 32% 的原有景观（图 8－27）。在 5 个功能分区中，高尔夫休闲区景观格局改变最大，由原来以农田、林地、灌丛为主，改变为草坪、灌丛、旅游设施，景观变化度指数 0.46；农业生态休闲区和山海广场景观改善效果次之，景观格局美化工程改变了超过 40% 的原有景观，景观变化度指数都为 0.42。月亮湖公园景观改善效果最小，景观格局美化工程都改变了 30% 以上的原有景观，景观变化度指数分别为 0.31。滨海嬉水观光区景观改善效果最差，景观格局美化改变了部分海岸景观类型，景观变化度指数为 0.23。

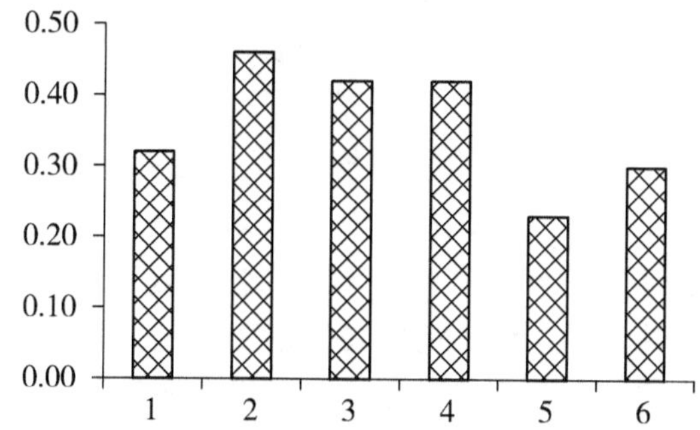

图 8－27　营口月亮湾海岸带各功能分区景观变化度指数

注：1. 月亮湖公园；2. 高尔夫休闲区；3. 山海广场区；4. 农业生态旅游休闲度假区；5. 滨海嬉水观光区；6. 月亮湾旅游休闲娱乐区总体

五、营口月亮湾海滩资源养护工程效果评价

在2005年海岸带整治修复工程实施前，月亮湾海岸沙滩从熊岳河口到月亮湖公园，长度为2830 m，沙滩平均宽度为89.79 m，总沙滩面积为25.41 hm^2，沙滩分布破碎，总共为6个岸段，在熊岳河口分布有河口沙坝，长度为490 m。海岸带整治修复工程实施时，在熊岳河口填海造地工程内湾新喂养沙滩，在月亮湾公园海岸填海造地建设游艇基地，基地北部海岸被改造成渔港。2017年海岸带整治修复工程完成后，海岸沙滩从熊岳河口填海造地工程岬角沿内湾延伸至山海广场观景台栈桥，再从山海广场观景台栈桥延伸到游艇基地通道，总长度达到5300 m，平均宽度116.83 m，海岸沙塘面积增加了61.92 hm^2，沙滩面积系数为2.44。填海造地、海岸沙滩养护等海岸工程占用了部分沙滩面积和适宜游泳嬉水潮滩水面，但在填海造地工程内湾又营造了相应的沙滩和游泳嬉水空间。2005年月亮湾适宜游泳嬉水潮滩水域面积为134.67 hm^2，2017年海岸带整治修复工程实施后，月亮湾适宜游泳嬉水潮滩水域面积增加为148.48 hm^2，适宜游泳嬉水潮滩水域面积为13.81 hm^2，适宜游乐区系数为1.10。

六、讨论

营口月亮湾砂质海岸带整治修复工程包括海岸空间资源整理、海岸侵蚀防护、海滩资源养护、滨海旅游资源开发、海岸特色景观塑造等，这一系列工程的实施，整体改变了砂质海岸带原生景观格局。将海岸沙滩、沙丘、海面、防护林、农田为主的砂质海岸带原生景观格局改造成以广场、绿地、雕塑、沙滩、海面为主的人工+自然景观格局。这种景观格局的改变虽然改善了景观通达性和观赏性，例如大量修建各种道路，美化景观特色，使之更具观赏性；但这种景观格局的改变却较少考虑生态功能[216-217]。原来海岸带沙丘防护林被大面积毁坏，取而代之的是草坪和花坛，一方面，破坏了海岸带沙丘防护林原有的物种庇护与维持功能，导致一些海岸鸟类失去庇护与生存场所；另一方面，也破坏了海岸带防护林重要的风沙防护功能，导致每年冬春季节，强劲的西北风将海岸沙滩大量沙源吹向海岸陆地，埋没了道路、花坛、草坪、广场等旅游设施，增加了人工清理的成本[218-219]。希望砂质海岸带整治修复工程实施，不仅要改变海岸带景观格局，更要注重海岸生态格局，真正体现海岸景观生态学内涵。

第五节　营口月亮湾海域水动力水环境整治工程效果评价

营口月亮湾海域水动力水环境整治工程效果评价分为水动力环境整治工程效果评价和水环境整治工程效果评价两部分。

一、营口月亮湾海域水动力整治工程效果评价

1. 实际观测效果分析

对比分析营口月亮湾砂质海岸整治修复工程实施前、实施后的水文水动力环境变化，海岸带整治修复工程实施前，1#、2#、3#观测站观测得到的大潮涨潮流速流向与小潮落潮流速流向见表 8 – 8。1#站最靠近海岸，在涨潮时，小潮期的流速在上层、中层、底层都要比大潮期的流速大，大潮期流向偏东，而小潮期流向偏南；在落潮时，小潮期的流速在各层也都比大潮期的流速大，表层和底层流向在大潮期和小潮期基本一致，而中层大潮期流向偏南，小潮期流向偏西。2#站处在月亮湾海域中部，在涨潮时，也是小潮期涨潮流速在各层都大于大潮涨潮流速，流向在表层和中层基本一致，底层大潮涨潮流向偏南，小潮涨潮流向偏东；在落潮时，小潮落潮流速在表层和中层比大潮落潮时大，而在底层相差不大，表层大潮落潮流向为南偏西，而小潮落潮流向为正西，中层大潮落潮流向为西偏北，而小潮落潮流向为西偏南，底层大潮落潮流向为南偏西，而小潮落潮流向为西偏南。3#站处在月亮湾口，在涨潮时流速小潮期在各层都大于大潮期，流向在各层相对一致，都是南偏西；在落潮时，表层和中层小潮期流速比大潮期大，而在底层则是大潮落潮流速大于小潮落潮流速，表层大潮落潮流向东偏南，小潮落潮流向正西，中层大潮落潮流向为西偏北，而小潮落潮流向正南，底层大潮落潮流向西偏南，小潮落潮流向西偏北。整体上，小潮涨落潮流速要大于大潮涨落潮流速，且中层流速大于表层和底层；在空间上 3#站所在的湾口位置涨落潮流速要大于湾内的 1#站和 2#站。

2. 海岸带整治修复工程水文水动力效果模拟

采用第六章所述的 FVCOM 模型，模拟研究营口月亮湾砂质海岸带整治修复后的海湾水动力环境，并采用整治修复工程实施后的实测数据进行模型验证。模拟采用非结构三角网络，由 23389 个节点和 45043 个三角单元组成，最小空间步长为 4 m，且与工程实施前的网格尺度保持一致。为了能清

楚了解营口月亮湾海岸带整治修复工程实施的水文水动力环境效果，将月亮湾海域局部网格进行加密，加密网格区域见图 8－28。

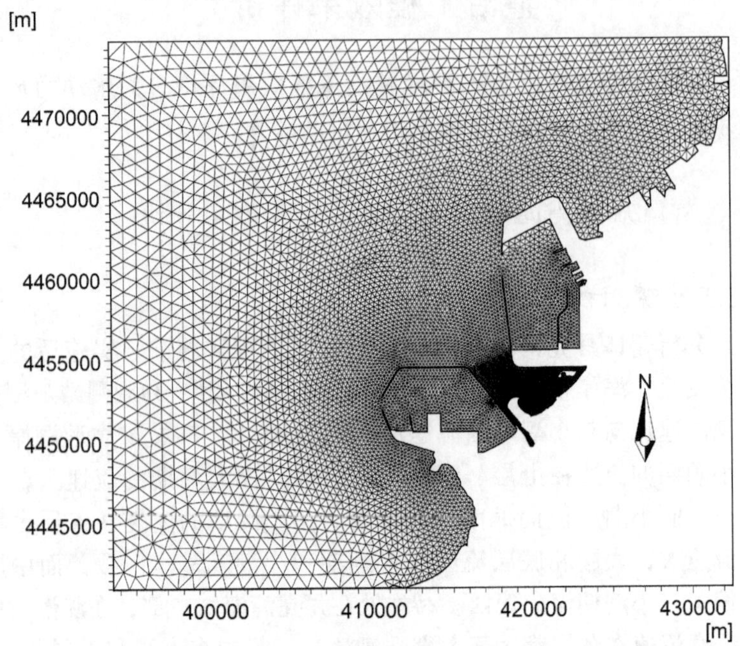

图 8－28　营口月亮湾海湾水动力数值模型计算域网格划分图

营口月亮湾海岸带整治修复工程实施前模拟的海岸线和水深数据选用中国航海保障部海图（图号 11552 和 11510），营口月亮湾海岸带整治修复工程实施后模拟的海岸线采用 2017 年采集的 GF－1 卫星遥感影像提取的海岸线，水深采用海图数据和实际测量的研究区域水深数据。

采用 2011 年在仙人岛港区附近海域的实测潮流数据验证数值模拟结果。实测潮流数据包括小潮期间（2011 年 6 月 10 ～ 11 日，阴历五月初九至初十）；大潮期间（2011 年 6 月 3 ～ 4 日，阴历五月初二至初三）。实测数据分为表层、0.2H 层、0.6H 层、0.8H 层和底层 5 个层次，每层次每隔 1 小时观测一次，连续观测 25 小时。图 8－29 分别给出了大潮、小潮时期的潮汐流速和潮汐流向的计算值与实际测量值的对比。模拟的潮汐流速过程与实测的潮汐流速过程对比表明，除个别时刻外，关键点潮汐流速与潮汐流向的模拟过程和实际测量的潮汐流速、潮汐流向数据吻合得比较好，整个潮汐过程流速模拟值与实际测量值基本一致，模拟结果涨潮和落潮的峰值与实际测量结果的峰值基本吻合。

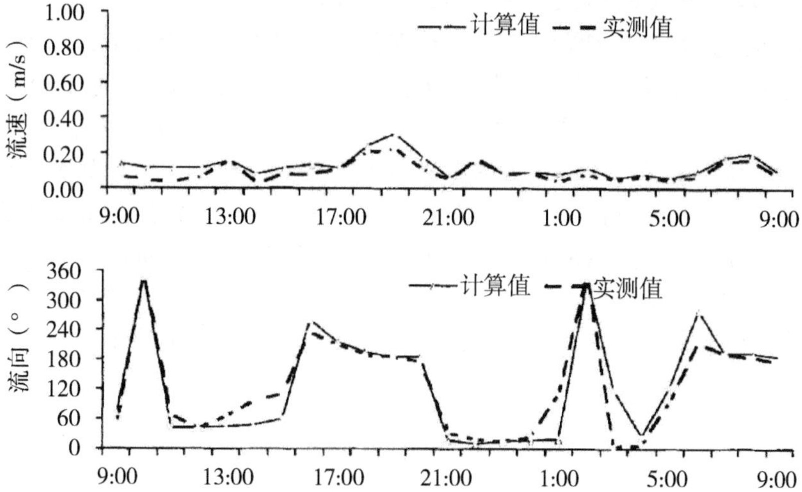

（1）大潮时期流速、流向对比

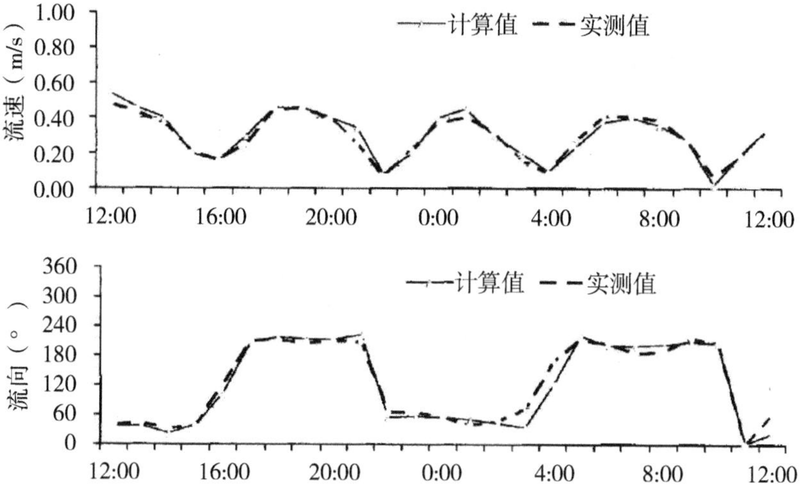

（2）小潮时期流速、流向对比

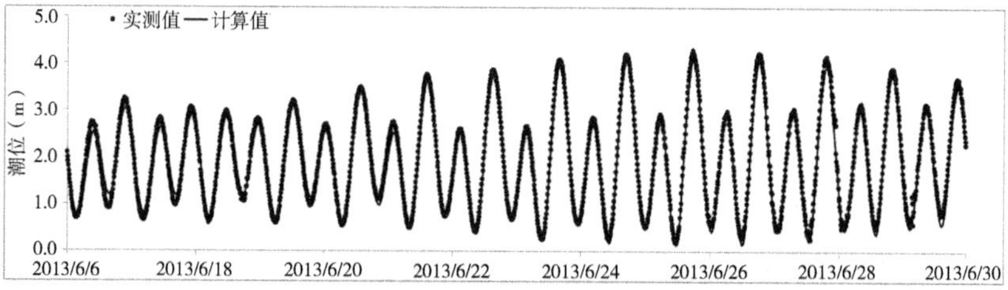

（3）潮位实测值与计算值比较

图 8－29　营口月亮湾水动力数值模型验证对比图

3. 海岸带整治修复工程水动力效果评价

由于月亮湾海岸带整治修复工程多位于潮间带及近岸海域，工程实施后对海域整体流态影响不大，其影响范围主要集中在围填海造地工程附近。对比工程前、后的流场图可以发现（图 8 – 30）：工程实施后涨潮时刻近岸沙滩滩面高于水面，整个沙滩的滩肩以上部分全部出露，由于研究区海域潮差较大，在低潮时整个沙滩均露出水面，其他时刻的沙滩滩面宽度介于高潮与低潮之间。涨潮时刻：外海海域流速有所增大，增大量在 6 ~ 16 cm/s 之间，主要是由于海岸带整治修复工程尤其是其中的围填海造地工程实施后在岬角位置产生调流，引起流速增大，鲅鱼圈港区南大堤工程和仙人岛

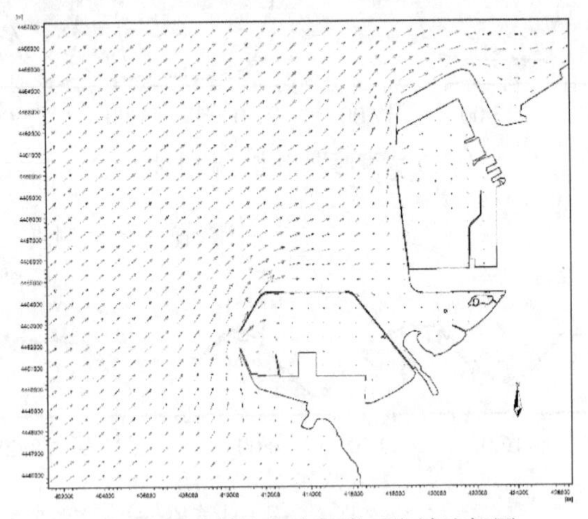

（1）涨潮时刻月亮湾及附近海域流场图

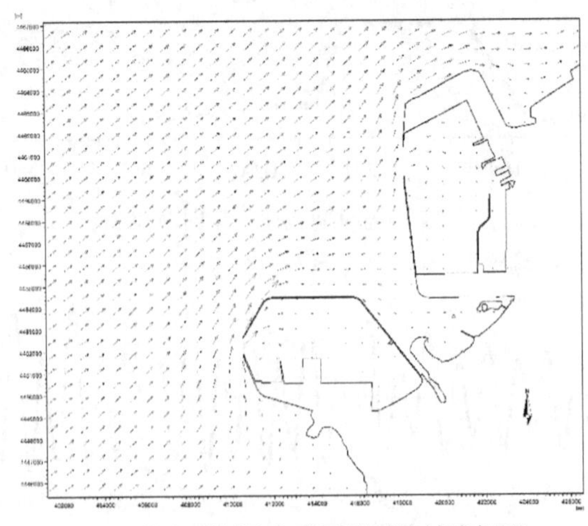

（2）落潮时刻月亮湾及附近海域流场图

图 8 – 30　营口月亮湾海岸带整治修复工程实施后涨落潮时刻海域流场图

港区北大堤工程之间的月亮湾海域流速减小，减小量在 4 ～ 12 cm/s 之间。落潮时刻：外海海域流速有所增大，增大量在 4 ～ 12 cm/s 之间，鲅鱼圈港区南大堤工程和仙人岛港区北大堤工程之间的月亮湾海域流速减小，减小量在 4 ～ 14 cm/s 之间。

分析营口月亮湾海岸带整治修复工程实施前、实施后月亮湾海域 6 个特征点的数值模拟结果流速、流向变化，计算涨潮时刻、落潮时刻最大流速、流向在海岸带整治修复修复工程实施前、实施后的变化幅度，并计算涨潮时刻最大流速、落潮时刻最大流速、流向的平均变化幅度值[6]，具体见表 8 -8。

表 8 -8　营口月亮湾海岸带整治修复工程前后的特征点最大流速变化率

点位	涨潮最大流速变化率（%）	涨潮流向变化率（%）	落潮最大流速变化率（%）	落潮流向变化率（%）
D1	67.81	46.71	381.637	38.14
D2	71.78	16.80	194.989	12.38
D3	18.84	10.56	76.9916	9.03
D4	77.17	23.81	70.1199	19.05
D5	65.62	14.12	89.5919	14.10
D6	31.94	8.46	61.6978	11.97

营口月亮湾砂质海岸带整治修复工程实施前、实施后 6 个特征点的最大流速变化率见表 8 -8。涨潮最大流速普遍出现了减小，以靠近南部围填海造地岬角附近的 D1、D2、D4、D5 比较大，都在 65% 以上，而靠近观景台和观海栈桥的 D3、D6 相对比较小，分别只有 18.84% 和 31.94%，说明海岸带整治修复工程，尤其是其中的围填海造地工程对近岸涨潮最大流速影响比离岸要大；涨潮流向变化率也是以 D1 点、D4 点相对比较大，其中 D1 点达到 46.71%，其他特征点的涨潮流向变化率都在 20% 以下，与涨潮最大流速变化率具有相同的空间特征，说明海岸带整治修复工程对近岸涨潮流向影响同样比离岸要大。落潮最大流速在 D1 点和 D2 点出现了翻倍增大，尤其是 D1 点增大了将近 4 倍，而其他点变化率在 60%～90% 之间，说明海岸带整治修复工程对落潮最大流速的影响离岸相对近岸要大；落潮流向变化率也是以 D1 点最大，为 38.14%，其他特征点的流向变化率都在 20% 以下。在水体半交换周期方面，海岸带整治修复工程实施前计算水域半交换周期为 83 小时，海岸带整治修复工程后半交换周期为 93 小时，海岸带整治修复工程实施增大了月亮湾海域水体交换时间，水体交换变化率为 11.7%。

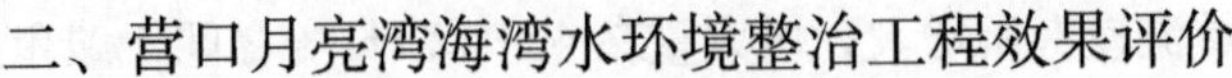

二、营口月亮湾海湾水环境整治工程效果评价

1. 海岸带整治修复工程水环境效果监测

水质监测采用定点采样分析测试法进行，在月亮湾海域均匀布设监测采样点位。在海岸带整治修复工程实施前的2013年、海岸带整治修复工程竣工后的2017年各采样测试分析一次。海水样品的采集和分析参照《海洋监测规范》（GB 17378—2007）、《海洋调查规范》（GB/T 12763—2007）。2013年，海水环境质量调查要素主要有：pH、盐度、温度、悬浮物、溶解氧、COD、无机氮、活性磷酸盐、石油类、重金属Pb、Zn、Cu、Hg、Cd。2017年，海水环境质量调查要素主要有：pH、温度、盐度、悬浮物、COD、化学需氧量、无机氮、活性磷酸盐、石油类、氰化物、硫化物、重金属（Pb、Zn、Cu、Hg、Cd）以及As。

对比分析营口月亮湾海岸带整治修复工程实施前、实施后主要污染物浓度变化（表8-9）。DO浓度在海岸带整治修复工程实施前最大值为8.18 mg/L，最小值为6.80 mg/L，平均值为7.55 mg/L；海岸带整治修复工程实施后海水溶解氧浓度整体有一定提升，最大值达到8.38 mg/L，最小值达到7.88 mg/L，平均值达到8.18 mg/L。COD浓度也整体有所提升，海岸带整治修复工程实施前，最大值为1.44 mg/L，最小值为0.76 mg/L，平均值为1.06 mg/L，海岸带整治修复工程实施后，最大值提升到1.94 mg/L，最小值为1.02 mg/L，平均值为1.46 mg/L。石油类浓度降低最为显著，海岸带

表8-9　营口月亮湾海岸带整治修复工程实施前后海水水质状况变化

污染物类型	海岸带整治修复工程实施前			海岸带整治修复工程实施后		
	最大值	最小值	平均值	最大值	最小值	平均值
DO（mg/L）	8.18	6.80	7.55	8.38	7.88	8.18
COD（mg/L）	1.44	0.76	1.06	1.94	1.02	1.46
石油类（μg/L）	23.20	2.12	4.94	65.80	6.00	23.10
无机氮（μg/L）	766.50	302.50	436.39	692.0	252.0	464.83
PO_4-P（μg/L）	51.63	4.83	11.43	51.50	15.90	27.05
Pb（μg/L）	3.50	0.70	1.94	7.40	0.62	2.15
Cu（μg/L）	17.0	2.30	8.06	5.97	2.26	4.35
Zn（μg/L）	55.20	10.40	41.50	100.00	40.00	57.50
Cd（μg/L）	1.00	0.50	0.79	0.84	0.10	0.23
Hg（μg/L）	0.06	0.02	0.03	0.14	0.02	0.11

整治修复工程实施前，最大浓度为 23.20 μg/L，最小浓度为 2.12 μg/L，平均浓度为 4.94 μg/L；海岸带整治修复工程实施后石油类浓度有所提升，最大值、最小值、平均值分别只有 65.80 μg/L、6.00 μg/L、23.10 μg/L。无机氮和活性磷酸盐的浓度也都略有增加，平均浓度值分别由海岸带整治修复工程实施前的 436.39 μg/L、11.43 μg/L 增加到海岸带整治修复工程实施后的 464.83 μg/L、27.05 μg/L。海水重金属污染浓度在海岸带整治修复工程实施前、实施后变化各不相同，其中 Zn 和 Hg 的浓度值增加最为明显，平均值分别由海岸带整治修复工程实施前的 41.50 μg/L、0.03 μg/L 增加到海岸带整治修复工程实施后的 57.50 μg/L、0.11 μg/L；Pb 的浓度稍有增大，海岸带整治修复工程实施前最大值和平均值分别为 3.50 μg/L、1.94 μg/L，海岸带整治修复工程实施后分别增大到 7.40 μg/L、2.15 μg/L。Cu 和 Cd 的浓度整体有所降低，海岸带整治修复工程实施前，平均浓度值分别为 8.06 μg/L、0.79 μg/L；海岸带整治修复工程实施后，平均浓度值分别降低到 4.35 μg/L、0.23 μg/L。

2. 海岸带整治修复工程近岸海域水环境效果评价

月亮湾海岸带整治修复工程实施前、实施后主要污染物达标状况见表 8－10。DO 在海岸带整治修复工程实施前所有站位都满足二类水质标准（>5.00 mg/L），平均浓度达标倍数达到 1.51，海岸带整治修复工程实施

表 8－10　营口月亮湾海岸带整治修复工程施工前后二类水质站位达标比例

污染物类型	工程实施前		工程实施后	
	达标站位比例	平均达标倍数	达标站位比例	平均达标倍数
DO	100%	1.51	100%	1.64
COD	100%	0.35	100%	0.49
石油类	100%	0.10	80%	0.46
无机氮	0%	1.46	16.67%	1.55
PO_4-P	95%	0.38	66.67%	0.90
Cu	85%	0.81	100%	0.44
Pb	100%	0.39	91.67%	0.43
Zn	95%	0.83	33.33%	1.15
Cd	100%	0.16	100%	0.16
Hg	100%	0.15	100%	0.55

后，所有监测站位的溶解氧浓度都有所增加，平均浓度指数增加为 1.64。COD 在海岸带整治修复工程实施前所有站位都达到二类水质标准（≤3.00 mg/L），平均浓度达标倍数达到 0.35，海岸带整治修复工程实施后，虽然整体溶解氧浓度都有所增加，但还是能达到二类水质标准，平均浓度达标倍数增加为 0.49。石油类在海岸带整治修复工程实施前所有站位都满足二类水质标准（≤0.05 mg/L），平均浓度达标倍数达到 0.10，海岸带整治修复工程实施后，有 80% 站位的石油类浓度达到二类水质标准，平均浓度达标倍数增加为 0.46。无机氮在海岸带整治修复工程实施前所有站位都不满足二类水质标准（≤0.30 mg/L），平均浓度达标倍数为 1.46，海岸带整治修复工程实施后，有 16.67% 站位达到二类水质标准，平均浓度达标倍数增加为 1.55。PO_4-P 在海岸带整治修复工程实施前有 95% 站位满足二类水质标准（≤0.03 mg/L），平均浓度达标倍数为 0.38，海岸带整治修复工程实施后，有 66.67% 站位达到二类水质标准，平均浓度达标倍数增加为 0.90。重金属 Cd 和 Hg 在海岸带整治修复工程实施前、实施后，所有监测站位都达到二类水质标准（≤5.0 μg/L、≤0.2 μg/L），海岸带整治修复工程实施前平均浓度达标倍数分别为 0.16、0.15。海岸带整治修复工程实施后 Cd 的平均浓度达标倍数没有变化，Hg 的平均浓度达标倍数增加到 0.55。Cu 在海岸带整治修复工程实施前，有 85% 的监测站位达到二类水质标准（≤0.01 mg/L），平均浓度达标倍数为 0.81；海岸带整治修复工程实施后，所有监测站位 Cu 的浓度都达到二类水质标准，平均浓度达标倍数降低为 0.44。Pb 在海岸带整治修复工程实施前，所有监测站位都达到二类水质标准（≤5.0 μg/L），平均浓度达标倍数为 0.39；海岸带整治修复工程实施后，有 91.67% 监测站位达到二类水质标准，平均浓度达标倍数增加为 0.43。Zn 在海岸带整治修复工程实施前，有 95% 监测站位都达到二类水质标准（≤50.0 μg/L），平均浓度达标倍数为 0.83；海岸带整治修复工程实施后，有 33.33% 监测站位达到二类水质标准，平均浓度达标倍数增加为 1.15。

在营口月亮湾海岸带整治修复过程中，熊岳河口填海造地阻挡了河流排污对海湾水质的影响；在二道河、红海河下游入海口挖土成湖，建造了月亮湖，净化了部分河流入海污染物。图 8-32 为营口月亮湾海岸带整治修复工程实施前海湾主要污染物的污染指数变化。以旅游休闲娱乐区二类海水水质标准分析，月亮湾海岸带整治修复前，海湾水体主要污染物为 COD（1.05 mg/L），污染指数为 0.35；无机氮（421.75 mg/L），污染指数为 1.46；活性磷酸盐 PO_4-P（9.11 mg/L），污染指数 0.38；石油类（4.07 mg/L），污染指数 0.10；重金属 Zn（38.83 μg/L），污染指数 0.83；重金属

Cu、Pb、Cd、Hg 的污染指数分别为 0.81、0.39、0.16、0.15。无机氮浓度最高，所有监测站位都不满足二类海水水质标准要求，成为月亮湾海水环境质量的“最大值”，海水环境质量指数为 1.46。

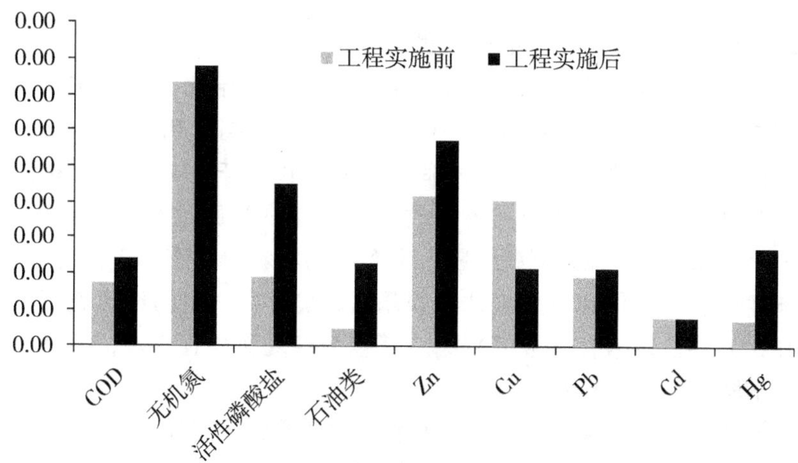

图 8-32　营口月亮湾海岸带整治修复工程实施前后海水污染指数变化

营口月亮湾海岸带整治修复工程实施后，海湾水体主要污染物为 COD（1.46 mg/L），污染指数为 0.49；无机氮（0.47 mg/L），污染指数为 1.55；活性磷酸盐 PO_4-P（0.03 mg/L），污染指数为 0.90；石油类（0.02 mg/L），污染指数为 0.46；重金属 Zn（0.06 μg/L），污染指数为 1.15；重金属 Cu、Pb、Cd、Hg 的污染指数分别为 0.44、0.43、0.16、0.55。无机氮浓度仍然很高，只有 16.67% 的站位满足二类海水水质要求，其他 80% 以上的监测站位不满足二类海水水质要求，仍为月亮湾海水环境质量的“最大值”，海水环境质量指数为 1.55，主要污染物浓度有降低的，也有升高的。

第六节　营口月亮湾海岸带整治修复工程效果综合评价

采用第八章建立的砂质海岸带整治修复工程效果综合评价方法，对营口月亮湾砂质海岸带整治修复工程效果进行综合评价。首先对营口月亮湾砂质海岸带整治修复工程效果，从自然环境、海滩资源、景观生态、水动力水环境、社会经济五个方面进行监测数据分析和指标赋值；其次进行营口月亮湾砂质海岸整治修复工程效果模糊综合计算；最后对营口月亮湾砂质海岸整治修复工程综合效果进行分析评价。

一、海岸带整治修复工程效果综合分析与指标赋值

1. 自然环境效果分析与赋值

（1）海岸地形坡度变化：月亮湾砂质海岸带整治修复工程实施前，平均大潮高潮线以上存在与海岸线平行的风成沙丘，高程 3.0 ～ 4.0 m 之间，风成沙丘与后方海岸带海积平原之间的平均坡度小于 5°；海岸带整治修复工程实施过程中，风成沙丘被夷平改造成海岸观光廊道和观光旅游道路，平均大潮高潮线以上在月亮湖公园、山海广场和农业生态休闲区地势平整，平均坡度小于 1°，但在高尔夫休闲娱乐区，仍存在一定的地形坡度，平均坡度在 3°左右。区域整体坡度较海岸带整治修复前稍有改善，海岸地形变得较为平缓，综合赋值 4.0。

（2）近岸海域落潮流速变化：根据现场实测资料，月亮湾海岸带整治修复工程实施前，湾内近岸海域表层大潮涨潮平均流速 7.31 cm/s，小潮涨潮平均流速 9.44 cm/s；大潮落潮平均流速 5.08 m/s，小潮落潮平均流速 12.21 cm/s。海岸带整治修复工程实施后，湾内近岸海域表层大潮涨潮平均流速在 8.0 cm/s 以内，大潮落潮平均流速比涨潮时整体略大，基本在 10.0 cm/s 以内。可以看出，月亮湾砂质海岸带整治修复工程实施前、后近岸海域表层大潮落潮潮流速度基本没有发生变化，综合赋值 3.0。

（3）海湾水体半交换周期变化：在海湾水体半交换周期方面，海岸带整治修复工程实施前计算水域半交换周期为 83 小时，海岸带整治修复工程实施后半交换周期为 93 小时，海岸带整治修复工程实施增大了月亮湾近岸海域水体交换时间，水体交换变化率为 11.70%，大于 10%，所以综合赋值 4.0。

（4）近岸海域水环境质量变化：海岸带整治修复工程实施前，月亮湾海域水环境质量指数为 1.46；海岸带整治修复工程实施后，月亮湾海域水环境质量指数为 1.55，水环境质量指数变化小于 10%，海岸带整治修复工程实施前、实施后近岸海域水环境质量指数变化不大，所以综合赋值 3.0。

2. 海岸带景观生态效果分析与赋值

（1）景观自然度变化：营口月亮湾砂质海岸带整治修复工程实施前，月亮湾海岸带景观为沙丘防护林景观，景观自然度指数为 0.65；海岸带整治修复工程实施后，月亮湾海岸带景观自然度指数总体为 0.55。对比海岸带整治修复工程实施前、实施后，发现海岸带景观自然度指数减少了

15.39%，综合赋值2.0。

（2）景观丰富度变化：营口月亮湾砂质海岸带整治修复工程实施前，海岸带步行能够看到的主要景观类型有海面、沙滩、农田、林地、潮滩等，平均景观丰富度指数为5.0；海岸带整治修复工程实施后，步行能够看到的景观类型明显增多：主要有草坪、花坛、广场、雕塑、海面、沙滩、潮滩、林地等，平均景观丰富度指数为8.0。与海岸带整治修复工程实施前比较，景观丰富度指数增加了60%，综合赋值5.0。

（3）景观破碎度变化：营口月亮湾砂质海岸带整治修复工程实施前，总斑块数量为150个，景观破碎度指数为每个10.58 hm^2；月亮湾砂质海岸带整治修复工程实施后，海岸景观格局斑块数量为185个，景观破碎度指数为每个8.54 hm^2；可以看出，月亮湾砂质海岸带整治修复工程实施后，海岸景观破碎度指数减小了，说明单个景观斑块面积变小了，平均减小了19.28%，属于景观破碎度有所增大，综合赋值2.0。

（4）景观主体度变化：营口月亮湾砂质海岸带整治修复工程实施前，海岸景观没有明显的景观功能分区，整体上以海面和农田为主体景观类型，与滨海旅游功能一致的景观主体度为0.65；海岸带整治修复工程实施后，海岸景观以海面、草地、沙滩为主，与滨海旅游功能一致的景观主体度为0.74。与海岸带整治修复工程实施前比较，海岸带景观主体度稍有提升，综合赋值4.0。

3. 海滩资源效果分析与赋值

（1）沙滩面积指数变化：营口月亮湾海岸带整治修复工程实施前，沙滩从熊岳河口到月亮湖公园，长度为2830 m，沙滩平均宽度为89.79 m，总沙滩面积为25.41 hm^2；海岸带整治修复工程完成后，沙滩从熊岳河口填海造地工程岬角沿内湾延伸至山海广场观景台通道，再从山海广场观景台通道延伸到游艇基地通道，总长度达到5300 m，平均宽度为116.83 m，沙滩面积增加61.92 hm^2，沙滩面积系数为2.44，沙滩规模明显增加，综合赋值5.0。

（2）潮滩游乐指数变化：营口月亮湾海岸带整治修复工程实施前，适宜游泳嬉水潮滩水域面积为134.67 hm^2，海岸带整治修复工程实施后，月亮湾适宜游泳嬉水潮滩水域面积增加148.48 hm^2，适宜游泳嬉水潮滩水域面积增加了13.81 hm^2，潮滩游乐指数为1.10，属于潮滩游乐空间稍有增加，综合赋值4.0。

（3）沙滩底质指数变化：营口月亮湾砂质海岸带整治修复工程实施前，沙滩表层沉积物平均底质指数为0.75；海岸带整治修复工程实施后，沙滩表层沉积物平均底质指数为0.92，沙滩表层沉积物底质指数增加了22.67%，海岸带整治修复工程实施前、实施后沙滩表层沉积物平均底质指数稍有增大，综合赋值4.0。

（4）潮滩侵淤指数变化：营口月亮湾砂质海岸带整治修复工程实施前，沙滩存在明显的海岸侵蚀，侵蚀陡坎，海岸带整治修复工程实施过程中进行了滩面填沙，海岸带整治修复工程实施后一年，开展潮滩剖面高程测量，得到潮滩平均侵淤指数为0.86，潮滩剖面保持了80%以上，综合赋值4.0。

4. 社会经济效果分析与赋值

（1）最大游客指数：营口月亮湾滨海旅游景区规划日最大接待游客量3.0万人，2018年现场调查，最大日游客量达到2.15万人次，最大游客指数0.71，海岸日最大游客数量达到承载力的70%以上，综合赋值4.0。

（2）年总游客指数：营口月亮湾滨海旅游景区规划年游客接待量500万人次，实际调查发现旅游高峰期主要集中在每年的7月和8月，日游客量可达到2万人次；6月、9月、10月日游客量可达到1万人次，其他月份每月约5万人次，年游客总量估算为245万人次，年游客指数0.49，综合赋值3.0。

（3）旅游收益指数：根据营口经济开发区统计数据，营口经济开发区2018年旅游税收收入总值为3.28亿元，占区财政收入的8.2%，旅游收入主要来自区域内的月亮湾滨海旅游区和白沙湾滨海旅游区，综合赋值3.0。

（4）旅游贡献指数：根据营口经济开发区统计数据，营口经济开发区2018年旅游对区域经济增长的贡献率为12.63%，属于该区的第四大产业，旅游对区域经济贡献较大，综合赋值4.0。

（5）公众满意度：2018年8月在月亮湾海岸旅游区开展问卷调查，共向游客发放问卷调查120份，对海岸整治修复改善海岸环境满意问卷109份。90%以上公众对海岸整治修复工程很满意，属于公众十分满意级别，综合赋值5.0。

营口月亮湾砂质海岸带整治修复工程效果综合评价各项评价指标变化对比标准赋值见表8－11。

表 8－11　月亮湾砂质海岸带整治修复工程效果评价指标量化值

准则层	指标层	量化等级与标准				
		Ⅰ级 (5.0)	Ⅱ (4.0)	Ⅲ级 (3.0)	Ⅳ级 (2.0)	Ⅴ级 (1.0)
自然环境效果	海滩地形坡度		√			
	落潮流速变化			√		
	半交换周期变化		√			
	环境质量指数			√		
景观生态效果	景观自然度指数				√	
	景观丰富度指数	√				
	景观破碎度指数				√	
	景观主体度指数		√			
沙滩资源效果	沙滩面积指数	√				
	潮滩游乐指数		√			
	沙滩底质指数		√			
	潮滩侵淤指数		√			
社会经济效果	最大日游客指数		√			
	年游客指数			√		
	旅游收益指数			√		
	旅游贡献指数		√			
	公众满意度	√				

二、海岸带整治修复工程综合效果模糊评价计算

采用本书第五章研究提出的砂质海岸带整治修复工程效果模糊综合评价方法计算营口月亮湾砂质海岸带整治修复工程综合效果，评价具体过程如下。

1. 评价集构造

根据评价目标特征，建立海岸带整治修复工程效果评价指标集 C 和海岸带整治修复工程效果评语集 V 以及海岸带整治修复工程效果评价指标量化标准集 V_h。评价指标集 C、评语集 V、指标量化标准集 V_h 分别表示如下：

$$C = \{c_1, c_2, \cdots, c_i, \cdots, c_n\}$$

$$V = \{v_1, v_2, \cdots, v_j, \cdots, v_4\}$$

$$V_h = \{v_{h1}, v_{h2}, v_{h3}\}$$

其中，评价指标集 C 包括指标集 17 个指标、因素集 13 个指标和准则集 4 个指标；评语集又分为4个等级，分别是优秀、良好、及格、较差；指标标准化集分为3个级别，分别为1.0、2.0和3.0。

2. 模糊综合评价结果

由每层次指标因子权重向量W_R与其对应的模糊评价矩阵R，通过模糊矩阵合并运算，得到上一级评价指标综合评价模糊向量：

$$B_i = W_R \cdot R = (b_{i1}, b_{i2}, \cdots, b_{im}) \tag{8.5-1}$$

其中，“·”为广义模糊乘，上一层次的评价值等于本层次向量之和（$\sum_{i=1}^{n} B_i$）。

指标层的计算过程为：

$$B_D = W_D \cdot R = \begin{bmatrix} 1.0000 & 0.5429 & 0.4571 & 1.0000 \\ 1.0000 & 1.0000 & 1.0000 & 1.0000 \\ 0.5319 & 0.4681 & 1.0000 & 1.0000 \\ 0.2672 & 0.7328 & 0.5372 & 0.4628 \end{bmatrix} \cdot \begin{bmatrix} 0.8000 & 0.4000 & 1.0000 & 0.8000 \\ 0.6000 & 1.0000 & 0.8000 & 0.6000 \\ 0.8000 & 0.4000 & 0.8000 & 0.6000 \\ 0.6000 & 0.8000 & 0.8000 & 0.8000 \end{bmatrix} = \begin{bmatrix} 0.8000 & 0.4000 & 0.5319 & 0.2138 \\ 0.3257 & 1.0000 & 0.3745 & 0.4397 \\ 0.3657 & 0.4000 & 0.8000 & 0.3223 \\ 0.6000 & 0.8000 & 0.8000 & 0.3702 \end{bmatrix}$$

因素层的计算过程为：

$$B_c = W_c \cdot R = \begin{bmatrix} 0.1512 & 0.5782 & 0.2706 & 0.0000 \\ 0.3218 & 0.1501 & 0.2239 & 0.3142 \\ 0.4253 & 0.3144 & 0.2603 & 0.0000 \\ 0.5071 & 0.2757 & 0.2172 & 0.0000 \end{bmatrix} \cdot \begin{bmatrix} 0.8000 & 0.4000 & 0.9064 & 0.6535 \\ 0.6914 & 1.0000 & 0.8000 & 0.6925 \\ 0.6000 & 0.4000 & 0.8000 & 1.0000 \\ 0.0000 & 0.8000 & 0.0000 & 0.0000 \end{bmatrix} = \begin{bmatrix} 0.1210 & 0.1287 & 0.3855 & 0.3314 \\ 0.3998 & 0.1501 & 0.2515 & 0.1909 \\ 0.1624 & 0.0896 & 0.2082 & 0.2172 \\ 0.0000 & 0.2514 & 0.0000 & 0.0000 \end{bmatrix}$$

$$= [0.6832, 0.6198, 0.8453, 0.7395]$$

准则层的计算过程为：

$$B_B = W_B \cdot R = [0.1951, 0.2267, 0.2961, 0.2821] \cdot [0.6832, 0.6198, 0.8453, 0.7395] = [0.1333, 0.1405, 0.2503, 0.2086]$$

最终

目标层的评价结果为：

$$A = \sum_{i=1}^{4} B_{Bi} = 0.7327$$

三、海岸带整治修复工程综合效果模糊评价结果分析

根据营口月亮湾砂质海岸带整治修复工程效果各评价指标分析，采用本书研究建立的砂质海岸带整治修复工程效果模糊综合评价方法，计算得到各层级评价指标的综合评价值见表 8－12。

表 8－12　营口月亮湾砂质海岸带整治修复工程效果评价指标的评价值

目标层评价值	准则层评价值	因素层评价值	指标赋值
营口月亮湾砂质海岸带整治修复工程综合效果 A0.7327	自然环境效果 B10.6832	海岸地形 C10.8000	海岸地形坡度 D1 4.0
		海洋水文水动力 C20.6914	落潮流速变化指数 D2 3.0
			半交换周期变化率 D3 4.0
		海洋水环境质量 C30.6000	水环境质量指数 D4 3.0
	景观生态效果 B20.6198	景观自然度 C40.4000	景观自然度指数 D5 2.0
		景观丰富度 C5 1.0000	景观丰富度指数 D6 5.0
		景观破碎度 C60.4000	景观破碎度指数 D7 2.0
		景观主体度 C70.8000	景观主体度指数 D8 4.0
	海滩资源效果 B30.8453	海滩规模 C80.9064	沙滩面积指数 D9 5.0
			潮滩游乐指数 D10 4.0
		沙滩质量 C90.8000	沙滩底质指数 D11 4.0
		海滩形态 C100.8000	潮滩侵淤指数 D12 4.0
	社会经济效果 B40.7395	社会效果 C110.6535	最大日游客指数 D13 4.0
			年游客指数 D14 3.0
		经济效果 C120.6925	旅游收益指数 D15 3.0
			旅游贡献指数 D16 3.0
		公众认可度 C13 1.0000	公众满意度 D17 5.0

营口月亮湾砂质海岸带整治修复工程效果综合评价值为0.7327，按照砂质海岸带整治修复工程效果评价分级标准，0.75 > 该值 > 0.50，而属于Ⅱ级标准，营口月亮湾砂质海岸带整治修复工程实施效果为良好。在营口月亮湾砂质海岸带整治修复工程效果综合评价值中，沙滩资源效果贡献最大，贡献值为0.2503，贡献率为34.16%；其次为社会经济效果，贡献值为0.2086，贡献率为28.47%；景观生态效果和自然环境效果的贡献值分别为0.1405、0.1333，对应的贡献率分别为19.18%、18.19%。

准则层自然环境效果、景观生态效果、沙滩资源效果和社会经济效果的综合评价值分别为0.6832、0.6198、0.8453和0.7395，可以看出营口月亮湾砂质海岸带整治修复工程效果最好的是沙滩资源效果，其次是社会经济效果，再次为自然环境效果，景观生态效果最不明显。这主要是因为月亮湾砂质海岸带是一个典型的沙滩滨海浴场，沙滩养护修复是整个砂质海岸带整治修复工程的核心，海岸带整治修复工程实施后沙滩资源明显改善，这与实际情况是相符合的，其次明显改善的就是社会经济效果和自然环境效果，而海岸景观生态效果相对不明显，所以评价值也相对较小。

四、结果讨论

长期以来砂质海岸带整治修复工程效果评价主要集中在海滩资源养护效果评价方面，评价指标主要关注海滩剖面形态、底质粒径、侵蚀防护等[220]。本书以砂质海岸带旅游休闲娱乐功能提升为目标，以营口月亮湾砂质海岸带整治修复工程为实证研究案例，采用模糊综合评价方法从海湾自然环境改善效果、景观生态优化效果、海滩资源养护效果以及区域整体的社会经济效果四个方面研究建立了砂质海岸带整治修复工程综合效果评价方法。营口月亮湾砂质海岸带整治修复工程综合效果评价结果为良好，各评价指标之间的差异比较明显，海滩资源效果评价得分最高，为0.8453，在0.75以上，属于实施效果优秀等级；社会经济效果评价得分为0.7395，自然环境效果评价得分为0.6832，景观生态效果评价得分为0.6198，都在0.50以上，属于实施效果良好等级。营口月亮湾是营口市乃至沈阳市距离海岸最近的滨海浴场，交通极为便利，滨海沙滩养护修复、海湾自然环境综合整治、山海广场等旅游基础设施建设，使滨海旅游环境大为改善[221-222]，夏、秋季周边游客大量涌入，旅游收入快速提高，社会认可度也很高，所以海湾海滩资源以及整体社会经济效果都明显提升。但在景观

生态方面，在海岸带整治修复工程实施前，月亮湾海岸带为海岸沙丘和防护林景观，景观格局相对自然；在海岸带整治修复工程实施过程中，部分防护林被清除，海岸带沙丘除高尔夫休闲娱乐区外基本被夷为平地，取而代之的是绿地、道路、广场等人工设施，虽然海岸带景观有序性增大了，但海岸带景观人工化、破碎化也增大了，这种开发方式影响海岸带景观的生态功能发挥[223-224]。希望以后的砂质海岸带整治修复工程不仅要修复养护海滩资源，挖掘砂质海岸带海滩资源潜能，更要注意保护砂质海岸带原生景观生态格局，维护砂质海岸带资源环境整体功能。

第九章　大连金石滩砂质海岸带整治修复工程效果评估实践

第一节　大连金石滩海岸带整治修复工程概况

大连金石滩砂质海岸带位于北黄海辽东半岛东南海岸，大连市金州区东部，南临北黄海，北至金石滩轻轨线，由东西两个半岛岬角和岬角之间的开阔海湾组成，陆地面积 31.94 km^2，海域面积 19.89 km^2，具体地理位置：北纬 39°0′～39°6′，东经 121°55′～122°05′，空间位置见图 9 – 1。大连金石滩砂质海岸带是国家级风景名胜区、国家级旅游度假区、国家 AAAA 级旅游景区、国家级地质公园。大连金石滩是典型的岬湾型砂质海岸，三面环海，东西两个岬角之间为延绵约 4.50 km 的砂质海滩——“黄金海岸”，由东、西两个沙滩浴场组成，浴场沙滩宽度为 100～200 m。

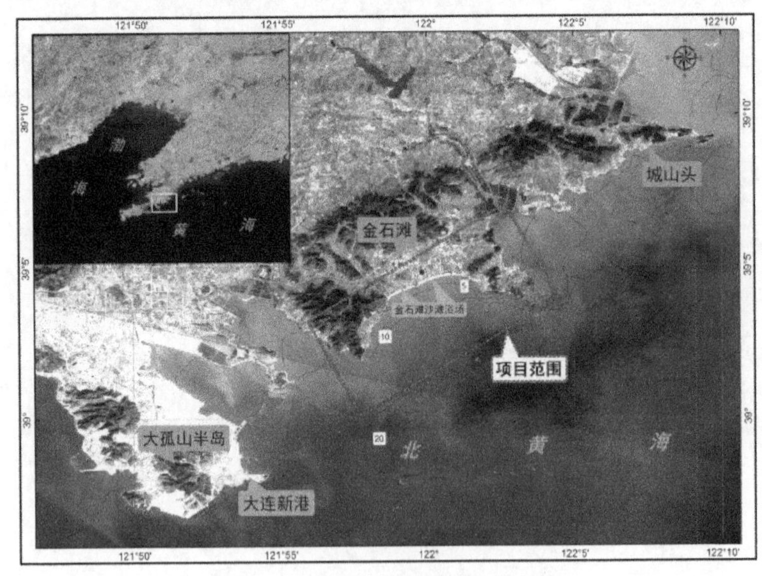

图 9 – 1　大连金石滩砂质海岸位置

一、大连金石滩海岸带资源环境问题

2010 年，大连新港原油泄漏事故对金石滩海域水质和底质造成了不同

程度的污染。事故发生后经过紧急处理，虽然沙滩上没有油膜覆盖，但底质调查发现海域底质沉积物中仍存在石油烃污染问题。同时，也存在海岸侵蚀造成的海滩沙体亏损问题。2011 年，大连金石滩砂质海岸带整治修复工程得到财政部、原国家海洋局海域使用金返还资金的支持。项目主要通过沙体清理和置换工程，改善沙滩质量，消除溢油事件的直接影响。同时，采用人工干预的方式，通过设计合理的补沙剖面，选择适合金石滩沙滩的养护方式，以及进行金石滩海湾水动力环境微调，遏制金石滩沙体的自然亏损态势，维护沙滩蚀淤平衡。大连金石滩砂质海岸带整治修复工程的最终目标是恢复砂质海岸带优良生态环境，养护滨海旅游休闲娱乐产业依托发展的优质海滩资源，将金石滩海岸带打造成集海水浴场、海面踏浪、海岸休闲于一体的滨海旅游休闲娱乐功能区。

二、大连金石滩海岸带整治修复工程概况

大连金石滩砂质海岸带整治修复工程，按照前期勘察与整治修复工程方案设计，整治修复工程主要内容包括海滩沙体置换、人工补沙造滩、人工岬角修筑等。大连金石滩海岸带整治修复工程平面布局见图 9－2。

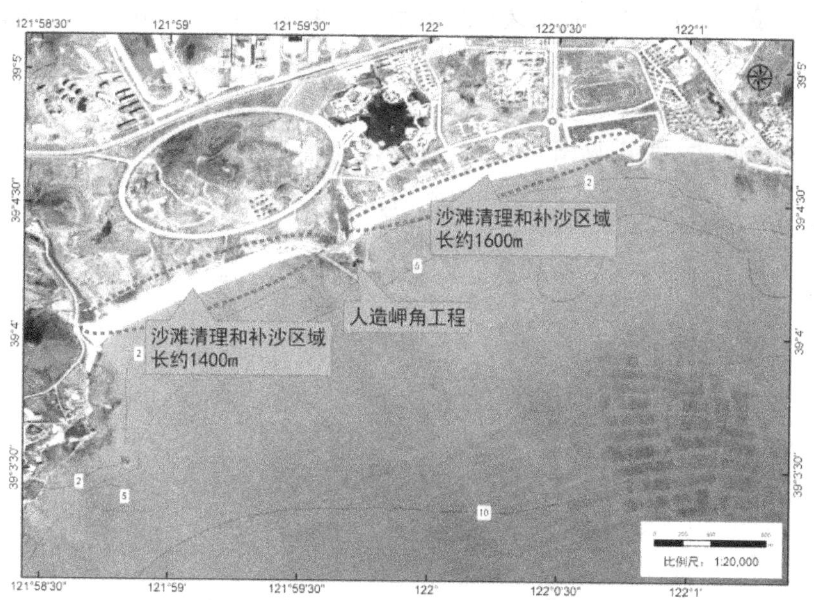

图 9－2　大连金石滩砂质海岸整治修复工程平面布局

1. 海滩沙体置换

海滩沙体置换主要是将海滩已受原油污染的海滩沙体挖除运走，重新填补清洁优质沙体，以改善海滩底质环境质量。海滩沙体置换主要在砂质海岸带沙滩滩肩部分，置换沙土总量为6.0×10^{4} m^{3}，海滩沙体置换厚度平均为0.50 m。受原油污染的原海滩沙土，采用斗容为1.0 m^{3}的挖掘机挖装，采用运载量12 t自卸式运输车运至距离金石滩约60 km的大化处理厂处置。海滩污染沙体铲除运走后，自卸式运输货车运来陆源新沙，抛沙补沙养护海滩，用60 kW推土机推砂、平整沙滩。陆地沙源选择附近河沙作为回填及养护沙源。根据专项调查、数值模拟、物理模型试验等确定的沙滩粒序分布横纵向特征，严格实施人工换沙工程。在具体的施工过程中，除由工程监理公司实施监督外，技术支撑单位组建专家组进行全程跟踪监督与指导，以确保工程质量。

2. 人工补沙造滩

基于Dean的平衡剖面理论，设计补沙剖面形状、填沙粒径、补沙量等参数。海滩补沙滩肩宽度约为80 m，滩肩外缘线距海岸线为20～70 m，滩肩向海端高程为+3.0 m（黄海高程）。施工时沿海岸线填筑水上平台和1∶13～1∶12的边坡，在波浪作用下将很快使水上平台变窄、边坡趋缓而逐渐接近于设计剖面。人工造滩表层平均填沙厚度为0.45 m。其中，自滩肩外缘线向岸方向10 m至填沙向海侧外缘线填沙中值粒径为1.5～2.1 mm；滩肩外缘线向岸方向10 m到沙滩边缘线填沙中值粒径1.0 mm。大连金石滩海滩填沙剖面设计形态见图9－3。填沙区的滩肩宽度由设计平衡岸线确定，

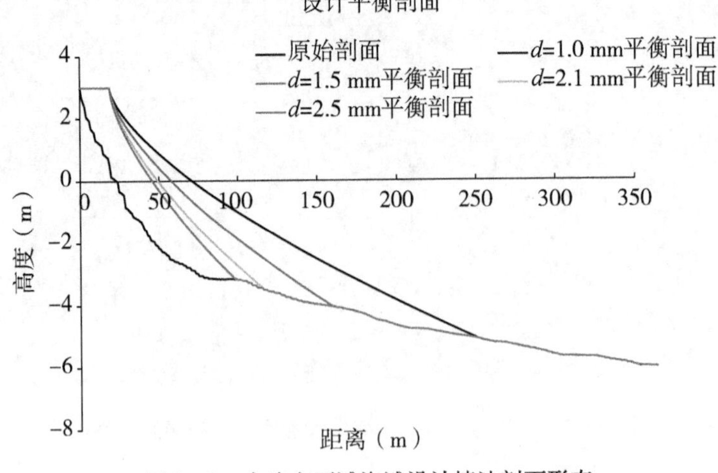

图9－3　大连金石滩海滩设计填沙剖面形态

滩肩高程确定为黄海高程 +3.0 m；为了进一步对比不同粒径的填沙剖面在波浪作用下的响应，共设计 4 组剖面，其填沙平均粒径分别为 1.0 mm、1.5 mm、2.1 mm 和 2.5 mm，滩肩宽度设置为 20 m，对应四组剖面的补沙量分别为 142 m^3、170 m^3、250 m^3、416 m^3。

3. 人工岬角修筑

在西海滩西侧礁石区，新建长度为 273.2 m 人工岬头，构造的人工岬角由正东方向开始，呈弧形布置，端部沿东偏北 30°方向，夹角端部进行扩大处理。人工岬角分为 AB 段、BC 段、CD 段、DE 段 4 段，各段采用不同设计剖面结构。

AB 段：本段岬角外侧采用斜坡式人工块体护面结构。堤身段护面安放一层 3.5 t 四脚空心方块，堤头段采用一层 5.0 t 扭王字块。坡顶、坡脚均水平安放两排一层四脚空心方块（扭王字块体）。四脚空心方块（扭王字块体）下铺设 1.0 m 厚 200 ～ 300 kg 块石。防波堤内侧采用重力式沉箱结构，由抛石基床、沉箱及上部胸墙组成。沉箱基础坐落在岩层，在岩层上采用 10 ～ 100 kg 块石抛设 1.24 m 抛石基床。预制沉箱，宽度为 5.0 m，长度为 6.0 m，高度为 5.5 m。沉箱内回填 10 ～ 50 kg 块石。沉箱上部现浇混凝土胸墙，胸墙嵌入沉箱 1.0 m。防波堤堤心采用开山石，堤顶设混凝土路面。堤顶路面靠外侧边缘安设花岗岩栏杆，栏杆之间用铁链连接。

BC 段：本段岬角外侧采用斜坡式四脚空心方块护面结构。护面采用安放一层 3.5 t 四脚空心方块，坡顶、坡脚均水平安放 2 排一层四脚空心方块。四脚空心方块下铺设 1 m 厚 200 ～ 300 kg 块石。防波堤内侧采用重力式无底空心方块结构，由抛石基床、无底空心方块及上部胸墙组成。空心方块基础坐落在岩层，在岩层上采用 10 ～ 100 kg 块石抛设 0.80 m 抛石基床。预制无底空心方块，宽度为 2.5 m，长度为 2.5 m，高度为 2.7 m。空心方块内回填 10 ～ 50 kg 块石。空心方块上部现浇混凝土胸墙，胸墙嵌入空心方块 1.0 m。防波堤堤心采用开山石，堤顶设混凝土路面。堤顶路面靠外侧边缘安设花岗岩栏杆，栏杆之间用铁链连接。

CD 段：本段采用斜坡式防波堤结构，护面采用 3.5 t（部分 2.5 t）四脚空心方块，坡顶水平安放 1 排一层四脚空心方块，坡脚水平安放 2 排一层四脚空心方块。四脚空心方块下铺设 1.0 m 厚 200 ～ 300 kg 块石。防波堤堤心采用开山石，堤顶设混凝土路面，块体上安设花岗岩栏杆。

DE 段：本段采用现浇混凝土直立式防波堤结构，顶宽 6.0 m，堤顶边缘安设花岗岩栏杆。

人工岬头后侧填沙，填筑 20 ～ 70 m 不等沙滩滩肩及 70 m 的潮间带海滩。沙来源于西沙滩置换沙及外购沙，其中表层 0.2 ～ 0.5 m 填筑中值粒径为 2.10 mm。

第二节　大连金石滩海岸带整治修复工程效果监测

大连金石滩海岸带整治修复工程效果监测包括海岸带整治修复工程地形地貌监测、海滩表层沉积物效果监测、海岸带景观生态效果监测、海洋水动力环境效果监测、海洋水环境质量改善效果监测以及海岸带整治修复工程自然环境－社会经济综合效果监测。

一、海滩资源养护工程效果监测

1. 海岸带地形地貌监测

根据大连金石滩海滩地形特征，在海滩共布设 12 个海滩监测剖面，剖面之间间距平均为 300 m，每条监测剖面垂直海岸线自平均大潮高潮线向平均大潮低潮线布设，12 条监测剖面具体分布见图 9－4。沿每条监测剖面自陆地向海域方向布设测量点，测量点间距一般为 5.0 m，对于地形变化较大的区域（陡坎、滩肩、坡折带）加密测量点。监测方法主要采用 RTK 地形

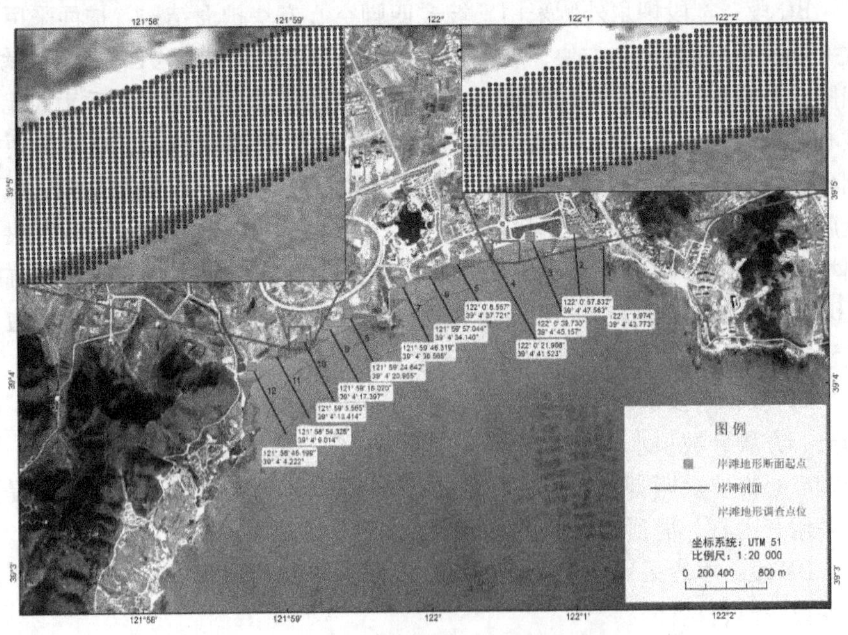

图 9－4　大连金石滩海滩高程监测剖面位置示意图

测量系统在低潮期间作业。海域水深地形测量采用南方 SDE－28D 双频全数字化测深仪，测量数据满足水下地形监测要求。采用以上测量仪器监测每个测量点的地面高程及其精确地理坐标。为了反映海岸带整治修复工程实施的海滩地形地貌效果，监测时间分别设在海岸带整治修复工程实施前的 2012 年 8 月、海岸带整治修复工程实施竣工验收后的 2015 年 10 月以及工程竣工后的 2018 年 11 月。

海岸全地形监测采用 Trimble® 5800 II GPS 测量系统，用于海岸线以上地形高程测量。测量方法同第八章。

2. *海滩表层沉积物养护效果监测*

砂质海岸带表层沉积物监测采用海滩断面法，开展了潮上带、潮间带及近岸海域表层沉积物断面调查。在金石滩海岸共布设潮上带、潮间带调查剖面各 12 个，每个潮间带剖面设 4 个采样点；每个近岸海域剖面设 6 个调查采样点，每个调查断面设置 10 个底质调查采样点，具体见图 9－5。调查时间分别为海岸带整治修复工程实施前的 2012 年 8 月和海岸带整治修复工程实施后的 2015 年 10 月。根据调查结果，大连金石滩近岸海域底质表层沉积物综合运移趋势见图 9－6。分潮上带、潮间带、近岸海域分别采集表层沉积物样品，潮上带采集一个样品，潮间带采集两个样品，潮下带采集一个样品，采集深度约 10 cm。用 Trimble® 5800 II GPS 测量系统测定每个采

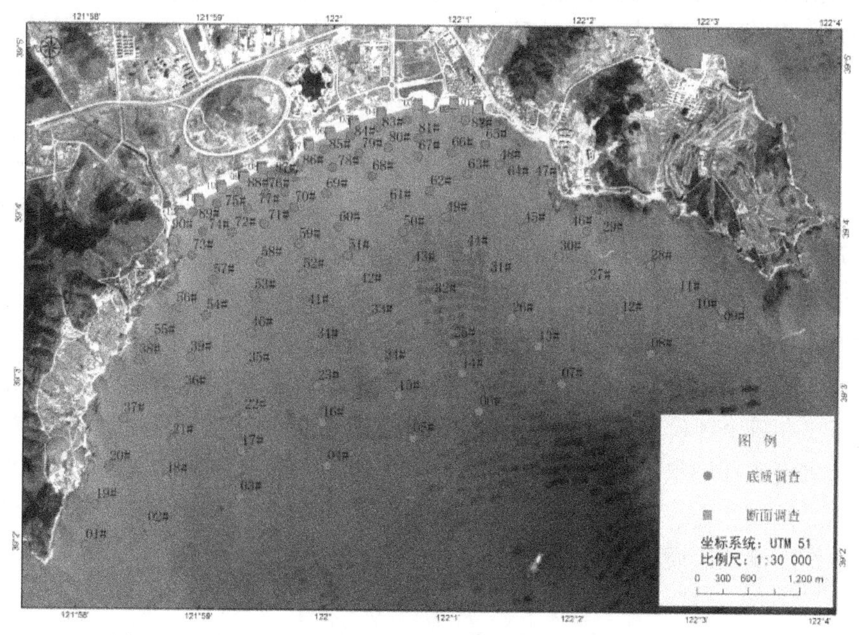

图 9－5　大连金石滩海岸带整治修复工程表层沉积物采样站位

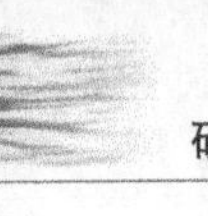

图 9－6　大连金石滩海岸带整治修复工程表层沉积物综合运移趋势

样点的精确地理位置，后期监测采样在同一位置采集样品。沉积物粒度测量采用 LS13320 型激光粒度分析仪测量，由国家海洋环境监测中心粒度实验室测量完成。海滩沉积物样品按照国家标准《海洋调查规范》（GB/T 13909—1992）的要求进行处理，主要包括烘干、筛选、洗盐、去除有机质、去除钙胶结物、样品分散等处理环节。

3. 海滩资源养护效果监测

根据本书第四章的砂质海岸带整治修复工程海滩资源养护效果评价方法，将大连金石滩砂质海岸带整治修复工程海滩资源区域划分为 12 个评价单元，其中西段海滩分为 6 个评价单元，为 F1 ～ F6 评价单元，F1 ～ F5 评价单元包括沙滩评价区域和潮滩评价区域；F6 评价单元处于高丽城岛后方的岬角突出段，只有潮滩，没有沙滩。东段海滩分为 6 个评价单元，为 F7 ～ F12 评价单元，每个评价单元都包括沙滩和潮滩，具体评价单元见图 9－7。在每个评价单元内沙滩宽度、潮滩宽度、沙滩厚度、底质沉积物粒径等地表资源环境状况保持基本一致。在每个评价单元分别调查潮上带沙滩宽度、沙滩厚度、沙滩物质组成；潮间带的潮滩剖面高程、潮滩及近岸海域水深、潮滩底质物质组成，以上参数的具体调查方法如下。

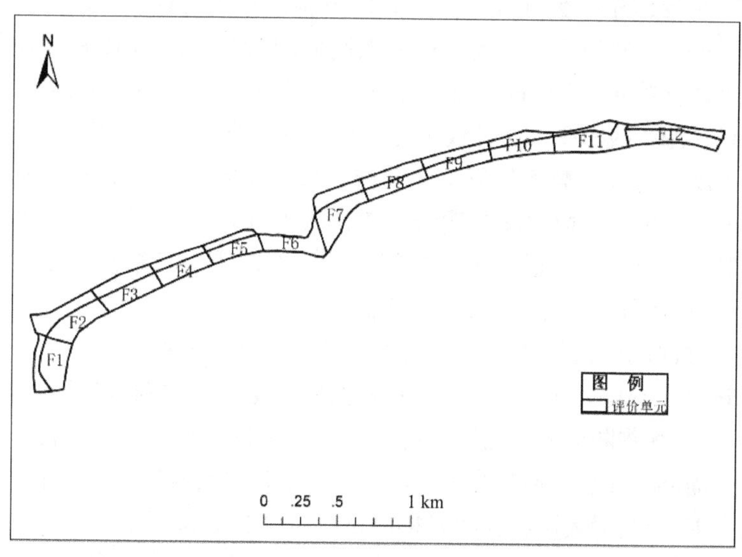

图9－7　大连金石滩海滩养护效果评价单元划分图

（1）沙滩面积指数计算。采用高空间分辨率卫星遥感影像和现场测量的方法，调查沙滩宽度。沙滩宽度测量从平均大潮高潮痕迹线到沙滩外缘线，沙滩外缘在滨海路段至滨海路边护堤，外缘为植被生长区段至植被生长线，外缘为永久堤坝段至永久堤坝坡脚线。根据现场测量和高空间分辨率卫星遥感影像绘制每个评价单元沙滩宽度，计算每个评价单元沙滩面积。将大连金石滩海滩养护效果评价单元矢量图叠加到海岸带整治修复工程实施前获取的卫星遥感影像上，根据高空间分辨率卫星遥感影像反映的沙滩平面特征，修改每个评价单元沙滩宽度，计算评价单元面积。按照第四章所述的沙滩面积指数计算方法计算每个评价单元的沙滩面积指数。

（2）沙滩厚度指数计算。采用探杆测量法测量沙滩厚度，在每个评价单元内，按照4×4矩阵设置沙滩厚度测量点16个。将1.50 m的探杆深插入沙滩，提取沙滩剖面，测量每一测量点的沙层厚度，取16个测量点的平均值为评价单元沙滩厚度。在海岸带整治修复工程实施前和实施后分别测量每个评价单元的沙滩厚度数值。按照第四章所述的沙滩厚度指数计算方法计算每个评价单元的沙滩厚度指数。

（3）潮滩侵淤指数计算。根据本节海岸地形地貌监测所述测量方法、测量仪器、测量时间测量图9－7所示12个海滩剖面高程。根据海滩剖面高程测量数值，绘制每个测量剖面的剖面高程图。按照第四章所述的潮滩侵淤指数计算方法计算每个评价单元的潮滩侵淤指数。

（4）潮滩游乐指数计算。由于海岸带整治修复工程填补沙及其水沙冲淤改变了局部海滩地形。因此，选择大潮低潮时刻，采用 RTK 定位仪分别测量每个评价单元 –2.0 m 等深线位置，利用平均大潮高潮痕迹线、–2.0 m 等深线、海岸线 500 m 缓冲线及评价单元分割线绘制每个评价单元适宜游乐空间形状。海岸带整治修复工程实施前采用地形图 1∶50000 地形图中的 –2.0 m 等深线、平均大潮高潮线、海岸线 500 m 缓冲线及评价单元分割线，绘制每个评价单元适宜游乐空间形状。按照第四章潮滩游乐指数计算方法计算每个评价单元的潮滩游乐指数。

（5）沙滩底质指数和潮滩底质指数计算。采用第八章第二节海滩表层沉积物养护效果监测方法，在海岸带整治修复工程实施前开展了 12 个沙滩断面和 12 个潮滩断面的表层沉积物采样测试，每个沙滩断面包括 2 个采样点，每个潮滩断面也包括 2 个采样点；在海岸带整治修复工程实施完成 1 年后开展了 12 个断面表层沉积物采样测试，每个断面包括 2 个沙滩采样点和 2 个潮滩采样点。分别测定每个采样点的表层沉积物粒度，按照第四章方法计算每个评价单元的沙滩底质指数和潮滩底质指数。

二、海岸带景观生态修复工程效果监测

搜集覆盖大连金石滩砂质海岸带的高空间分辨率卫星遥感影像 SPOT5（采集时间为 2005 年 9 月）和高空间分辨率卫星遥感影像 GF –1（采集时间 2018 年 7 月）作为大连金石滩砂质海岸带整治修复工程实施前、实施后海岸带景观格局监测的基础数据。SPOT5 卫星遥感影像具有 B、G、R、NIR 4 个多光谱和一个 Pan 波段，多光谱波段空间分辨率 10.0 m，全色波段空间分辨率 2.5 m。GF –1 卫星遥感影像具有 B、G、R、NIR 4 个多光谱和一个 Pan 波段，多光谱波段空间分辨率为 8.0 m。全色波段空间分辨率为 2.0 m。参考数据有大连金石滩区域 1∶10000 数字地形图。大连金石滩砂质海岸带整治修复工程实施前、实施后的海岸带景观格局变化监测的卫星遥感影像及其空间范围见图 9 –8。

采用第五章的海岸带景观格局卫星遥感影像监测方法，开展大连金石滩砂质海岸带整治修复工程实施前、实施后的海岸带景观格局监测，形成海岸带整治修复工程实施前、实施后的海岸带景观格局（图 9 –9 和图 9 –10）。采用 GPS 定点记录验证法，开展了海岸带整治修复工程实施后景观类型验证。根据每种景观类型斑块数量，在每种景观类型斑块数量中至少选择 20%，现场 GPS 定位并记录斑块景观类型。将现场 GPS 定位验证数据以

（a）工程实施前的遥感影像图

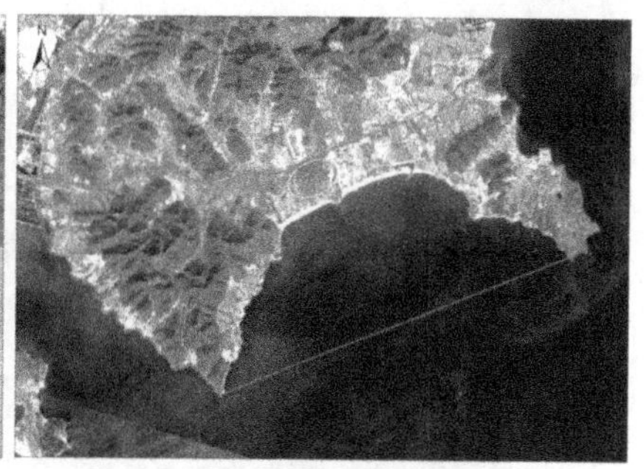

（b）工程实施后的遥感影像图

图9－8　大连金石滩海岸带整治修复工程实施前、实施后区域高空间分辨率遥感影像

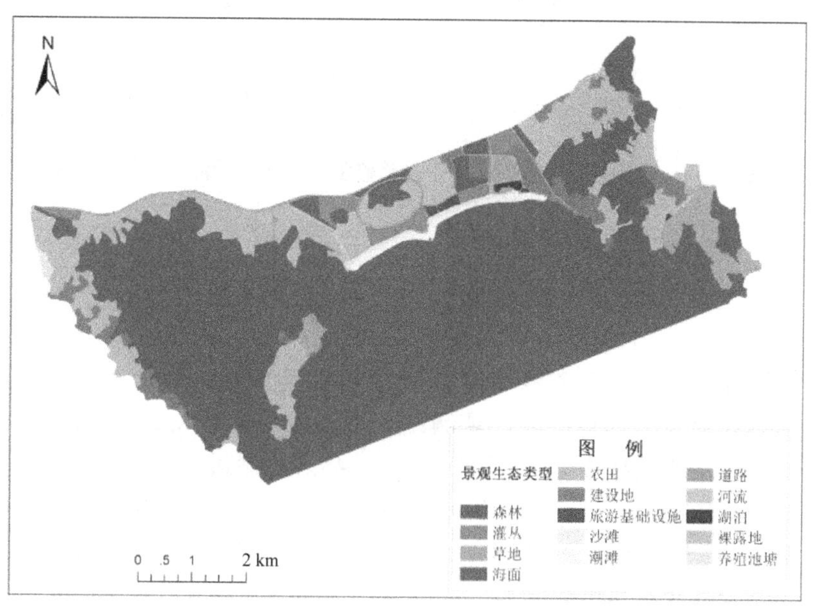

图9－9　大连金石滩砂质海岸带整治修复工程实施前的海岸景观格局

点矢量数据格局与2018年景观格局图叠加，逐一判断卫星遥感影像景观分类与现场定位记录数据的一致性。经验证分析，2018年卫星遥感影像海岸带景观类型分类准确度达到94.52%，满足高空间分辨率卫星遥感影像解译精度要求。同时采用现场咨询、土地利用历史数据查询等方法，对2005年卫星遥感影像海岸带景观类型分类数据进行验证，经对比分析，景观类型分类准确率分别达到90.85%，也满足高空间分辨率卫星遥感影像解译精度要求。

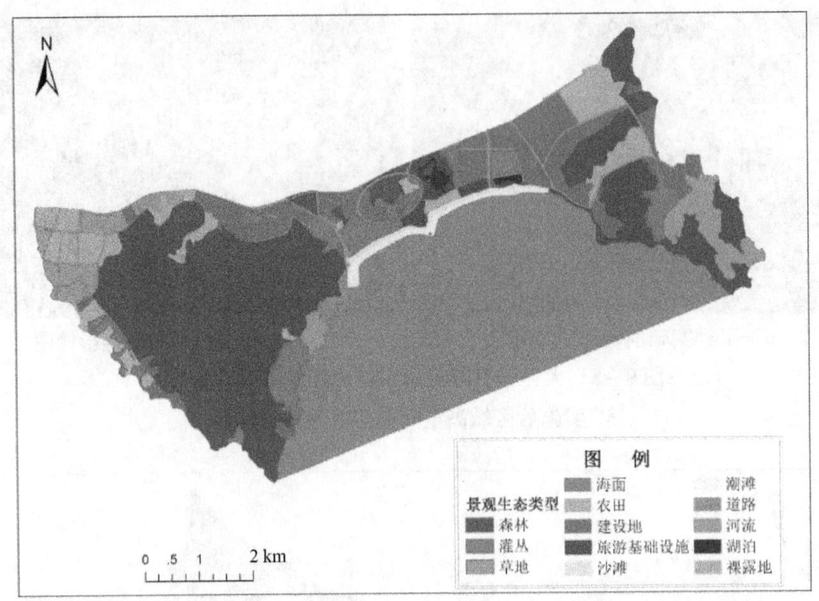

图 9 – 10　大连金石滩砂质海岸带整治修复工程实施后的海岸景观格局

三、近岸海域水动力环境整治工程效果监测

为了评价大连金石滩海岸带整治修复工程的近岸海域水文水动力效果，在金石滩海湾内布设潮流观测站 6 个，1#观测站和 2#观测站最大水深 14.80 m，3#观测站最大水深 23.0 m，4#观测站最大水深 15.10 m，5#观测站最大水深 19.70 m，6#观测站最大水深 25.50 m，6 个潮流观测站布局见图 9 – 11。每个潮流观测站采用 SLC9 – 2 型直读式海流计分表层、中层、底层 3 个深度分别观测，选择高、低潮期间各进行一次同步周日连续流速观测，潮流观测各层次每小时观测一次，一周日内每站共测得 25 组完整流速记录。

大连金石滩海岸带整治修复工程实施前，在高潮期间（2012 年 7 月 19～20日，即农历六月初一至初二）和低潮期间（2012 年 7 月 26～27 日，即农历六月初八至初九）对上述六站进行了同步潮流周日连续定点观测。调查资料均按《海洋调查规范》GB 1276 – 91 和《海滨观测规范》GB/T 14914 进行分析计算。首先对实测资料绘制流速、流向曲线图，摘取整点流速、流向值，然后绘制整点海流矢量图及潮位—潮流关系图。利用整点流速、流向资料进行潮流调和分析，给出潮流调和常数计算成果和余流结果，

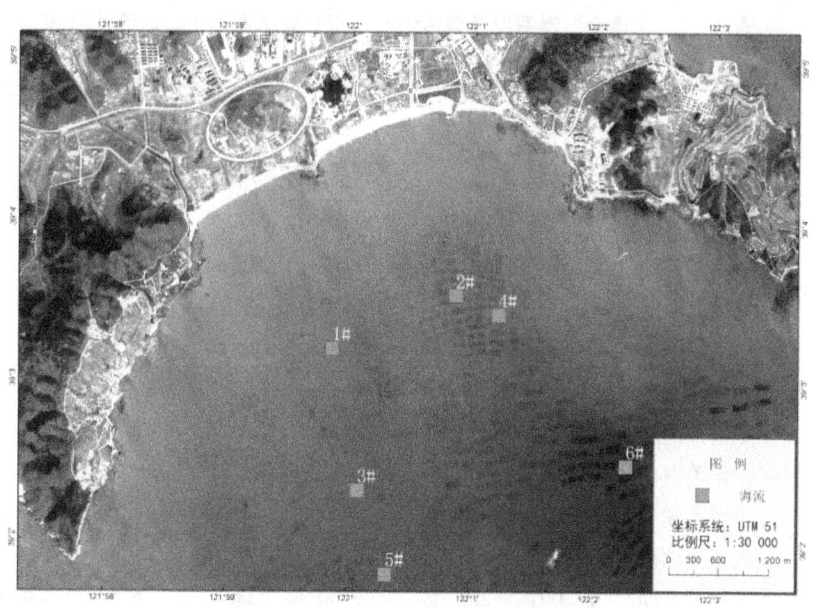

图 9－11　大连金石滩涨落潮潮流流速观测站位示意图

从而可用于预报当地任意时刻潮流。最后根据《海港水文规范》JTJ 213－98 有关公式计算出最大可能流速、流向。

大连金石滩近岸海域的潮汐属于正规半日潮。一日潮位过程包括两个涨潮、落潮过程，潮位过程的高低潮不等现象明显。为此，本书分别统计6 个观测站位大潮涨潮期、大潮落潮期、小潮涨潮期、小潮落潮期的表层潮流流速、流向，中层潮流流速、流向，底层潮流流速、流向，具体见表 9－1。

在大潮涨潮时，各观测站位潮流方向为西偏南或西偏北，靠近海岸的4# 观测站位表层流速较小，只有 23.67 cm/s，远离海岸的 6#观测站位流速最大，达到 49.54 cm/s；大潮落潮时，各观测站位潮流方向为东偏北或东偏南，表层流速 2#观测站位只有 18.91 cm/s，而离岸海岸的 6#观测站位表层潮流速度为 41.86 cm/s；小潮涨潮时，6#观测站位流向为西偏北，其他观测站位潮流方向为西偏南，靠近海岸的 1#观测站位表层流速最小，为 22.46 cm/s，远离海岸的 6#观测站位流速最大，为 47.33 cm/s；小潮落潮时，各观测站位潮流方向以东偏北为主，中下层个别站位会出现东偏南流向，也是靠近海岸的 1#、2#、4#观测站位表层流速较小，远离海岸的 3#、5#、6#观测站位流速较大。

表9-1 大连金石滩海岸带整治修复工程前近岸海域平均潮流状况

（流速：cm/s；流向：度）

站号		层次					
		表层		中层		底层	
		流速	流向	流速	流向	流速	流向
1#	大潮涨潮期	26.33	245.33	22.17	272.33	14.83	259.83
	小潮涨潮期	22.46	241.38	22.17	245.33	16.33	261.50
	大潮落潮期	22.93	89.60	15.60	49.33	9.07	49.33
	小潮落潮期	25.00	80.86	19.47	101.07	13.33	56.80
2#	大潮涨潮期	25.45	279.27	24.44	286.89	16.25	288.00
	小潮涨潮期	25.09	260.91	22.76	251.67	17.00	257.33
	大潮落潮期	18.91	69.27	16.92	70.31	13.71	78.29
	小潮落潮期	23.27	89.64	19.60	73.20	14.80	74.00
3#	大潮涨潮期	29.23	276.31	26.67	252.50	21.69	253.54
	小潮涨潮期	28.00	231.08	29.50	223.25	26.47	228.82
	大潮落潮期	33.57	83.00	32.53	63.33	19.57	76.57
	小潮落潮期	32.57	67.14	26.36	71.09	23.00	65.80
4#	大潮涨潮期	23.67	276.33	25.78	299.11	14.40	276.80
	小潮涨潮期	23.50	267.50	26.57	273.14	16.00	228.82
	大潮落潮期	26.80	99.20	24.15	90.45	15.67	93.17
	小潮落潮期	22.57	67.14	26.36	71.09	23.00	65.80
5#	大潮涨潮期	28.17	269.75	25.20	252.50	19.09	230.36
	小潮涨潮期	35.43	235.71	27.43	240.57	21.40	224.36
	大潮落潮期	34.93	57.47	33.53	75.88	21.88	91.13
	小潮落潮期	31.20	89.70	31.00	67.10	20.94	54.35
6#	大潮涨潮期	49.54	277.08	43.17	261.50	37.27	260.18
	小潮涨潮期	47.33	280.67	50.43	269.14	45.82	280.36
	大潮落潮期	41.86	86.00	40.27	99.60	40.25	84.38
	小潮落潮期	42.80	89.33	38.92	88.77	34.88	108.88

四、近岸海域水环境整治工程效果监测

大连金石滩附近海域属于海洋功能区划中的旅游休闲娱乐区，海洋水环境质量要求不低于二类海水环境质量标准。采用定点采样测试分析法测定海水中主要污染物浓度，按照二类海水环境质量标准，计算主要污染物

的污染指数，海水样品的采集和分析参照《海洋监测规范》（GB 17378—2007）、《海洋调查规范》（GB/T 12763—2007）。在金石滩附近海域布设调查站点 12 个，其中采样点 1、2、3、4、5、6 位于海洋功能区划的金石滩旅游休闲娱乐区，采样点 7 和 10 位于海洋功能区划的港口航运区，采样点 8 位于海洋功能区划的湾口外保留区，采样点 9 位于海洋功能区划的海洋保留区和农渔业区的交界位置，具体水质采样点布设见图 9－12。2013 年 6 月，

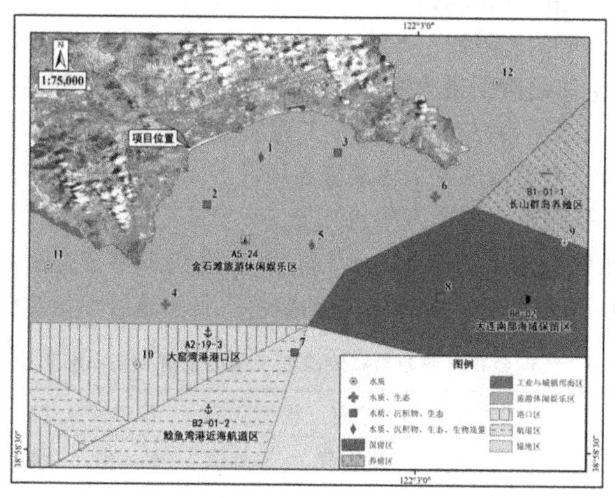

图 9－12　大连金石滩海岸带整治修复工程海水水质调查站位

大连金石滩海岸带整治修复工程实施前，开展海水主要污染物调查监测，监测的主要污染物包括化学需氧量（COD）、溶解氧（DO）、石油类（Oil）、无机氮（TIN）、磷酸盐（PO_4-P）、硫化物（S）、汞（Hg）、砷（As）、铜（Cu）、铅（Pb）、锌（Zn）、镉（Cd）、总铬（Cr）。2014 年 8 月，大连金石滩海岸带整治修复工程实施中，开展的海水主要污染物调查监测，包括铜（Cu）、铅（Pb）、镉（Cd）、石油类（Oil）和悬浮物（SS）。2018 年 11 月，大连金石滩海岸带整治修复工程实施后，开展的海水主要污染物调查监测，包括：温度（T）、盐度、硝酸盐、铵盐、亚硝酸、磷酸盐（PO_4-P）、铜（Cu）、铅（Pb）、锌（Zn）、总铬（Cr）、镉（Cd）、汞（Hg）和石油类（Oil）。

对比分析大连金石滩海岸带整治修复工程实施前、实施后主要污染物浓度变化（表 9－2）。无机氮浓度降低最为显著，海岸带整治修复工程实施前，最大浓度为 154.9015 μg/L，最小浓度为 80.0119 μg/L，平均浓度为 120.1378 μg/L；海岸带整治修复工程实施后无机氮浓度大幅度降低，最大

值、最小值、平均值分别分别只有41.60 μg/L、7.51 μg/L、19.4516 μg/L。活性磷酸盐浓度在海岸带整治修复工程实施前最大值为13.00 μg/L，最小值为3.52 μg/L，平均值为9.17 mg/L；海岸带整治修复工程实施后活性磷酸盐浓度整体有一定降低，最大值为3.43 μg/L，最小值达到1.05 μg/L，平均值达到2.1992 μg/L。石油类浓度在海岸带整治修复工程实施前，最大值为6.01 μg/L，最小值为3.12 μg/L，平均值为4.34 μg/L，海岸带整治修复工程实施后，最大值降低到4.27 μg/L，最小值为1.06 μg/L，平均值为2.0667 mg/L，平均值降低了50%以上。重金属Pb、Cu、Cd的浓度都有所降低，其中Cu浓度降低最为明显，由海岸带整治修复工程实施前的平均值5.8583 μg/L降低到海岸带整治修复工程实施后的平均值1.7375 μg/L；Cd的浓度也在海岸带整治修复工程实施后降低了50%以上。重金属Zn浓度整体有所增加，平均值由海岸带整治修复工程实施前的5.70 μg/L增加到海岸带整治修复工程实施后的7.25 μg/L。Hg浓度在海岸带整治修复工程实施前平均值为0.0085 μg/L，海岸带整治修复工程实施后没有检出。

表9-2 大连金石滩海岸带整治修复工程实施前后海水水质状况变化

污染物类型	海岸带整治修复工程实施前			海岸带整治修复工程实施后		
	最大值	最小值	平均值	最大值	最小值	平均值
DO（mg/L）	8.3700	7.9300	8.2075	—	—	—
COD（mg/L）	1.0300	0.7500	0.8508	—	—	—
石油类（μg/L）	6.0100	3.1200	4.3400	4.2700	1.0600	2.0667
无机氮（μg/L）	154.9015	80.0119	120.1378	41.6000	7.5100	19.4516
PO_4-P（μg/L）	13.0000	3.5200	9.1700	3.4300	1.0500	2.1992
Pb（μg/L）	2.3000	0.2600	0.9458	0.8300	0.5400	0.6725
Cu（μg/L）	6.4000	5.6000	5.8583	2.2000	1.3000	1.7375
Zn（μg/L）	8.2000	4.3000	5.7000	9.5000	4.8000	7.2500
Cd（μg/L）	0.6900	0.3300	0.4925	0.3200	0.1300	0.2363
Hg（μg/L）	0.0110	0.0070	0.0085	未检出	未检出	未检出

五、海底沉积物环境整治工程效果监测

在大连金石滩海滩，从潮间带至潮下带布设调查站点8个，调查站点空间布局见图9-12。采用Trimble® 5800 II GPS测量系统现场勘定并准确记录

每个采样点的经纬度坐标，精确到秒后3位小数点。在海岸整治修复工程实施前的2014年8月和海岸整治修复工程实施后的2018年11月，选择大潮低潮时分别进行海滩表层沉积物采样。采样时以每个调查站点为圆心，在1 m为半径的圆形线上均匀设置4个采样点。用竹刀采集海滩表层沉积物样品，采集深度10 cm。将每个调查站点4个采样点采集的海滩表层沉积物样品混合盛于洁净的聚乙烯袋，做标记后带回实验室，供样品测试分析使用。

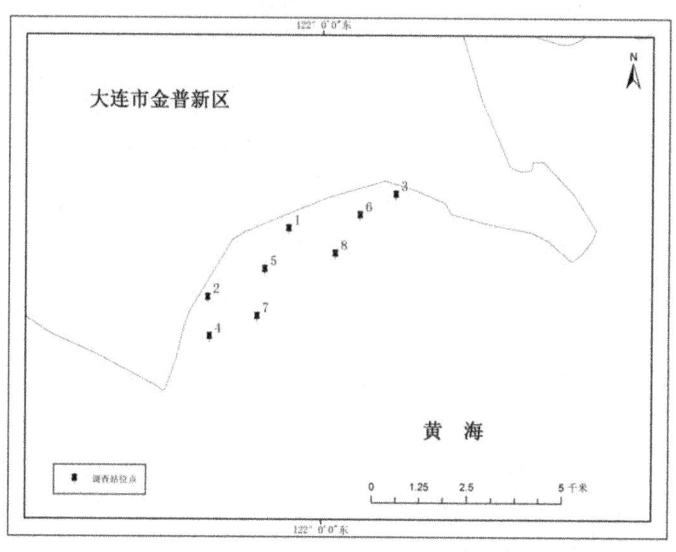

图9－13　大连金石滩海岸整治修复工程海滩沉积物调查站位点

硫化物样品采集后立即用乙酸锌固定。重金属测试样品放置于105 ℃烘箱内烘干；汞、有机碳、石油样品放置于45℃烘箱内烘干，用玛瑙研体碾细，过80目尼龙筛（石油、有机物过金属筛）。所有样品的采集、保存、运输和分析均按照《海洋监测规范》（GB 17378—2007）和《海洋调查规范》（GB/T 12763—2007）的要求执行。每个样品测试分析项目包括：硫化物(S)、有机碳（TOC)、油类（Oil)、铜（Cu)、铅（Pb)、锌（Zn)、镉（Cd)、汞（Hg)、砷（As)、总铬（Cr)。具体检测指标及分析方法见表9－3。

表9－3　海滩沉积物测试分析方法

分析项目	分析方法	仪器设备
硫化物（S)	碘量法	滴定管
总有机碳（TOC)	重铬酸钾法	滴定管
油类（Oil)	紫外法	普析 T6 分光光度计

续表 9-3

分析项目	分析方法	仪器设备
铜（Cu）、铅（Pb）、镉（Cd）、锌（Zn）、总铬（Cr）	原子吸收法	AA880 原子吸收分光光度计
汞（Hg）	冷原子吸收分光光度法	DMA-80 测汞仪
砷（As）	原子荧光法	PF6-2 非色散原子荧光光度计

第三节　大连金石滩海滩资源养护工程效果评价

大连金石滩海滩资源养护工程效果评价包括沙滩资源养护工程效果评价、潮滩资源养护工程效果评价、海滩综合养护工程效果评价。

一、沙滩资源养护工程效果评价

由图 9-13（a）大连金石滩沙滩面积指数空间矢量图可以看出，沙滩面积指数最大值分布在金石滩海滩的最西端 F1 评价单元和最东端 F12 评价单元，而中间高丽城岛后方岬角两侧海滩的沙滩面积指数比较小。这主要是因为在大连金石滩海岸带整治修复工程的过程中，在海滩最西端通过修筑人工岬角，在基岩潮滩上新营造了一段沙滩和潮滩，形成了 F1 评价单元，所以最西端评价单元 F1 的沙滩面积指数最大；而最东端 F12 评价单元，在海岸带整治修复工程实施前，沙滩宽度仅 10 m 左右，在海岸带整治修复工程实施过程中，通过海滩填沙，使沙滩宽度拓展到 100 m 左右，沙滩面积增加了近 10 倍，所以沙滩面积指数达到了 0.8864。F2、F10、F3、F11 评价单元的沙滩面积修复效果也比较明显；而评价单元 F5 和 F7 由于海岸带整治修复工程实施前沙滩宽度就比较大，在海岸带整治修复工程实施过程中只进行了沙体置换，没有大幅度拓宽沙滩宽度，所以沙滩面积修复效果不明显。

图 9-13（b）是大连金石滩沙滩厚度指数的空间矢量图，由于大连金石滩沙滩厚度多超过 50 cm，所以沙滩厚度指数整体比较高，所有评价单元沙滩厚度都在 0.80 以上，最大值分布在海滩最西端的 F1、F2 评价单元和海滩最东端的 F11、F12 评价单元，沙滩厚度指数都在 0.90 以上，而海滩中部的 F4 ～ F8 评价单元的沙滩厚度指数相对比较小，说明海岸带整治修复工程

过程中通过填沙补沙，海滩最西端、最东端海滩沙滩厚度增加相对海滩中部要更大。

由图9－13（c）大连金石滩沙滩底质指数空间矢量图可以看出，沙滩底质指数在空间上差异比较明显，同样是在金石滩海滩最西端F1、F2评价单元和最东端F11、F12评价单元的沙滩底质指数最高，而在东段海滩中间部位F10、F11评价单元，西段海滩中间部位F13评价单元的沙滩底质指数都比较小，这可能与东段海滩中间部位、西段海滩中间的水动力强度比较大以及人类海滩活动比较集中有关系。

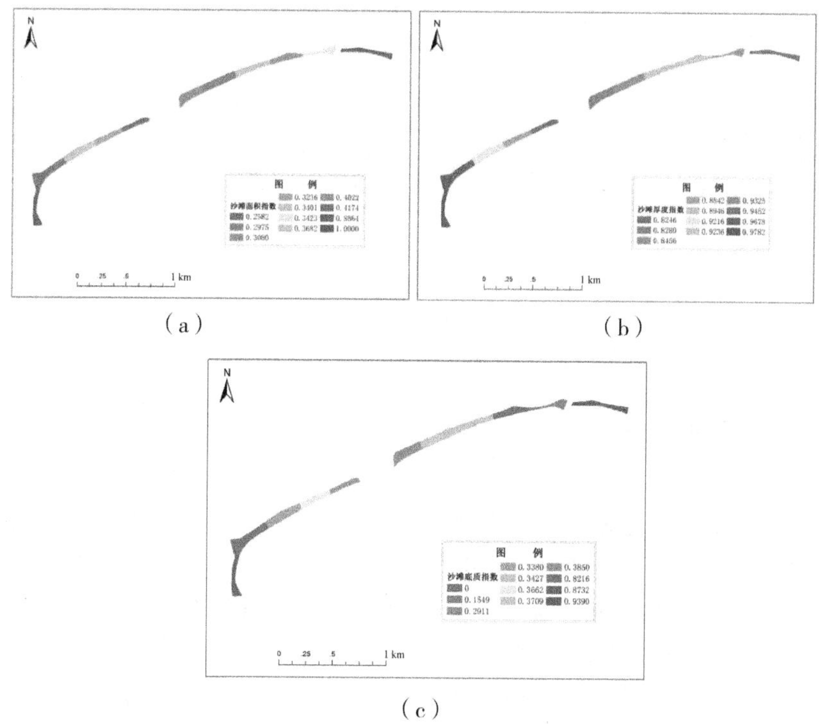

（a）　　（b）

（c）

图9－13　大连金石滩沙滩养护效果评价指标空间差异性

图9－14为大连金石滩12个评价单元的沙滩养护指数分布图。可以看出沙滩养护指数总体处于0.4419～0.9505之间，其中F1、F12评价单元的沙滩养护指数最高，分别达到0.9505和0.9229，说明海滩最东端和最西端的沙滩养护效果最好，这与实际工程施工中最东端、最西端沙滩补沙数量最大及水动力冲淤过程最弱都有关系；F2评价单元的沙滩养护指数次之，沙滩养护效果也比较好；处于西段海滩中间部位的F3、F4评价单元和处于东段海滩中间部位的F8、F9评价单元的沙滩养护指数处于0.50～0.55之

间，沙滩养护效果处于中等水平；而东段沙滩的中间部位 F10、F11 评价单元和中间岬角两边的 F5、F7 评价单元的沙滩养护指数都在 0.50 以下，说明这 4 个评价单元的沙滩养护效果相对较差。

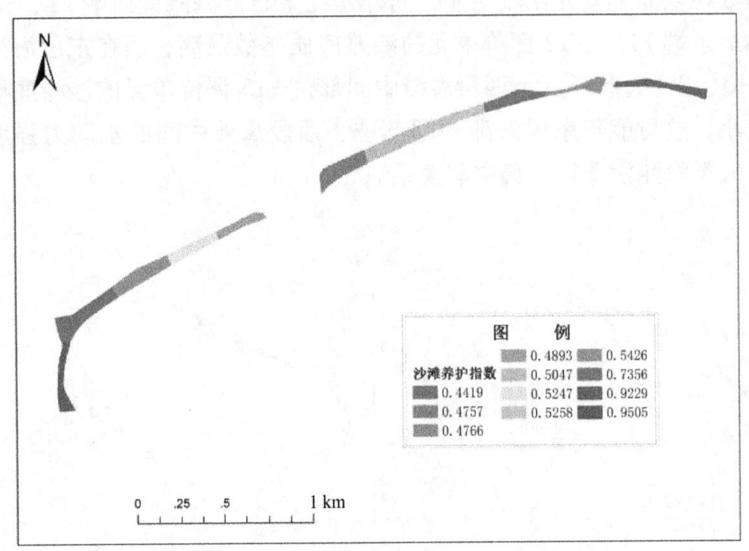

图 9－14　大连金石滩沙滩养护指数空间分布

二、潮滩资源养护工程效果评价

图 9－15 是大连金石滩潮滩资源养护效果评价指标空间差异性分布图，可以看出，潮滩侵淤指数处在 0.4086～0.9452 之间，12 个评价单元潮滩侵淤状况空间差异性比较明显［图 9－15（a）］。12 个评价单元中，F3、F2、F7 评价单元的潮滩侵淤指数都在 0.90 以上，是潮滩剖面形态保持最好的区域；F8、F4、F1 评价单元的潮滩侵淤指数处在 0.80～0.90 之间，潮滩剖面形态也保持得比较好；F5、F6、F9 评价单元的潮滩侵淤指数处在 0.50～0.65 之间，潮滩剖面稍有侵蚀；处于东段海滩最东部的 F10、F11、F12 评价单元的潮滩侵淤指数都在 0.50 以下，潮滩剖面侵蚀明显。总体上西段潮滩剖面形态保持得比较好，而东段潮滩剖面形态保持得稍差，尤其是西南面向的东段海滩东半部分、中间岬角西侧侵蚀比较明显，这可能与大连金石滩海湾 SSW 水动力过程冲淤影响有关。

潮滩底质指数在空间上差异比较大［图 9－15（b）］，F3、F9、F1、F4 评价单元的潮滩底质指数都在 0.90 以上，潮滩底质表层沉积物与潮滩填沙粒径基本一致。F5、F6、F10、F11 评价单元的潮滩底质指数都在 0.50 以下，尤其是处于中间岬角西侧 F5 和 F6 评价单元的潮滩底质指数最小，粒度分析结果表明，这两个评价单元表层沉积物平均粒径都在 5.0 mm 以上，属于粗砂沉积物区域，可能是潮汐动力过程将粒径小的细砂搬运向近海，只留下粒径较大的粗砂沉积物。F2、F8、F12、F7 评价单元的潮滩底质指数在 0.50 ～ 0.70 之间，潮滩表层沉积物粒径保持得也比较好。整体上，金石滩西段潮滩表层沉积物粒径保持得比东段要好，中间岬角西侧岸段潮滩表层沉积物粒径最大。

图 9－15（c）为大连金石滩潮滩游乐指数空间分布图，由于 F1 评价单元在海岸带整治修复工程实施前为基岩滩，不适合游乐活动。在海岸带整治修复工程实施过程中，将基岩潮滩改造成砂质潮滩，适宜嬉水游乐活动，适宜游乐面积新增加了 4.42 hm^2，所以潮滩游乐指数最大；东段海滩中部的 F7、F8、F9 评价单元潮滩游乐指数处于 0.70 ～ 0.80 之间，潮滩适宜游乐空间修复效果也比较明显；其他评价单元的潮滩游乐指数都在 0.50 ～ 0.70 之间，因为这些岸段原来潮滩适宜游乐的空间就比较大，在海岸带整治修复工程实施过程中对潮滩适宜游乐空间增加面积比例较小。

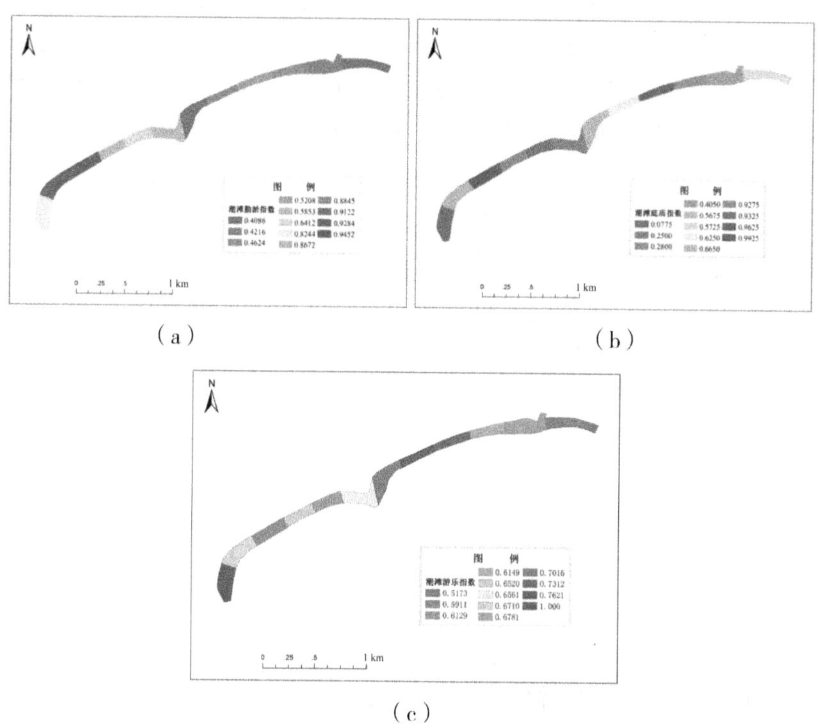

图 9－15　大连金石滩潮滩养护效果评价指标空间差异性

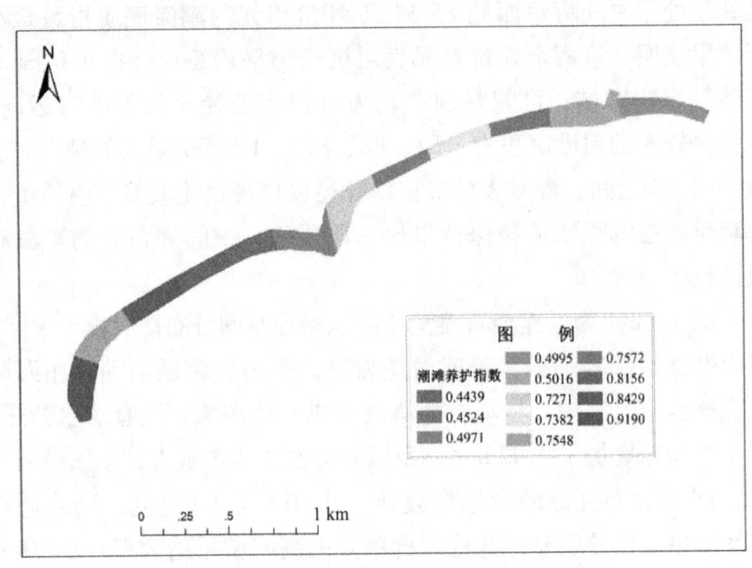

图9-16 大连金石滩潮滩养护指数空间分布

图9-16为大连金石滩潮滩养护指数分布图，可以看出，首先是大连金石滩潮滩养护指数处于0.4439～0.9190之间，其中西段海滩中西部的F1、F2、F3、F4评价单元潮滩养护指数都大于0.75，潮滩总体养护效果最好；其次是东段海滩西部的F7、F8、F9评价单元，潮滩养护指数大于0.70，潮滩总体养护效果比较好；东段海滩最东部的F11、F12评价单元潮滩养护指数在0.50左右，潮滩养护效果稍差；而西段海滩靠近中央岬角的F5、F6评价单元和东段海滩中部的F10评价单元，潮滩养护指数最小，都在0.50以下，潮滩综合养护效果最差。可以看出，潮滩养护指数表现出与沙滩养护指数基本一致的空间差异性特征。

三、海滩综合养护工程效果评价

图9-17为大连金石滩海滩综合养护指数分布图，可以看出，金石滩海滩综合养护指数在空间分布上差异比较明显，整体上可以划分为养护效果好的评价单元、养护效果较好的评价单元、养护效果稍差的评价单元。处于金石滩西段海滩最西端的F1、F2、F3评价单元，海滩综合养护指数都在0.70以上，属于海滩综合养护效果好的岸段，其中F1评价单元海滩综合养护指数达到0.8278，海滩综合养护效果最好；处于西段海滩中间的F4评价单元、处于东段海滩最东端的F12评价单元及处于东段海滩西

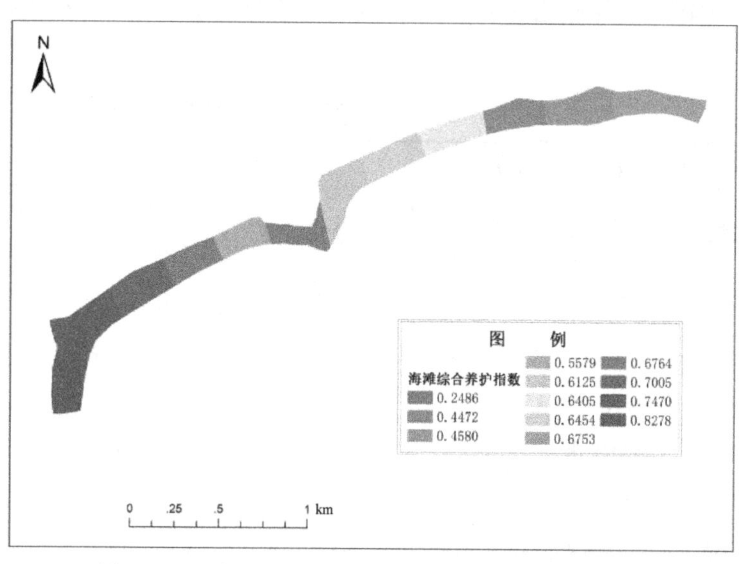

图9－17　大连金石滩海滩综合养护效果指数分布图

部的F7、F8、F9评价单元，海滩综合养护指数在0.50～0.70之间，属于海岸综合养护效果较好的岸段；处于金石滩海滩中央岬角位置的F6评价单元、处于东段海滩中间部位的F10、F11评价单元，海滩综合养护指数都小于0.50，属于海滩综合养护效果稍差的岸段，其中处于金石滩海滩中央岬角位置的F6评价单元，只有潮滩养护效果，没有沙滩存在，所以海滩综合养护效果最差。大连金石滩海岸带整治修复工程实施的海滩综合养护效果整体较好，在空间上，金石滩西段海滩综合养护效果要优于金石滩东段海滩综合养护效果，金石滩海滩中央高丽城岛后方的海滩中央岬角部位海滩综合养护效果最差。

第四节　大连金石滩海岸带景观生态修复工程效果评价

大连金石滩海岸带整治修复工程实施前，海岸带景观生态格局总面积5184.05 hm^2，总斑块数量105个，景观类型14个，主要包括海面（38.37%）、森林（33.41%）、农田（12.35%）、裸露地（3.90%）、建设用地（3.86%）、草地（3.14%）。海岸带整治修复工程实施后，海岸带景观生态格局总面积保持不变，总斑块数量增加为121个，景观类型13个，主要景观类型为海面（38.22%）、森林（31.06%）、建设用地（9.39%）、灌丛（5.04%）、裸露地（4.90%）、草地（4.70%）、道路（2.76%）。见表9－3。

表9－3　大连金石滩砂质海岸带整治修复工程景观类型变化

海岸带整治修复工程实施前			海岸带整治修复工程实施后		
景观类型	面积（hm^2）	斑块数量（个）	景观类型	面积（hm^2）	斑块数量（个）
森林	1731.81	17	森林	1630.38	15
灌丛	96.69	9	灌丛	261.26	17
草地	162.57	3	草地	243.83	10
海面	1989.08	1	海面	1981.16	1
农田	640.14	10	农田	46.77	1
建设用地	200.04	19	建设用地	486.56	29
旅游基础设施	10.43	3	旅游基础设施	62.89	6
沙滩	18.63	2	沙滩	25.94	3
潮滩	42.59	1	潮滩	44.74	2
道路	67.93	27	道路	122.46	21
河流	6.55	2	河流	6.19	3
湖泊	7.31	2	湖泊	17.41	2
裸露地	202.16	8	裸露地	254.00	18
养殖池塘	8.12	1			
合计	5184.05	105	合计	5184.05	121

由于金石滩海岸带整治修复工程主要是置换沙体和修复海滩，只拓宽了海滩，修筑了防护岬角，海面面积虽然有少量减少，但海面一直是整个大连金石滩砂质海岸带景观生态格局的最主要景观类型，面积比例一直保持在38%以上。大连金石滩海岸线以上原为山地丘陵地形，以森林景观为主，海岸带整治修复工程实施前森林景观就是仅次于海面的第二大景观类型，在海岸带景观生态空间整理工程实施过程中部分森林景观被开发转变成其他景观类型，森林面积有所减少，但仍然占到海岸带景观生态格局总面积的30%以上。由于在海岸带景观格局改造过程中将大面积的农田改造成建设用地、道路、旅游基础设施等，所以建设用地面积大幅度增加，已

占到海岸带景观格局总面积的9.39%，成为仅次于海面和森林的第三大景观类型，与之对应的是农田面积减少了593.37 hm^2，在海岸带景观格局中的面积比例减少为0.90%。在海岸带整治修复工程中，海滩西部修建岬角新增海滩一块，新增沙滩面积2.03 hm^2，新增潮滩面积5.95 hm^2，使沙滩总面积达到25.94 hm^2，潮滩总面积也达到44.74 hm^2。另外，在海岸带整治修复工程实施过程中加大了旅游基础设施建设，新建了发现王国、休闲乐园、观海栈道等基础设施，旅游基础设施面积已达到62.89 hm^2。在海岸带整治修复工程中填平了养殖池塘成为后备建设用地，从而减少了1种景观类型。大连金石滩砂质海岸带整治修复工程实施前、实施后景观类型面积具体情况见表9-3。

大连金石滩砂质海岸带整治修复工程实施前海岸带景观生态功能分区不明显，经过海岸带整治修复工程空间景观功能分区整理后，形成蓝海+青山+金沙滩的海岸带景观格局。整个海岸带景观格局可以划分为四大功能分区，处于中心区域的滨海嬉水观光区，以蓝色海面+黄金海岸景观为主体，面积2188.04 hm^2，占海岸带景观格局的42.21%；处于西部岬角区域的森林休闲观光区，以绿色森林景观为主体，面积1697.28 hm^2，占海岸带景观格局的32.74%；处于东部岬角区域的高尔夫休闲娱乐区，以高尔夫休闲场地的森林+草地景观为主，面积443.84 hm^2，占海岸带景观格局的8.56%；处于黄金海岸北部的休闲游乐区，以休闲旅游基础设施+森林+草地景观为主体，面积854.44 hm^2，占海岸带景观格局的16.48%。

一、景观生态空间整理效果评价

大连金石滩砂质海岸带整治修复工程分区整理工程实施前，金石滩海岸带以海面、森林、农田景观为主，旅游休闲娱乐功能分区特点不明显，与滨海旅游休闲娱乐功能一致的景观主体度指数总体为0.84。金石滩海岸旅游休闲娱乐功能空间分区整理工程实施后，滨海嬉水观光区、高尔夫休闲区、森林休闲观光区、休闲游乐区功能分区特点明晰。大连金石滩海岸带整治修复工程实施后各功能分区主要利用方向及其景观主体度指数见表9-4。

表9-4 大连金石滩海岸带各功能分区利用方向及景观主体度指数

序号	功能分区名称	功能区利用方向	主体度指数
1	滨海嬉水观光区	海面、沙滩、潮滩、旅游基础设施	0.98
2	高尔夫休闲区	高尔夫球场绿地、森林	0.88
3	森林休闲观光区	森林、道路、旅游场馆、绿地	0.81
4	休闲游乐度假区	旅游基础设施、湖泊、草地、度假酒店	0.84
总体	金石滩旅游休闲娱乐区	景观广场、沙滩、海面、绿地、园林	0.94

大连金石滩砂质海岸带整治修复工程实施后，海岸带景观格局趋向复杂，主要景观类型转变为海面、森林、海滩、旅游基础设施及道路，总体景观主体度指数为0.94。在4个功能分区中，滨海嬉水观光区以海面、海滩及旅游基础设施为主要利用方向，与滨海嬉水观光利用方向基本一致，景观主体度指数最高，为0.98；高尔夫休闲区以高尔夫球场绿地、山地森林景观为主，在功能区东北部存在港口码头、居住区等与主体功能不一致的利用方向，景观主体度指数为0.88；森林休闲观光区主要利用方向为森林休闲、森林旅游观光、森林保护，由于存在161.29 hm^2的待开发裸露地及草地，这与森林休闲观光的主体功能不一致，景观主体度指数为0.81。休闲游乐度假区主要利用方向有发现王国游乐区、休闲度假酒店、休闲草地、休闲游乐旅游基础设施、道路等，由于存在面积较大的裸露地、农田等与休闲游乐度假主体功能不一致的景观类型，景观主体度指数为0.84。

二、景观生态保护与修复效果评价

2005年，大连金石滩砂质海岸带整治修复工程实施前，大连金石滩海岸带是北黄海北岸典型的岬湾型砂质海岸，海岸带存在海面、潮滩、沙滩、岬角山体森林等自然地貌景观，海岸带景观格局总体景观丰富度指数为8.0，景观自然度指数0.78。金石滩西部岬角全部为山地森林，部分山地丘陵坡地森林被开垦为农田，部分丘陵森林区域被开采后变为裸露地，山地顶部保存着森林自然景观类型，景观自然度指数为0.71，景观丰富度指数为8.0，步行能够看到的景观类型有森林、农田、旅游休闲酒店等。黄金海岸北部的休闲游乐度假区地形多为丘陵坡地，开发比较早，景观丰富度指数为8.0，主要景观类型有森林、灌丛、草地、农田、旅游度假酒店、裸露地等；山地丘陵顶部保留了森林、灌丛等自然景观，平坦区域都开发为农

田、旅游休闲度假酒店等人工改造景观类型，景观自然度指数为0.45。金石滩东部的高尔夫休闲娱乐区开发得比较早，海岸带整治修复工程实施前已经开发建成，景观丰富度指数为7.0，景观类型以森林、草地为主；北部开发了农田、居住区等人工景观类型，景观自然度指数为0.49。中部的嬉水观光区，开发也比较早，但以海面、沙滩为主的自然景观保护得比较好，景观丰富度指数为8.0，步行能够看到的景观类型有海面、沙滩、潮滩、森林、灌丛等；区域内以海面、沙滩等自然景观为主，人工景观类型面积很小，景观自然度指数为0.99。

2018年大连金石滩砂质海岸带整治修复工程实施后，海岸带人工景观类型明显增加，整体景观丰富度指数保持在8.0左右，步行能够看到的景观类型主要有海面、沙滩、森林、旅游基础设施、旅游度假区、草地及道路等；景观自然度指数增加到0.81，主要人工景观类型包括旅游基础设施、旅游度假区、人工草坪、道路等。西部森林休闲观光区：景观丰富度指数减少到6.0左右，步行能够看到的主要景观类型包括森林、灌丛、草地、旅游度假区、道路等；景观自然度指数提升为0.82，主要人工景观类型有旅游度假区及旅游度假酒店。东部高尔夫休闲区：景观丰富度指数减少到6.0，能够看到的景观类型包括森林、灌丛、草地、旅游休闲度假区等；景观自然度指数增加为0.61，主要人工景观类型为高尔夫人工草坪、旅游度假区。休闲游乐度假区景观丰富度指数最高，达到9.0，能够看到的主要景观类型包括森林、灌丛、草地、旅游基础设施、旅游度假区、旅游度假酒店、道路等；景观自然度指数降低为0.32，除部分山地丘陵顶部保留有森林、灌丛等自然景观类型外，多数区域都已开发为人工景观类型。滨海嬉水观光区：景观丰富度指数由8.0增加到9.0，新增加了滨海人工草坪景观，步行能够看到的景观类型包括海面、沙滩、潮滩、旅游基础设施、森林、草坪；景观自然度指数保持原来的0.99，区域内仍以海面、沙滩等自然景观为主，人工景观类型面积很小。大连金石滩砂质海岸带整治修复工程实施前和实施后的海岸带景观格局变化具体见表9－5。

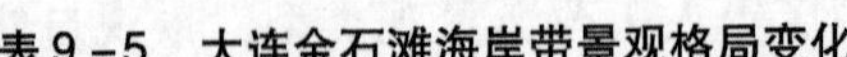

表 9－5　大连金石滩海岸带景观格局变化

区域	海岸带整治修复工程实施前				海岸带整治修复工程实施后			
	景观类型	面积（hm^2）	景观丰富度指数	景观自然度指数	景观类型	面积（hm^2）	景观丰富度指数	景观自然度指数
滨海嬉水观光区	海面	1989.08			海面	1981.16		
	潮滩	42.59			潮滩	44.74		
	沙滩	19.37			沙滩	25.94		
	旅游设施	10.43			旅游设施	13.06		
	道路	5.08	8.0	0.99	道路	7.42	9.0	0.99
	灌丛	14.18			灌丛	0.26		
	森林	7.89			森林	23.64		
	港池	6.43			港池	6.21		
					草地	32.80		
高尔夫娱乐区	草地	113.07			草地	113.07		
	林地	212.95			森林	216.91		
	建设用地	38.85			建设用地	53.80		
	农田	37.16	7.0	0.49	灌丛	45.92	5.0	0.61
	道路	2.10			道路	1.83		
	裸露地	34.25						
	湖面	0.88						
森林休闲观光区	森林	1243.41			森林	1213.54		
	灌丛	14.50			灌丛	134.58		
	草地	23.69			草地	130.76		
	道路	16.34	8.0	0.71	道路	55.78	6.0	0.82
	建设用地	64.82			建设用地	118.04		
	裸露地	48.93			裸露地	161.29		
	农田	394.34						
	养殖池塘	8.12						

续表 9－5

区域	海岸带整治修复工程实施前				海岸带整治修复工程实施后			
	景观类型	面积（hm^2）	景观丰富度指数	景观自然度指数	景观类型	面积（hm^2）	景观丰富度指数	景观自然度指数
休闲游乐度假区	森林	275.45	8.0	0.45	森林	187.61	9.0	0.32
	灌丛	68.01			灌丛	80.50		
	建设用地	96.37			建设用地	314.76		
	农田	208.65			农田	46.77		
	裸露地	118.98			裸露地	92.71		
	道路	41.55			道路	57.45		
	河流	6.55			河流	6.19		
	草地	25.81			旅游设施	49.83		
					湖泊	11.20		

三、景观生态格局优化效果评价

对比分析大连金石滩砂质海岸带整治修复工程实施前和实施后的景观破碎度指数（图 9－18），海岸带整治修复工程实施前，区域总斑块数量为 107 个，景观破碎度指数为每个 48.45 hm^2；海岸带整治修复工程实施后，

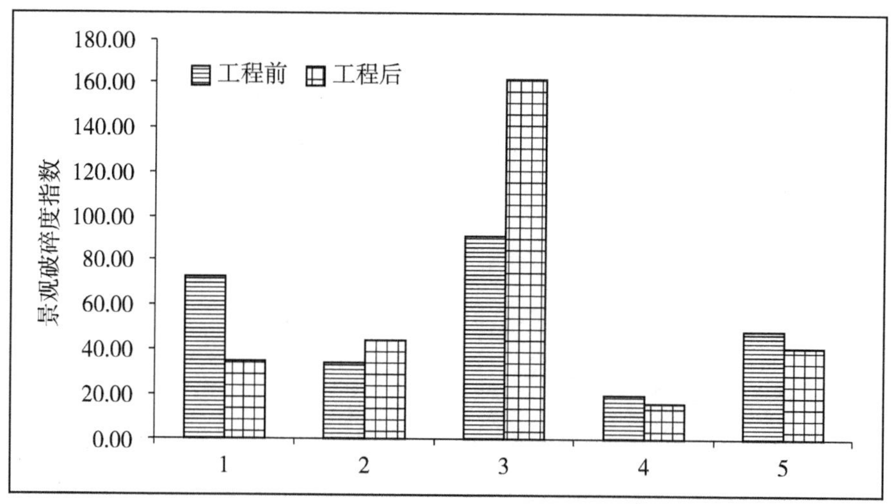

图 9－18　大连金石滩海岸带各功能分区景观破碎度指数

注：1. 森林休闲观光区；2. 高尔夫休闲区；3. 滨海嬉水观光区；4. 休闲游乐度假区；5. 金石滩旅游休闲度假区

景观斑块总数量降低到128个，景观破碎度指数提升到每个40.50 hm^2。休闲游乐度假区：景观破碎度指数最小，且海岸带整治修复工程实施前后变化不大，分别为每个18.29 hm^2和16.29 hm^2。滨海嬉水观光区：景观破碎度指数最大，说明景观斑块保持得比较完整，海岸带整治修复工程实施前，为每个91.18 hm^2；海岸带整治修复工程实施后，进一步增加到每个160.85 hm^2。森林休闲观光区：海岸带整治修复工程实施前，景观斑块数量为25个，景观破碎度指数为每个72.57 hm^2；海岸带整治修复工程实施后，景观斑块数量增加到53个，景观破碎度指数为每个34.23 hm^2。高尔夫休闲区：海岸带整治修复工程实施前，景观斑块数量13个，景观破碎度指数为每个33.18 hm^2；海岸带整治修复工程实施后，景观斑块数量11个，景观破碎度指数为每个43.15 hm^2。

在海岸带景观格局改变方面，海岸带整治修复工程实施后，大连金石滩海岸景观格局整体有所改变，景观变化度指数为0.27，说明海岸带整治修复工程改变了27%的原有景观（图9－19）。在4个功能分区中，休闲游乐度假区景观格局改变最大，由原来以农田、林地、灌丛为主，改变为旅游度假区、旅游基础设施、草坪、道路，景观变化度指数为0.73；森林休闲观光区次之，景观格局美化工程改变了超过48%的原有景观，景观变化度指数都为0.48。滨海嬉水观光区景观改变程度最小，景观变化度指数为0.04。高尔夫休闲区景观格局美化改变了部分海岸景观类型，景观变化度指数为0.31。

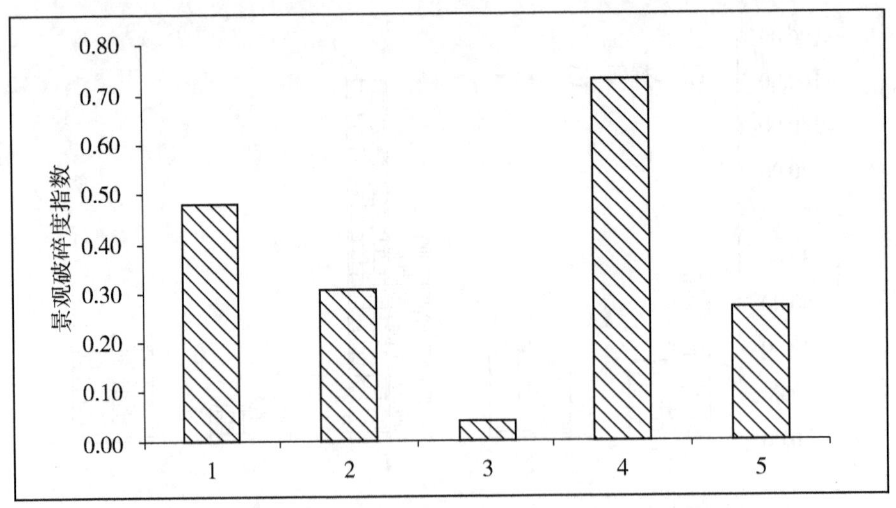

图9－19　大连金石滩海岸带各功能分区景观变化度指数

注：1. 森林休闲观光区；2. 高尔夫休闲区；3. 滨海嬉水观光区；4. 休闲游乐度假区；5. 金石滩旅游休闲度假区

四、海滩资源养护效果评价

2005 年海岸带整治修复工程实施前，大连金石滩海滩处于东部岬角与西部岬角环抱的开阔型海湾内，以海湾中部的高丽城岛为界将海滩分为东段和西段两部分，东段长度 2500 m，被游艇港池分割为 2 小段，游艇港池以西沙滩段为主体，长度约 2000 m，游艇港池以东沙滩宽度仅 20 m 左右，长度约 500 m，总面积 11.01 hm^2；西段沙滩从高丽城岛延伸到西端河口，长度 1500 m，沙滩宽度 50.0～80.0 m，总面积为 8.35 hm^2。海岸带整治修复工程实施前金石滩沙滩总面积 19.37 hm^2。海岸带整治修复工程实施时，在海滩西端，通过修筑人工岬角，新营造沙滩 150 m，面积 2.03 hm^2；同时，通过沙滩沙体置换与养护，拓宽了东段和西段的沙滩宽度。海岸带整治修复工程实施后，金石滩沙滩分为 4 段，沙滩总面积达到 25.94 hm^2，沙滩面积指数为 1.34，说明海岸带整治修复工程实施增加了 34% 的沙滩景观面积。

2005 年，大连金石滩海岸带整治修复工程实施前，从平均大潮高潮线到 -2.0 m 等深线的适宜嬉水游乐海域面积为 42.59 hm^2，海岸带整治修复工程实施过程中在海滩西端营造人工沙滩和潮滩，新增适宜嬉水游乐海域面积为 5.95 hm^2。大连金石滩海岸带整治修复工程实施后，适宜游泳嬉水潮滩水域面积增加为 44.74 hm^2，适宜游泳嬉水潮滩水域面积为 2.15 hm^2，适宜游乐区系数为 1.05，海岸带整治修复工程增加了 5.0% 的适宜嬉水游乐海域。

五、结果讨论

大连金石滩海岸带整治修复工程是一项海岸带资源开发与保护修复的系统工程，包括海岸带空间资源整理、海岸侵蚀防护、沙滩养护、滨海旅游资源开发、海岸带特色景观塑造等，这一系列工程的实施，整体改变了砂质海岸带原生景观格局。将以海岸沙滩、沙丘、海面、防护林、农田为主的砂质海岸带原生景观格局改造成以广场、绿地、雕塑、沙滩、海面为主的人工 + 自然景观格局。这种景观格局的改变虽然改善了景观通达性和观赏性，但这种景观格局的改变却较少考虑生态功能[216-219]。海岸带森林景观类型部分被毁坏，取而代之的是草坪和花坛，不但弱化了海岸带景观格局的生态系统服务功能，而且也增加了人工景观的维护成本[218-219]。砂

质海岸带整治修复工程，要以生态系统服务功能维护为前提，在尽量保全砂质海岸原生景观格局的基础上，修复和优化海岸带景观生态格局，以景观生态学内涵为指导，实现生态健康式持续发展。

第五节　大连金石滩海域水动力水环境整治工程效果评价

大连金石滩海域水动力水环境整治工程效果评价包括海域水动力环境整治工程效果评价和海域水环境整治工程效果评价。

一、近岸海域水动力环境整治工程效果评价

1. 近岸海域水文水动力效果分析模拟

采用第六章所述的FVCOM模型，模拟研究大连金石滩海岸带整治修复工程实施后的近岸海域水动力环境，并采用海岸带整治修复工程实施前的实测数据进行模型验证。模拟采用非结构三角网络，由38056个节点和73532个三角单元组成，最小空间步长为4 m，且与工程实施前的网格尺度保持一致。为了能清楚了解大连金石滩海岸带整治修复工程海域的涨落潮水文动力过程，特将大连金石滩海岸带整治修复工程海域局部网格进行加密，加密网格区域见图9－20。

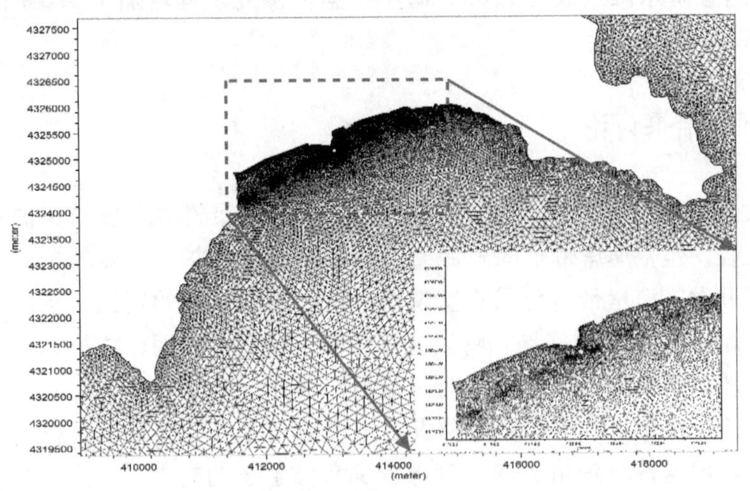

图9－20　大连金石滩海湾数值模拟模型计算域网格划分图

采用2012年在大连金石滩海湾附近海域的实测潮流数据验证数值模拟结果。实测潮流数据包括高潮期间（2012年7月19日12：00～7月20日12：00，阴历六月初一至初二）涨落潮观测数据、低潮期间（2012年7月26日11：00～7月27日11：00，阴历六月初八至初九）。6个观测站位连续25个小时的海流测量及3个月的潮位实测资料，实测数据分为表层、0.2H层、0.6H层、0.8H层和底层5个层次，每层次每隔1 h观测一次。将模拟的大潮高潮期间流速、流向值与6个观测站位实测的大潮期间流速、流向值进行比较，具体见图9－21；将模拟的大潮低潮期间流速、流向值与6个观测站实测的大潮低潮期间流速、流向值进行比较，具体见图9－22。通过比较发现，除个别时刻外，大部分时间的潮汐涨落潮流速、流向的模拟过程和实际测量的潮汐涨落潮流速、潮汐流向过程基本吻合，整个潮汐过程流速模拟值与实际测量值基本一致。验证结果符合《海岸与河口潮流泥沙模拟技术规程》（JTST 231－2—2010）要求，计算结果与实测憩流时间和最大流速出现的时间偏差小于0.5 h，流速过程线的形态基本一致，涨、落潮段平均流速偏差小于10%。

2. 近岸海域水文水动力环境整治工程效果评价

由于大连金石滩海岸带整治修复工程多位于潮间带海域，工程实施后对海域整体流态影响很小。对比工程实施前、后的流场图变化可以发现（图9－23）：海岸带整治修复工程实施后涨急时刻（高潮时）近岸沙滩滩面高于水面，整个沙滩滩肩及以上部分全部出露，由于黄咀子湾海域潮差较大，在低潮时整个沙滩均露出水面，其他时刻的沙滩滩面宽度介于高潮与低潮之间。受人造沙滩和岬角（防波堤）影响，工程附近流场与工程实施前相比有所改变，流速、流向均有所变化。涨急时刻（高潮时）：西海滩西侧岬角（防波堤）的岬头附近水域处流速有所增大，但增大的幅度有限，增加量在2～10 cm/s，分析原因是西侧岬角（防波堤）建成后潮流在岬角（防波堤）堤头产生挑流，引起流速增大；西侧岬角（防波堤）南北两侧及补沙区由于补沙后水深变浅潮水不易到达，加之岬角（防波堤）的阻流作用，所以这两个区域流速有所减小，减小幅度在0～8 cm/s之间。落急时刻（低潮时）：西海滩西侧岬角（防波堤）堤头附近水域流速有所减小，大约在5 cm/s以内；西侧岬角（防波堤）南北两侧及补沙区，流速有所增大，增大幅度在2 cm/s以内。

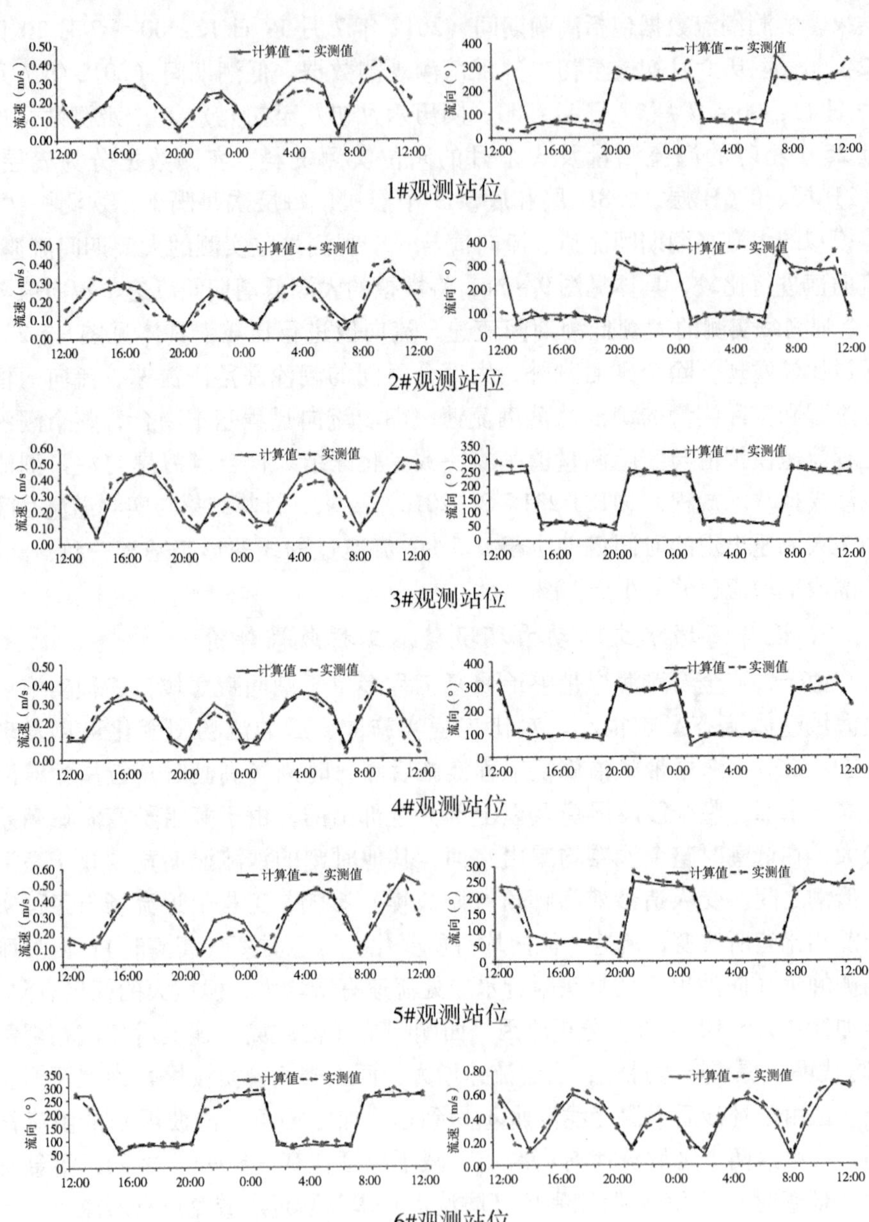

图9-21　大连金石滩金近岸海域大潮垂线平均流速/流向模拟结果与实测结果对比

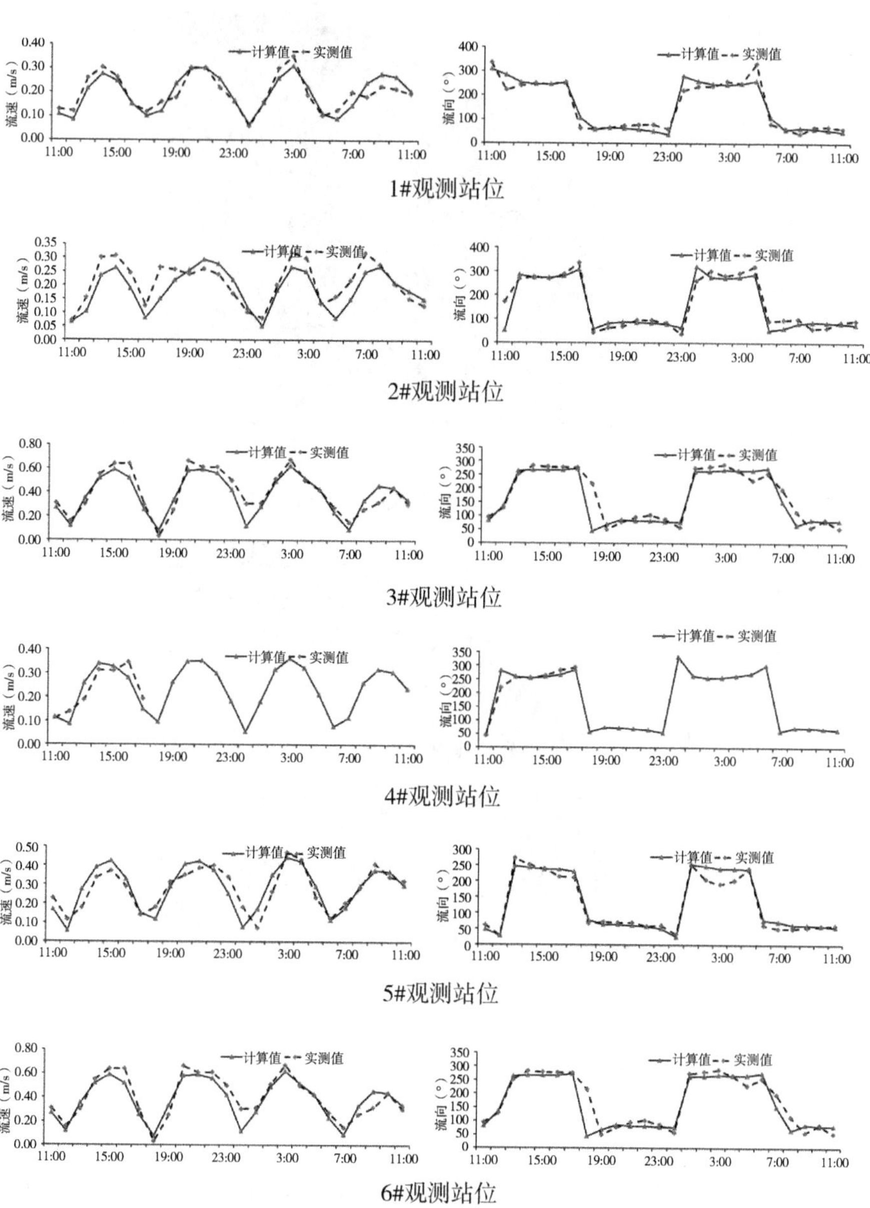

图 9－22　大连金石滩近岸海域小潮垂线平均流速/流向模拟结果与实测结果对比

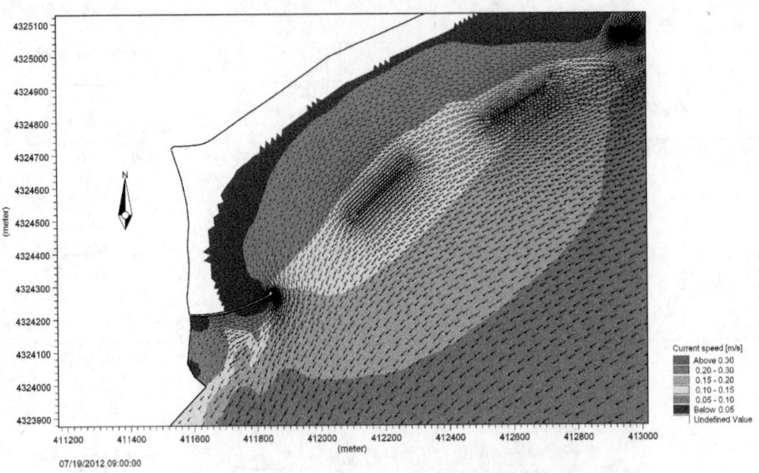

（1）涨潮时刻大连金石滩附近海域流场图

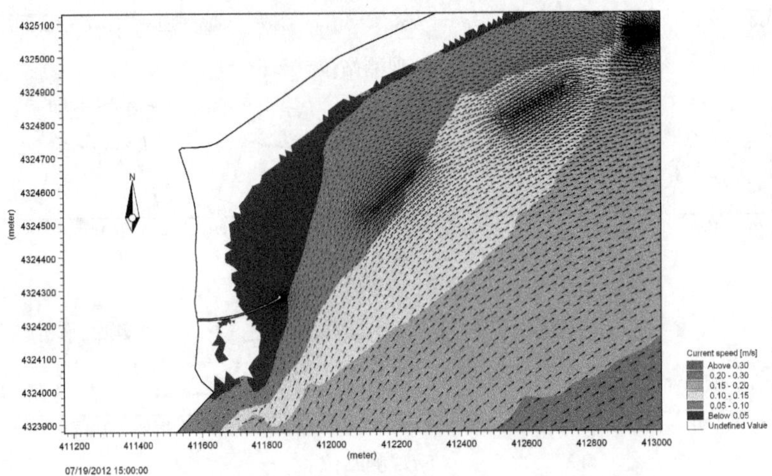

（2）落潮时刻大连金石滩及附近海域流场图

图 9 – 23　大连金石滩海岸带整治修复工程实施后近岸海域涨、落潮时刻海域流场图

为进一步量化海岸带整治修复工程对附近海域流场的影响程度，在金石滩附近海域布置共计 13 个代表点。通过海岸带整治修复工程实施前、实施后代表点流速、流向对比，定量说明填沙及岬角（防波堤）工程对附近海域流场的影响程度，具体见表 9 – 6。

表9-6　大连金石滩海岸带整治修复工程实施前、实施后近岸海域特征点水动力变化

点位	涨潮最大流速变化率（%）	涨潮流向变化量（°）	落潮最大流速变化率（%）	落潮流向变化量（°）
1	-25.99	-13.40	-69.34	110.94
2	-6.36	-4.74	-17.78	-4.69
3	-6.83	-2.04	-6.21	-2.49
4	-3.49	-0.17	-0.90	0.09
5	-1.33	-0.49	-1.39	-0.72
6	-1.67	-1.19	-1.49	-1.51
7	-1.15	-2.50	0.39	-1.79
8	0.36	-5.78	1.96	-0.76
9	-86.85	-86.66	-85.42	-70.18
10	-50.69	-58.18	-60.93	53.84
11	15.52	-22.38	5.51	4.57
12	44.57	8.44	-15.26	9.14
13	-42.50	79.85	30.83	21.26

对比分析海岸带整治修复工程实施前和实施后西海滩西侧水域近岸区1号点、2号点、3号点和4号点的流速、流向，可以看出西岬角（防波堤）及岬角（防波堤）北侧补沙工程对靠近工程区域1号点的流速峰值由0.09 m/s减小到0.07 m/s以内，流向也发生了明显变化。对于远离岬角（防波堤）和补沙区的2号点、3号点和4号点，流速变化幅值在0.01 m/s以内，几乎没有发生变化，流向也没有改变。5号点、6号点、7号点和8号点流速增减幅度都处于-5%～5%之间，说明海岸带整治修复工程对离岸区域的潮流影响比较小。9号点和10号点处于西海滩西侧岬角（防波堤）北侧水域，受西侧岬角（防波堤）掩护作用，北侧水域流速明显减小，流速值减小到0.04 m/s以内，涨落潮过程流向比较混乱。11号点和12号点位于西海滩西侧岬角（防波堤）堤头，受西侧岬角（防波堤）堤头挑流影响，流速增大，流速峰值最大在0.16 m/s以上。13号点位于西海滩西侧岬角（防波堤）南侧，受岬头阻流作用影响，流速减小，流速峰值最大由0.10 m/s减小到0.05 m/s，岬角（防波堤）阻流作用也导致流向较工程实施前发生了明显变化。

二、近岸海域水环境整治工程效果评价

根据大连金石滩近岸海域海水采样点分布情况，采样点1、2、3、4、5、6位于旅游休闲娱乐区，海水环境质量要求执行不低于二类海水水质标准；采样点7和10位于港口航运区，海水环境质量要求执行不低于三类海水水质标准；采样点8和9位于保留区海水环境质量要求不低于现状水平。大连金石滩海岸带整治修复工程实施前和实施后主要海水污染物达标状况见表9－7。

表9－7　大连金石滩海岸带整治修复工程施工前后二类水质站位达标比例

污染物类型	工程实施前		工程实施后	
	达标站位比例	平均污染指数	达标站位比例	平均污染指数
DO	100%	1.6415	—	—
COD	100%	0.284	—	—
石油类	100%	0.041	100%	0.09
无机氮	100%	0.065	100%	0.055
PO_4-P	100%	0.074	100%	0.31
Cu	100%	0.586	100%	0.17
Pb	100%	0.189	100%	0.13
Zn	100%	0.114	100%	0.15
Cd	100%	0.099	100%	0.02
Hg	100%	0.043	100%	0

石油类在海岸带整治修复工程实施前所有站位都满足二类水质标准（≤0.05 mg/L），平均污染指数只有0.041；海岸带整治修复工程实施后，100%站位的石油类浓度达到二类水质标准，平均污染指数增加为0.09。无机氮在海岸带整治修复工程实施前所有站位都满足二类水质标准（≤0.30 mg/L），平均污染指数为0.065；海岸带整治修复工程实施后，100%站位达到二类水质标准，平均污染指数降低为0.055。PO_4-P在海岸带整治修复工程实施前100%站位满足二类水质标准（≤0.03 mg/L），平均污染指数为0.074；海岸带整治修复工程实施后，100%站位达到二类水质标准，平均污染指数为0.31。重金属Cd和Hg在海岸带整治修复工程实施前和实施后，所有监测站位都达到二类水质标准（≤5.0 μg/L、≤0.2 μg/L），海岸带整

治修复工程实施前平均污染指数分别为 0.099、0.043；海岸带整治修复工程实施后 Cd 的平均污染指数降低到 0.02，Hg 在海水中没有检出。Cu 在海岸带整治修复工程实施前，100% 的监测站位达到二类水质标准（≤0.01 mg/L），平均污染指数为 0.586；海岸带整治修复工程实施后，所有监测站位铜的浓度都达到二类水质标准，平均污染指数降低为 0.17。Pb 在海岸带整治修复工程实施前，所有监测站位都达到二类水质标准（≤5.0 μg/L），平均污染指数为 0.189；海岸带整治修复工程实施后，100% 监测站位达到二类水质标准，平均污染指数降低为 0.13。Zn 在海岸带整治修复工程实施前，有 100% 监测站位都达到二类水质标准（≤50.0 μg/L），平均污染指数为 0.114；海岸带整治修复工程实施后，100% 监测站位达到二类水质标准，平均污染指数增加为 0.15。DO 在海岸带整治修复工程实施前所有站位都满足二类水质标准（>5.00 mg/L），平均污染指数达到 1.6415，海岸带整治修复工程实施后，没有监测该指标。COD 在海岸带整治修复工程实施前所有站位都达到二类水质标准（≤3.00 mg/L），平均浓度达标倍数达到 0.284，海岸带整治修复工程实施后，没有监测到该指标。

大连金石滩海岸带整治修复工程实施前，金石滩附近海域受到 2010 年溢油事故影响，海滩部分沙体受到溢油污染。以旅游休闲娱乐区二类海水水质标准分析，大连金石滩海岸带整治修复工程实施前，金石滩附近海域水体主要污染物无机氮（120.1378 μg/L），污染指数为 0.065；PO_4-P（9.17 μg/L），污染指数为 0.074；石油类（4.34 μg/L），污染指数为 0.041；重金属 Zn（5.70 μg/L），污染指数为 0.114；重金属 Cu、Pb、Cd、Hg 的污染指数分别为 0.586、0.189、0.099、0.043。重金属铜的污染指数最大，是大连金石滩附近海域海水环境质量的"最大值"，但是所有监测站位都满足二类海水水质标准要求，海水环境质量指数为 0.586。

海岸整治修复工程实施后，置换了部分受到溢油污染的海滩沙体，清除了海水部分污染物的污染源，海水环境质量整体有所改善。无机氮（19.4516 μg/L），污染指数 0.055；PO_4-P（2.1992 μg/L），污染指数 0.31；石油类（2.0667 μg/L），污染指数 0.09；重金属 Zn（7.25 μg/L），污染指数 0.15；重金属 Cu、Pb、Cd、Hg 的污染指数分别为 0.17、0.13、0.02、0。可以看出，海岸带整治修复工程实施后，多数污染物的污染指数都有所降低，只有 PO_4-P 的污染指数发生了增大，在所有污染指数中最大，成为大连金石滩附近海域水环境污染的"最大值"，但仍然满足二类海水环境质量标准要求，海水环境质量指数为 0.310（图 9－24）。

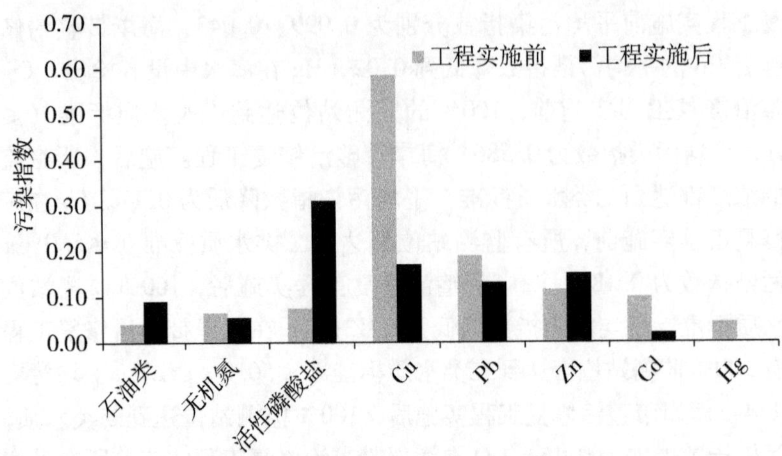

图9-24　大连金石滩海岸带整治修复工程实施前后海水污染指数变化

三、海滩底质环境整治工程效果评价

根据大连金石滩近岸海域底质沉积物采样点分布情况，采样点1、2、3、4、5、6位于旅游休闲娱乐区，海洋底质沉积物环境质量要求执行一类标准；采样点7和10位于港口航运区，海洋底质沉积物环境质量要求执行二类标准；采样点8和9位于保留区，海洋底质沉积物环境质量要求不低于现状水平。大连金石滩海岸带整治修复工程实施前、实施后主要海洋底质沉积物达标状况见表9-8。

表9-8　大连金石滩海岸带整治修复工程实施前、实施后海洋底质沉积物站位达标比例

		石油类	TOC	S	Cu	Pb	Zn	Cd	Cr
工程实施前	达标站位比例	50%	100%	100%	100%	100%	100%	100%	100%
	最大污染指数	3.00	0.62	0.65	0.67	0.54	0.55	0.24	0.84
	最小污染指数	0.24	0.23	0.14	0.35	0.40	0.38	0.20	0.51
	平均污染指数	1.27	0.44	0.34	0.54	0.47	0.45	0.23	0.69
工程实施后	达标站位比例	80%	—	—	100%	100%	100%	100%	100%
	最大污染指数	1.82	—	—	0.45	0.27	0.53	0.28	0.91
	最小污染指数	0.28	—	—	0.24	0.13	0.13	0.12	0.24
	平均污染指数	0.75	—	—	0.35	0.19	0.32	0.20	0.48

大连金石滩海岸带整治修复工程实施前，金石滩附近海域受到2010年溢油事故影响，海滩部分沙体受到溢油污染。以旅游休闲娱乐区二类海洋底质沉积物环境质量标准分析，大连金石滩海岸带整治修复工程实施前，金石滩附近海域海洋底质沉积物主要污染物石油类，其中采样点5的污染指数最大，达到3.00；其次是采样点3，污染指数为2.03；采样点8污染指数第三，为1.16，其他采样点的海洋底质沉积物环境质量都达到一类标准，石油类污染物达标站位数达到50%。有机碳和硫化物所有监测站位都满足一类海洋底质沉积物环境质量标准，其中有机碳最大污染指数为0.62，平均污染指数为0.44；硫化物最大污染指数为0.65，平均污染指数为0.34。重金属Cu、Pb、Zn、Cd、Cr所有监测站位都满足一类海洋底质沉积物环境质量标准，最大污染指数分别为0.45、0.27、0.53、0.28、0.91。石油类的污染指数最大，是大连金石滩附近海域海洋底质沉积物环境质量的“最大值”，海洋底质沉积物环境质量指数最大值为3.00，平均值为1.27。

海岸带整治修复工程实施后，受到溢油污染的海滩沙体置换清除，潮间带置换后的清洁沙体在潮汐、波浪等水动力过程作用下，向近海海底扩散沉淀，改善了大连金石滩近岸海洋底质沉积物环境质量。石油类污染物中，5个监测站位中只有采样点4超出海洋底质沉积物环境质量一类标准，污染指数为1.82；采样点1、2、6、7的石油类污染物浓度都符合海洋底质沉积物环境质量一类标准，污染指数分别为0.28、0.48、0.29、0.88。重金属Cu、Pb、Zn、Cd、Cr所有监测站位都满足海洋底质沉积物环境质量一类标准，最大污染指数分别为0.67、0.54、0.55、0.24、0.84。石油类的污染指数仍然最大，是大连金石滩附近海域海洋底质沉积物环境质量的“最大值”，但是海洋底质沉积物环境质量指数大幅度降低，最大值为1.82，平均值为0.75。

第六节　大连金石滩海岸带整治修复工程效果综合评价

大连金石滩海岸带整治修复工程效果综合评价包括海岸带整治修复工程效果指标赋值、海岸带整治修复工程综合效果模糊数学计算和海岸带整治修复工程综合效果分析。

一、海岸带整治修复工程效果指标赋值

按照第七章砂质海岸带整治修复工程效果综合评价指标量化方法，对大连金石滩砂质海岸带整治修复工程的自然环境效果、景观生态效果、海滩资源效果、社会经济效果四方面的指标层17个评价指标进行监测分析与赋值。

1. 自然环境效果监测分析与赋值

自然环境效果评价指标有海滩地形坡度、潮流流速变化、半交换周期变化和海水环境质量指数变化4个评价指标，通过第八章第二节自然环境效果中地形地貌监测方法，第八章第二节水文水动力监测方法，第八章第二节海水环境质量监测方法获得数据。计算比较海岸带整治修复工程实施前和实施后以上4个评价指标的数值变化，进行综合赋值。

（1）海岸地形坡度变化：大连金石滩海岸带整治修复工程的地形坡度变化监测见本书第八章第二节，采用公式（4.2.8）坡度离散方差计算大连金石滩海岸带整治修复工程实施前的海滩坡度离散方差和整治修复工程实施后的海滩坡度离散方差，比较海岸带整治修复工程实施前和实施后的海滩地形坡度离散方差，进行指标赋值。大连金石滩海岸带整治修复工程实施前，海滩已进行了旅游娱乐开发，海滩地形坡度相对一致，海滩坡度离散方差小于0.10；海岸带整治修复工程置换了海滩油污沙体，按照设计的海滩剖面进行了补沙，补沙后海滩地形坡度更为一致，海滩离散方差仍小于0.10。海岸带整治修复工程实施前和实施后海滩地形坡度变化在±10%以内，海滩地形坡度综合赋值3.0。

（2）落潮流速变化：对比大连金石滩海岸带整治修复工程实施前的平均落潮流速和海岸带整治修复工程实施后的平均落潮流速。根据大连金石滩海岸带整治修复工程实施前和实施后的现场实测资料，海岸带整治修复工程实施前，近岸海域表层大潮落潮平均流速7.48 cm/s。海岸带整治修复工程实施后，湾内近岸海域表层大潮落潮平均流速在7.83 cm/s以内，海洋落潮流速变化指数为0.047，小于±10%的明显变化阈值，表明大连金石滩海岸带整治修复工程实施前和实施后近岸海域表层大潮落潮平均流速基本没有发生变化，落潮流速变化指数综合赋值3.0。

（3）水体半交换周期变化：分别计算大连金石滩海岸带整治修复工程实施前和实施后海湾的水体半交换周期。由于大连金石滩海湾是面向北黄海的开阔型海湾，海岸带整治修复工程实施前计算的海湾水体半交换周期

为25.63小时；海岸带整治修复工程实施过程中基本没有改变海湾形状，工程实施后海湾水体半交换周期为25.12小时。按照公式（6.1～6.29）计算的水体半交换变化率为0.020，小于±10%的明显变化阈值，说明海岸带整治修复工程实施没有改变金石滩海域水体半交换周期，水体半交换周期变化率综合赋值3.0。

（4）海洋环境质量变化：由于大连金石滩海岸带整治修复工程海滩资源修复的主要目的是修复受原油泄漏污染影响的海滩沙体及其海洋底质环境。海岸带整治修复工程实施前，海洋底质环境中石油类的污染指数最大，是大连金石滩附近海域海洋底质沉积物环境质量的“长板”，海洋底质沉积物环境质量指数最大值为3.00，平均值为1.27。海岸带整治修复工程实施后，由于对海滩底质污染沙体进行了置换，清除了影响海洋环境的油污沙体，海洋底质环境质量有了较大改善，石油类的污染指数仍然最大，是大连金石滩附近海域海洋底质沉积物环境质量的“最大值”，但是海洋底质沉积物环境质量指数大幅度降低，最大值为1.82，平均值为0.75。大连金石滩海岸带整治修复工程实施前和实施后海洋底质环境质量平均指数减少了40.95%，海洋底质环境指数明显降低，海洋水环境质量变化综合赋值5.0。

2. 景观生态效果监测分析与赋值

景观生态效果评价指标包括景观自然度指数、景观丰富度指数、景观破碎度指数和景观主体度指数，主要通过对比本章第四节海岸带整治修复工程实施前卫星遥感影像监测的海岸带景观格局和海岸带整治修复工程实施后卫星遥感影像监测的海岸带景观格局，并分别计算以上4个景观生态效果评价指数，比较它们的数值变化进行综合赋值。

（1）景观主体度指数变化：大连金石滩砂质海岸带整治修复工程实施前，海岸带空间分区不明显，与滨海旅游功能一致的景观主体度指数为0.84；海岸带整治修复工程实施后，海岸带景观以海面、森林、沙滩为主，分为西部森林休闲区、中部发现王国休闲娱乐区、海滩观光游乐区、东部高尔夫休闲娱乐区4个区域，与滨海旅游功能一致的景观主体度指数为0.94。与海岸带整治修复工程实施前比较，海岸带整治修复工程实施后景观主体度指数增加11.91%，景观主体度指数变化综合赋值4.0。

（2）景观自然度指数变化：大连金石滩砂质海岸带整治修复工程实施前，大连金石滩海岸以森林、海域水面自然景观为主，景观自然度指数为0.78；海岸带整治修复工程实施后，部分森林被开发成建设用地，海岸带景观自然度指数总体为0.81。对比海岸带整治修复工程实施前和实施后的景观自然度指数，海岸带整治修复工程实施后海岸带景观自然度指数增加了3.84%，综合赋值3.0。

（3）景观丰富度指数变化：大连金石滩海岸带整治修复工程实施前，海岸带步行能够看到的主要景观类型有：森林、海面、沙滩、农田等，平均景观丰富度指数为8.0；海岸带整治修复工程实施后，步行能够看到的景观类型有：海面、森林、沙滩、旅游娱乐设施、广场、草地等，景观丰富度指数仍维持在8.0。与海岸带整治修复工程实施前比较，景观丰富度指数没有变化，景观丰富度指数变化综合赋值3.0。

（4）景观破碎度指数变化：大连金石滩海岸带整治修复工程实施前，总斑块数量为107个，景观破碎度指数为每个48.45 hm^2；大连金石滩海岸带整治修复工程实施后，海岸带景观格局斑块数量为128个，景观破碎度指数为每个40.50 hm^2。大连金石滩海岸带整治修复工程实施后，海岸带景观破碎度指数减小16.41%，属于景观破碎度有所减少，景观破碎度指数变化综合赋值4.0。

3. 海滩资源效果监测分析与赋值

海滩资源效果评价指标包括沙滩面积指数、潮滩游乐指数、沙滩底质指数和潮滩侵淤指数，主要通过本章第二节海岸带整治修复工程实施前和实施后的海滩资源调查，对比分析以上4个评价指标数值变化，进行综合赋值。

（1）沙滩面积指数变化：大连金石滩海岸带整治修复工程实施前，东段海滩沙滩长度为2500 m，总沙滩面积为11.01 hm^2；西段海滩沙滩长度为1500 m，总沙滩面积为8.35 hm^2。海岸带整治修复工程实施后，东段海滩沙滩长度为2500 m，总沙滩面积为12.12 hm^2；西段海滩沙滩长度为1650 m，总沙滩面积为20.48 hm^2。海岸带整治修复工程实施后沙滩面积增加了33.92%，沙滩面积指数变化综合赋值5.0。

（2）潮滩游乐指数变化：大连金石滩海岸带整治修复工程实施前，适宜游泳嬉水潮滩水域面积为42.59 hm^2，海岸带整治修复工程实施后，大连金石滩适宜游泳嬉水潮滩水域面积增加为44.74 hm^2。海岸带整治修复工程实施后，适宜游泳嬉水潮滩水域面积增加了5.05%，潮滩游乐空间增加不明显，潮滩游乐指数变化综合赋值3.0。

（3）沙滩底质指数变化：大连金石滩砂质海岸带整治修复工程实施前，沙滩表层沉积物平均底质指数为0.55；海岸带整治修复工程实施后，沙滩表层沉积物平均底质指数为0.65。大连金石滩海岸带整治修复工程实施后，沙滩表层沉积物底质指数增加了18.18%，沙滩底质指数变化综合赋值4.0。

（4）潮滩侵淤指数变化：大连金石滩砂质海岸带整治修复工程实施前，滩肩前缘存在明显的海岸侵蚀，海岸带整治修复工程实施过程中通过沙体置换，改善了潮滩剖面平衡形态，海岸带整治修复工程实施后一年，开展潮滩剖面高程测量，得到潮滩平均侵淤指数为0.82，潮滩剖面保持了80%以上，综合赋值4.0。

4. 社会经济效果分析

（1）最大游客指数：大连金石滩滨海旅游景区规划日最大接待游客量6.0万人，2018年现场调查，最大日游客量达到5.38万人次，最大游客指数为0.90，海岸日最大游客数量达到承载力的90%以上，综合赋值5.0。

（2）年总游客指数：大连金石滩滨海旅游景区规划年游客接待量1000万人次，实际调查发现旅游高峰期主要集中在每年的7月和8月，日游客量可达到7万人次；6月、9月、10月日游客量可达到4万人次，其他月份每月约10万人次，年游客总量估算为610万人次，年游客指数0.61，综合赋值4.0。

（3）旅游收益指数：根据大连经济技术开发区统计数据，大连经济技术开发区2018年旅游税收收入总值为30.50亿元，占区财政收入的8.2%，旅游收入主要来自区域内的大连金石滩旅游度假区，综合赋值3.0。

（4）旅游贡献指数：根据大连经济技术开发区统计数据，大连经济技术开发区2018年旅游对区域经济增长的贡献率为12.63%，属于该区的第四大产业，旅游对区域经济贡献较大，综合赋值4.0。

（5）公众满意度：2018年7月在大连金石滩海岸旅游区开展问卷调查，共向游客发放调查问卷80份，对海岸整治修复改善海岸环境满意问卷75份。94%以上公众对海岸整治修复工程很满意，属于公众十分满意级别，综合赋值5.0。

大连金石滩海岸整治修复工程效果各项评价指标标准赋值见表9－9。

表9－9　大连金石滩海岸带整治修复工程效果评价指标量化值

准则层	指标层	量化等级与标准				
		Ⅰ级（5.0）	Ⅱ级（4.0）	Ⅲ级（3.0）	Ⅳ级（2.0）	Ⅴ级（1.0）
自然环境效果	海岸地形坡度			√		
	落潮流速变化			√		
	半交换率变化			√		
	底质环境质量指数	√				

续表9-9

准则层	指标层	量化等级与标准				
		Ⅰ级 (5.0)	Ⅱ级 (4.0)	Ⅲ级 (3.0)	Ⅳ级 (2.0)	Ⅴ级 (1.0)
景观生态效果	景观自然度指数			√		
	景观丰富度指数			√		
	景观破碎度指数		√			
	景观主体度指数		√			
海滩资源效果	沙滩面积指数	√				
	潮滩游乐指数			√		
	沙滩底质指数		√			
	潮滩侵淤指数		√			
社会经济效果	最大日游客指数	√				
	年游客指数		√			
	旅游收益指数			√		
	旅游贡献指数		√			
	公众满意度	√				

二、海岸带整治修复工程综合效果计算

采用第七章的砂质海岸带整治修复工程效果模糊综合评价方法，计算大连金石滩砂质海岸带整治修复工程综合效果。由每层次指标因子权重向量 W_R 与其对应的模糊评价矩阵 R，通过模糊矩阵合并运算，得到上一级评价指标综合评价模糊向量：

$$B_i = W_R \cdot R = (b_{i1}, b_{i2}, \cdots, b_{im}) \quad (9.6-1)$$

其中："·"为广义模糊乘，上一层次的评价值等于本层次向量之和（$\sum_{i=1}^{n} B_i$）。

评价具体过程如下。

1. 指标层计算过程

$$B_D = W_D \cdot R = \begin{bmatrix} 1.0000 & 0.5429 & 0.4571 & 1.0000 \\ 1.0000 & 1.0000 & 1.0000 & 1.0000 \\ 0.5319 & 0.4681 & 1.0000 & 1.0000 \\ 0.2672 & 0.7328 & 0.5372 & 0.4628 \end{bmatrix}$$

$$
\cdot\begin{bmatrix} 0.6000 & 0.6000 & 1.0000 & 1.0000 \\ 0.6000 & 0.6000 & 0.6000 & 0.8000 \\ 0.6000 & 0.8000 & 0.8000 & 0.6000 \\ 1.0000 & 0.8000 & 0.8000 & 0.8000 \end{bmatrix}
$$

$$
=\begin{bmatrix} 0.6000 & 0.6000 & 0.5319 & 0.2672 \\ 0.3257 & 0.6000 & 0.2809 & 0.5862 \\ 0.2743 & 0.8000 & 0.8000 & 0.3223 \\ 1.0000 & 0.8000 & 0.8000 & 0.3702 \end{bmatrix}
$$

2. 因素层计算过程

$$
B_c = W_c \cdot R = \begin{bmatrix} 0.1512 & 0.5782 & 0.2706 & 0.0000 \\ 0.3218 & 0.1501 & 0.2239 & 0.3142 \\ 0.4253 & 0.3144 & 0.2603 & 0.0000 \\ 0.5071 & 0.2757 & 0.2172 & 0.0000 \end{bmatrix}
$$

$$
\bullet\begin{bmatrix} 0.6000 & 0.6000 & 0.8112 & 0.8534 \\ 0.6000 & 0.6000 & 0.8000 & 0.6925 \\ 1.0000 & 0.8000 & 0.8000 & 1.0000 \\ 0.0000 & 0.8000 & 0.0000 & 0.0000 \end{bmatrix}
$$

$$
=\begin{bmatrix} 0.0907 & 0.1931 & 0.3450 & 0.4328 \\ 0.3469 & 0.0901 & 0.2515 & 0.1909 \\ 0.2706 & 0.1791 & 0.2082 & 0.2172 \\ 0.0000 & 0.2514 & 0.0000 & 0.0000 \end{bmatrix}
$$

$$
= [0.7082, 0.7137, 0.8047, 0.8409]
$$

3. 准则层计算过程

$$
\begin{aligned} B_B = W_B \cdot R &= [0.1951, 0.2267, 0.2961, 0.2821] \\ &\cdot [0.7082, 0.7137, 0.8047, 0.8409] \\ &= [0.1382, 0.1618, 0.2383, 0.2372] \end{aligned}
$$

4. 目标层评价结果

$$
A = \sum_{i=1}^{4} B_{Bi} = 0.7755
$$

三、海岸带整治修复工程综合效果模糊评价结果分析

大连金石滩砂质海岸带整治修复工程效果综合评价各层级评价指标的综合评价值见表9-10。大连金石滩砂质海岸带整治修复工程效果综合评价值为0.7755，按照砂质海岸带整治修复工程效果评价分级标准，0.7755 > 0.75，而属于I级标准，大连金石滩砂质海岸带整治修复工程综合效果为优秀。在大连金石滩砂质海岸带整治修复工程效果综合评价值中，沙滩资源效果贡献最大，贡献率为30.73%；其次为社会经济效果，贡献率为30.59%；景观生态效果和自然环境效果的贡献率分别为20.86%、17.82%。

表9-10　大连金石滩海岸带整治修复工程效果评价指标的评价值

目标层评价值	准则层评价值	因素层评价值	指标赋值
大连金石滩海岸整治修复工程综合效果 A0.7755	自然环境效果 B1 0.7082	海岸地形 C10.8000	海岸地形坡度 D1 3.0
		海洋水文水动力 C20.6000	落落潮流速变化指数 D2 3.0
			水体半交换变化率 D3 3.0
		海洋环境质量 C30.6000	环境质量指数 D4 5.0
	景观生态效果 B3 0.7137	景观自然度 C40.6000	景观自然度指数 D5 3.0
		景观丰富度 C50.6000	景观丰富度指数 D6 3.0
		景观破碎度 C60.8000	景观破碎度指数 D7 4.0
		景观主体度 C70.8000	景观主体度指数 D8 4.0
	沙滩资源效果 B3 0.8047	沙滩规模 C80.8112	沙滩面积指数 D9 5.0
			潮滩游乐指数 D10 3.0
		沙滩质量 C90.8000	沙滩底质指数 D11 4.0
		沙滩形态 C100.8000	潮滩侵淤指数 D12 4.0
	社会经济效果 B4 0.8409	社会效果 C110.8534	最大日游客指数 D13 5.0
			年游客指数 D14 4.0
		经济效果 C120.6925	旅游收益指数 D15 3.0
			旅游贡献指数 D16 4.0
		公众认可度 C131.0000	公众满意度 D17 5.0

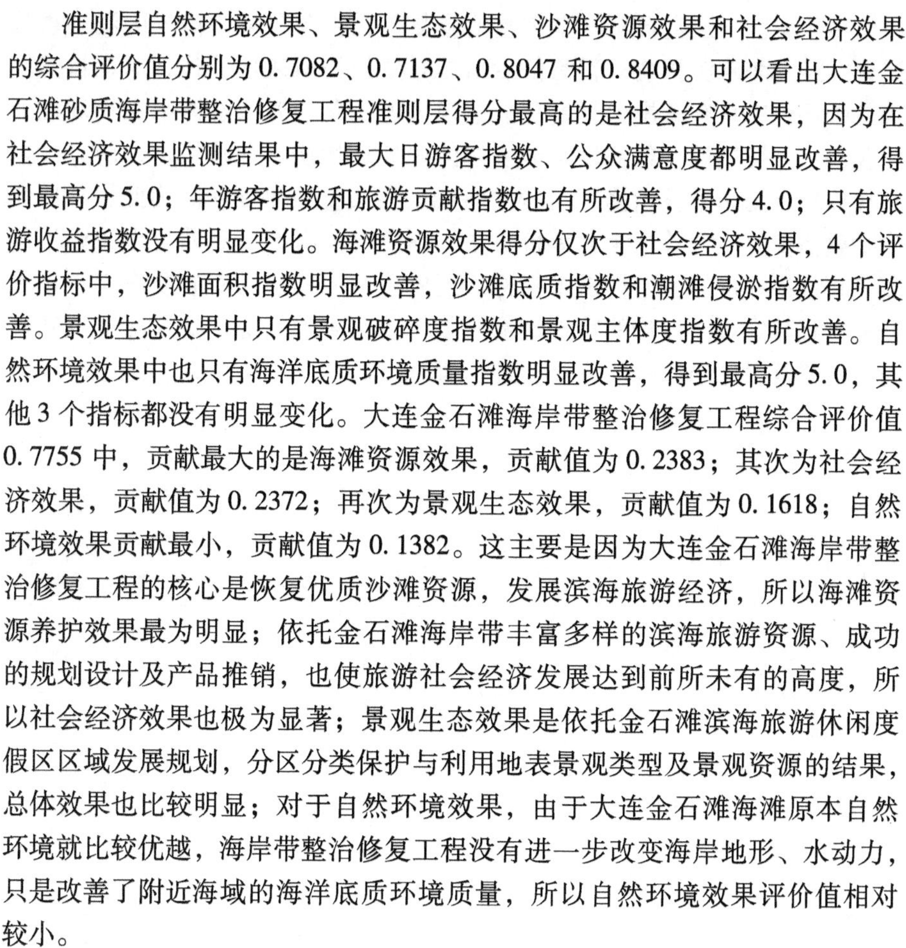

准则层自然环境效果、景观生态效果、沙滩资源效果和社会经济效果的综合评价值分别为0.7082、0.7137、0.8047和0.8409。可以看出大连金石滩砂质海岸带整治修复工程准则层得分最高的是社会经济效果，因为在社会经济效果监测结果中，最大日游客指数、公众满意度都明显改善，得到最高分5.0；年游客指数和旅游贡献指数也有所改善，得分4.0；只有旅游收益指数没有明显变化。海滩资源效果得分仅次于社会经济效果，4个评价指标中，沙滩面积指数明显改善，沙滩底质指数和潮滩侵淤指数有所改善。景观生态效果中只有景观破碎度指数和景观主体度指数有所改善。自然环境效果中也只有海洋底质环境质量指数明显改善，得到最高分5.0，其他3个指标都没有明显变化。大连金石滩海岸带整治修复工程综合评价值0.7755中，贡献最大的是海滩资源效果，贡献值为0.2383；其次为社会经济效果，贡献值为0.2372；再次为景观生态效果，贡献值为0.1618；自然环境效果贡献最小，贡献值为0.1382。这主要是因为大连金石滩海岸带整治修复工程的核心是恢复优质沙滩资源，发展滨海旅游经济，所以海滩资源养护效果最为明显；依托金石滩海岸带丰富多样的滨海旅游资源、成功的规划设计及产品推销，也使旅游社会经济发展达到前所未有的高度，所以社会经济效果也极为显著；景观生态效果是依托金石滩滨海旅游休闲度假区区域发展规划，分区分类保护与利用地表景观类型及景观资源的结果，总体效果也比较明显；对于自然环境效果，由于大连金石滩海滩原本自然环境就比较优越，海岸带整治修复工程没有进一步改变海岸地形、水动力，只是改善了附近海域的海洋底质环境质量，所以自然环境效果评价值相对较小。

以滨海旅游休闲娱乐产业发展为导向的砂质海岸带整治修复工程，其整治修复效果不仅体现在海滩资源修复效果，还体现在海岸带景观生态、社会经济、自然环境多个方面。采用本书第七章研究建立的砂质海岸带整治修复工程模糊综合评价方法，大连金石滩海岸带整治修复工程效果综合评价应用实践结果表明，这种砂质海岸带整治修复工程多层次模糊综合评价方法，可以将砂质海岸带整治修复工程效果进行分层次分类别呈现，便于工程实施者、管理者、决策者等不同群体全面详细了解海岸带整治修复工程的实施效果。虽然大连金石滩海岸带整治修复工程效果综合评价结论为优秀，但各评价指标之间的差异还是比较明显，社会经济效果评价得分为0.8409，沙滩资源效果评价得分为0.8047，都在0.75分以上，属于实施效果优秀等级；景观生态效果评价得分为0.7137，自然环境效果评价得分为0.6541，都在0.50分以上，属于实施效果良好等级。

由于本次大连金石滩海岸带整治修复工程主要是整治修复因溢油事故受到污染的海滩沉积物，整治修复措施是置换海滩表层沙体，但在自然环境效果评价中只有海岸地形变化、潮流流速变化、海湾水体半交换周期变化及海水环境质量变化，没有涉及海滩底质环境质量评价指标，所以没能直接体现出海岸带整治修复工程的海滩底质质量效果变化。为此，砂质海岸带整治修复工程效果综合评价方法，不仅要具有针对砂质海岸带整治修复工程效果评价的普遍性需求指标，还应该研究构建针对砂质海岸带整治修复工程特定效果评价的特殊性需求指标或可替换指标，这样才能反映针对特定修复目标的海岸带整治修复工程综合效果。

参考文献

[1] 杨世伦. 海岸环境与地貌过程导论 [M]. 北京：海洋出版社，2003：2 –5.

[2] 于永海，索安宁. 围填海适宜性评价与实践 [M]. 北京：海洋出版社，2014：22 –28.

[3] 张明慧，孙昭晨，梁书秀，等. 海岸整治修复国内外研究进展与展望 [J]. 海洋环境科学，2017，36（4）：635 –640.

[4] 夏东兴，王文海，武桂秋，等. 中国海岸侵蚀述要 [J]. 地理学报，1993，48（5）：468 –476.

[5] 蔡锋译. 海滩养护理论与实践 [M]. 北京：海洋出版社，2010：163 –168.

[6] 余兴广，郑森林，卢昌义. 厦门海湾生态系统退化的影响因素及生态修复意义 [J]. 生态学杂志，2006，25（8）：974 –977.

[7] 关道明. 中国滨海湿地 [M]. 北京：海洋出版社，2012：244 –249.

[8] 李光天，符文侠. 我国海岸侵蚀及其危害 [J]. 海洋环境科学，1992，11（1）：53 –58.

[9] 庄振业，曹立华，李兵，等. 我国海滩养护现状 [J]. 海洋地质与第四季地质，2011，31（3）：133 –139.

[10] 何起祥. 我国海岸带面临的挑战与综合治理 [J]. 海洋地质动态，2002，18（4）：1 –5.

[11] 沈焕庭，胡刚. 河口海岸侵蚀研究进展 [J]. 华东师范大学学报（自然科学版），2006，6：1 –8.

[12] 刘健. 美国切萨皮克湾的综合治理 [J]. 世界农业，1993，3：8 –10.

[13] 上岛英机，宝田盛康，汤浅一郎. 濑户内海的环境创造技术及适用性研究 [R]. 综合的海洋研究环境保全，2001，49：1 –49.

[14] 赵薛强，林桂兰. 海湾综合整治与资源环境优化研究进展 [J]. 海洋环境科学，2011，30（5）：752 –756.

[15] BYRNES M R，HILAND M W. Large scale sediment transport patterns on the continental shelf and influence on shoreline response St. Andrew Sound，Georgia to Nassau Sound，Florida，USA [J]. Marine Geology，1995，126：19 –43.

[16] YUKSEK O, ONSOY H, BIRBEN A R, et al. Coastal erosion in eastern Black Sea region, Turkey [J]. Coastal engineering, 1995, 26: 225-239.

[17] TODD L, WALTON J. Even odd analysis on a complex shoreline [J]. Ocean engineering, 2002, 29: 711-719.

[18] THAMPANYA U, VERMAAT J E, SINSAKUL S, et al. Coastal erosion and mangrove progradation of southern Thailand [J]. Estuarine, coastal and shelf sciences, 2006, 68: 75-85.

[19] 侯庆志，陆永军，王建，等. 河口与海岸滩涂动力地貌过程研究进展 [J]. 水科学进展，2012，23 (2)：286-294.

[20] 樊杜军，虞志英，金镠. 淤泥质岸滩侵蚀堆积动力机制及剖面模式：以连云港地区淤泥质海岸为例 [J]. 海洋学报，1997，19 (3)：77-85.

[21] 庄克琳，庄振业，李广雪. 海岸侵蚀的解析模式 [J]. 海洋地质与第四季地质，1998，18 (2)：97-102.

[22] LEONT Y. Numerical modeling of beach erosion during storm event [J]. Coastal engineering, 1996, 29: 187-200.

[23] RAUDKIVI A J, DETTE H H. Reduction of sand dem and for shore protection [J]. Coastal engineering, 2002, 45: 239-259.

[24] WANG P, KRAUS N C. Movable-bed model investigation of groin notching [J]. Journal of coastal research, 2004, 38: 342-368.

[25] BADIEI P, KAMPHUIS J W, HAMILTON D G. Physical experiments on the effect of groins on shore morphology [Z]. Proceedings of the 24 th International Conference on Coastal Engineering, 1994, 1782-1796.

[26] GRANENS M B, WANG P. Data report: laboratory testing of longshore sand transport by waves and currents; morphology change behind headland structures [Z]. Coastal and hydraulics laboratory, U. S. army engineer research and development center, ERDC/CHL TR-07-08, 2007.

[27] MIMURA N, SHIMIZU T, HORIKAWA K. Laboratory study on the influence of detached breakwater on coastal change [J]. Proceedings of the coastal structure, 1983, 83: 740-752.

[28] SAKASHITA T, SATO S, TAJIMA Y. Alongshore extension of beach erosion around a larg-scale structure. The proceedings of the coastal sediments, 2011 [Z]. Singapore: World Scientific Publishing Company, 2011: 952

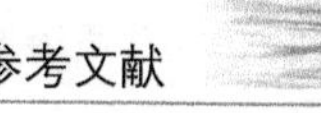

-964.

[29] STEIJN R, ROELVINK D, RAKHORST D, et al. North-coast of texel: a comparison between reality and prediction [J]. Proceedings of the 26 th International conference on coastal engineering. American society of civil engineers, 1998: 2281-2293.

[30] GELFENBAUM G, ROELVINK J A, MEIJS M, et al. Process-based morphological modeling of gray harbor inlet at decadal timescales [Z]. Proceedings of coastal sediments, 2003: 1195-1209.

[31] LANCHI C N, MORM C. Marine biodiversity of the Mediterranean Sea: situation, problems and prospects for future research [J]. Marine pollution bulletin, 2000, 40 (5): 367-376.

[32] ZAITSEV Y, MAMAEV V. Marine biological diversity in the Black Sea [M]. New York: United Nations Publications, 1997: 137-148.

[33] 徐谅慧，李加林，李伟芳，等. 人类活动对海岸带资源环境的影响研究综述 [J]. 南京师范大学（自然科学版），2014，37（3）：124-131.

[34] 安鑫龙，齐遵利，李雪梅，等. 中国海岸带研究Ⅱ——海岸带生态环境问题及其解决途径 [J]. 安徽农业科学，2008，36（27）：11967-11969.

[35] HANSON H, BRAMPTON A, CAPOBIANCO M, et al. Beach nourishment projects, practices and objectives-a European overview [J]. Coastal engineer, 2002, 47 (2): 81-111.

[36] 宋向群，郭子坚，陈士荫. 星海湾人工浴场的规划设计研究 [J]. 土木工程学报，2005，38（4）：134-140.

[37] 季耀华，初新杰，徐松森，等. 飞雁滩油田岸滩防护方案探索 [J]. 海洋地质动态，2005，21（6）：5-8.

[38] 蔡峰，苏贤泽，高智勇，等. 闽粤交界的大埕湾岸滩稳定分析及岸滩防护对策 [J]. 台湾海峡，2003，22（3）：518-525.

[39] 蔡峰，苏贤泽，刘建辉，等. 全球气候变化背景下我国海岸侵蚀问题及防范对策 [J]. 自然科学进展，2008，18（10）：1093-1103.

[40] 罗时龙，蔡峰，王厚杰. 海岸侵蚀及其管理研究的若干问题 [J]. 地球科学进展，2013，28（11）：1239-1247.

[41] 喻国华，施世宽. 江苏省吕四岸滩侵蚀分析及整治措施 [J]. 海洋工程，1985，3（3）：26-37.

[42] 董吉田，吕常五. 胶州湾东北部岸滩改造方案的讨论 [J]. 黄渤海海洋，1993，11（4）：73-79.

[43] 王光禄. 海湾沙滩修复研究 [D]. 厦门：国家海洋局第三海洋研究所，2008.
[44] 季小梅，张永战，朱大奎. 三亚海岸演变与人工海滩设计研究 [J]. 第四纪研究，2007，27 (5)：853 - 860.
[45] 杨燕雄，张甲波. 静态平衡岬湾海岸理论及其在黄、渤海海岸的应用 [J]. 海岸工程，2007，26 (2)：38 - 46.
[46] 张振克. 美国东海岸海滩养护工程对中国砂质海滩旅游资源开发与保护的启示 [J]. 海洋地质动态，2002，18 (3)：23 - 27.
[47] 耿宝磊，高峰，王元战. 大连普湾新区海湾整治工程泥沙基本水力特征试验研究 [J]. 泥沙研究，2013，2：60 - 66.
[48] 黄华梅，谢健，娄全胜，等. 利用疏浚泥修复和重建滨海湿地案例分析及在我国的应用前景 [J]. 海洋环境科学，2011，30 (6)：866 - 871.
[49] 庄振业，曹立华，李兵，等. 我国海滩养护现状 [J]. 海洋地质与第四季地质，2011，31 (3)：133 - 139.
[50] 张伟，吴建政，朱龙. 威海湾岸滩整治工程冲淤趋势 [J]. 海洋湖沼通报，2009，2：137 - 142.
[51] 邓宗成. 胶州湾东北部海域水环境综合整治规划探讨 [D]. 青岛：中国海洋大学，2008.
[52] 杨燕雄，张甲波. 治理海岸侵蚀的人工岬湾养滩综合法 [J]. 海洋通报，2009，28 (3)：92 - 98.
[53] 史莎娜，杨小雄，黄鹄. 海岛生态修复研究动态 [J]. 海洋环境科学，2012，31 (1)：145 - 152.
[54] 吴炎. 长江口南支下段扁担沙护滩工程整治效果分析 [J]. 水运工程，2012，11：145 - 150.
[55] 罗肇森. 珠江黄埔新沙港回淤计算方法及河口拦门沙治理问题研究 [R]. 南京：南京水利科学研究院河港研究所，1985.
[56] 侯庆志，陆永军，王建，等. 河口与海岸滩涂动力地貌过程研究进展 [J]. 水科学进展，2012，23 (2)：286 - 294.
[57] 杨雯，王永红，杨燕雄. 海滩养护工程质量评价研究进展 [J]. 海岸工程，2016，35 (1)：75 - 84.
[58] BENEDET L，FINKL C W，HARTOG W M. Processes controlling development of erosional hot spots on a beach nourishment project [J]. Journal of coastal research，2007，23 (1)：33 - 48.
[59] BROEDER A E，DEAN R G. Montoring and comparison to predictive mod-

els of the Predido key beach nourishment project, Florida, USA [J]. Coastal engineering, 200, 39 (2-4): 173-191.

[60] CAPOBIANCO M, HANSON H, LARSON M, et al. Nourishment design and evaluation: applicability of model concepys [J]. Coastal engineering, 2002, 47 (2): 113-135.

[61] LEONARD L A, DIXON K L, PILKEY O H. A comparison of beach replenishment on the U. S. Atlantic, Pacific and Gulf coasts [J]. Journal of coastal research, 1990, SI6: 127-140.

[62] VANR. Beach restoration and beach nourishment [EB/OL]. [2012-08-08]. http://www.leovanrijn-sediment.com/.

[63] DEAN R G. Beach nourishment, the theory and practice [M]. Singapore: World Scientific, 2002.

[64] HAMM L, CAPOBIANCO M, DETTE H H, et al. A summary of European experience with shore nourishment [J]. Coastal engineering, 2002, 47 (2): 237-264.

[65] 胡广元，庄振业，高伟. 欧洲各国海滩养护概观和启示［J］. 海洋地质动态，2008，24（12）：29-33.

[66] ROELSE P. Beach and dune nourishment in the Netherlands [J]. Coastal engineering, 2012: 1984-1997.

[67] HILLEN R, ROELSE P. Dynamic preservation of the coastline in the Netherlands [J]. Journal of coastal conservation, 1994, 1 (1): 17-28.

[68] POSFORD D. Review of lincshore renourishment strategy study [R]. Anglian region: Report prepared for the environment agency, 1998.

[69] SIMM J D, BRAMPTON A H, BEECH N W, et al. Beach management manual [M]. London: ConstructionIndustry Research and Information Association (CIRIA), 1996.

[70] JAMES W R. Techniques in evaluating suitability of borrow material for beach nourishment [R]. Vicksburg, MS: US Army corps of Engineers, Coastal Engineering Research Center, 1975.

[71] 雷刚，刘根，蔡峰. 厦门岛会展中心海滩养护及其对我国海岸防护的启示［J］. 应用海洋学报，2013，32（3）：305-315.

[72] 包敏，王永红，杨燕雄，等. 北戴河西海滩人工养护前后沉积物粒度变化特征［J］. 海洋地质前沿，2010，26（9）：25-34.

[73] 褚智慧，王永红，庄振业. 北戴河中海滩人工养护前后沉积物粒度变

化特征［J］. 海洋地质前沿，2013，29（2）：62－70.

［74］刘修锦，王永红，杨燕雄，等. 海滩养护后剖面变化过程研究－以北戴河西海滩和中海滩为例［J］. 海洋地质前沿，2013，29（2）：53－61.

［75］邱若峰，杨燕雄，庄振业，等. 养护海滩形态演变特征及时空差异性分析［J］. 海洋地质与第四纪地质，2017，（3）：67－74.

［76］包敏. 人工养护后海滩地貌及沉积特征研究［D］. 青岛：中国海洋大学，2010.

［77］段以隽. 海州湾沙滩修复整治效果研究［D］. 南京：南京师范大学，2015.

［78］康瑾瑜，孙京敏，赵林. 秦皇岛近岸海域环境综合整治效果及防治对策［J］. 中国环境管理干部学院学报，2015，25（1）：39－91.

［79］于文胜，王远飞，梁玉，等. 黄河三角洲湿地植被演替规律及生态修复效果研究［J］. 山东林业科技，2011，193（2）：31－34.

［80］管博，于君宝，陆兆华. 黄河三角洲重度退化滨海湿地盐地碱蓬的生态修复效果［J］. 生态学报，2011，31（17）：4835－4840.

［81］李元超，兰建新，郑新庆，等. 西沙赵述岛海域珊瑚礁生态修复效果的初步评价［J］. 应用海洋学报，2014，33（3）：348－353.

［82］张悦，刘长安，宋永刚，等. 滨海湿地植物修复效果监测与评价方法研究［J］. 海洋环境科学，2013，32（4）：544－546.

［83］赵薛强. 海湾综合整治研究——以茅尾海为例［D］. 厦门：国家海洋局第三海洋研究所，2011.

［84］张明慧，孙昭晨，梁书秀，等. 基于高空间分辨率卫星遥感影像的砂质海岸空间整治效果分析——以营口月亮湾为例［J］. 海洋通报，2017，36（5）：594－600.

［85］ZHANG M H，SUN Z C，SUN J W，et al. Evaluation method for effective of coastal repairing in Moon bay of Yingkou，China［J］. Journal of coastal research，2018，82（SI）：186－192.

［86］美国海岸工程研究中心. 海滨防护手册（卷一）［M］. 北京：海洋出版社，1988：313－324.

［87］庄振业，曹立华，李兵，等. 我国海滩养护现状［J］. 海洋地质与第四纪地质，2011，31（3）：133－139.

［88］VINAU C，HAMISH G R. Literature review of beach awards and rating systems［R］. New Zealand：The University of WaikatoHamilton，2005，1－74.

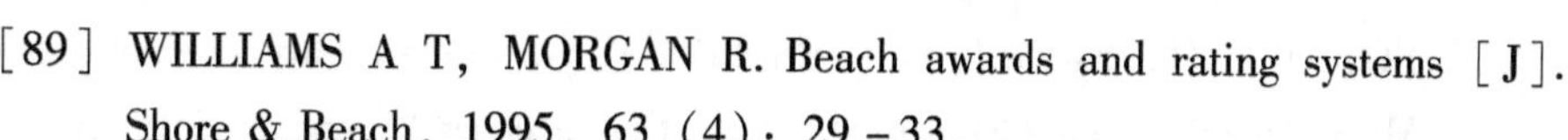

[89] WILLIAMS A T, MORGAN R. Beach awards and rating systems [J]. Shore & Beach, 1995, 63 (4): 29 -33.

[90] 蔡锋. 中国海滩养护手册 [M]. 北京: 海洋出版社, 2015: 318 -335.

[91] MASSELINK G, SHORT A D. The effect of tide range on beach morphodynamics, a conceptual model [J]. Journal of coastal research, 1993, 9: 785 -800.

[92] 于吉涛, 陈子鑫. 砂质海岸侵蚀研究进展 [J]. 热带地理, 2009, 29 (2): 112 -118.

[93] STAINS A T, OZANNE-SMITH J. Feasibility of identifying family friendly beaches along Victoria's coastline [J]. Accident research centre, monash university, victoria, 2002.

[94] 庄振业, 曹立华, 李兵, 等. 我国海滩养护现状 [J]. 海洋地质与第四纪地质, 2011, 31 (3): 133 -139.

[95] SHORT A D, HOGAN C L. Rip currents and beach hazards: their impact on public safety and implications for coastmanage [J]. Journal of coastal research, 1994, SI (12): 197 -209.

[96] NELSON C, MORGAN R, WILLIAMS A T. Beach awards and management [J]. Ocean & coastal management, 2000, 43 (1): 87 -97.

[97] 李红柳, 李小宁, 侯晓珉, 等. 海岸带生态恢复技术研究现状及存在问题 [J]. 城市环境与城市生态, 2003, 16 (6): 36 -37.

[98] BADIEI P, KAMPHUIS J W, HAMILTON D G. Physical experiments on the effect of groins on shore morphology [J]. Proceedings of the 24th international conference on coastal engineering, 1994, 6: 1782 -1796.

[99] SHAL A A, TATE I R. Remote sensing and GIS for mapping and monitoring land cover and landuse changes in the Northwestern coast al zone of Egypt [J]. Applied geography, 2007, 27 (1): 28 -41.

[100] NUUYEN L D, VIET P B, MINH N T, et al. Change detection of land use and riverbank in Mekong Delta, Vietnam using time series remotely sensed data [J]. Journal of resources and ecology, 2011, 2 (4): 370 -374.

[101] RADAN A, LATIFI M, MOSHTAGHIE M, et al. Determining the sensitive conservative site in Kolah Ghazi National Park, Iran, in order to management wildlife by using GIS software [J]. Environment ecosystem science, 2017, 1 (2): 13 -15.

[102] SOUSA P H, SIEGLE E, TESSLER M G. Vulnerability evaluation of Massaguaçu' Beach (SE Brazil) [J]. Ocean coastal management, 2013, 77: 24 - 30.

[103] 李占海，柯贤坤，周旅复，等. 海滩旅游资源质量评比体系 [J]. 自然资源报，2000，15 (3)：229 - 235.

[104] 王永红，孙静，褚智慧. 海滩质量评价体系建立和应用——以山东半岛南部海滩为例 [J]. 海洋通报，2017，36 (3)：260 - 267.

[105] RAUDKIVI A J, DETTE H H. Reduction of sand demand for shore protection [J]. Coastal engineering, 2002, 45 (3 - 4): 239 - 259.

[106] 包四林，虞志英，刘苍字，等. 砂质海岸岸滩侵蚀演变模式探讨——以山东南部海岸侵蚀岸段的岸滩演变为例 [J]. 海洋工程，2003，21 (3)：94 - 99.

[107] 于帆，蔡锋，李文君，等. 建立我国海滩质量标准分级体系的探讨 [J]. 自然资源学报，2011 (4)：541 - 551.

[108] GOPALAKRISHNAN S, SMITH M D, SLOTT J M. The value ofdisappearing beaches: a hedonic pricing model with endogenous beach width [J]. Journal of environmental mangement, 2011, 61: 297 - 310.

[109] ALEXANDRAKIS G, GHIONIS G, POULOS S. An holistic approach to beach erosion vulnerability evaluation [J]. Scientific report, 2014, 4: 6078.

[110] PETRAKIS S, ALEXANDRAKIS G, POULOS S. Recent and future trends of beach zone evolution in relation to its physical characteristics: the case of the Almiros bay (island of Crete, South Aegean Sea) [J]. Journal of global nest, 2013, 16: 104 - 113.

[111] WANG P, KRAUS N C. Movable-bed model investigation of groin notching [J]. Journal of coastal research, 2004, 33 (SI): 342 - 368.

[112] SCOTTT, M G, Russell P. Morphodynamic characteristics and classification of beaches in England and Wales [J]. Marine geology, 2011, 286: 1 - 20.

[113] GRANENS M B, WANG P. Data report: laboratory testing of longshore sand transport by waves and currents; morphology change behind headland structures [C]. Coastal and HydraulicsLaboratory, U. S. Army Engineer Research and Development Center, ERDC/CHL TR - 07 - 08. 2007.

[114] BOSOM E, JIME'NEZ J A. Probabilistic coastal vulnerability evaluation to stormsat regional scale-application to Catalan beaches (NW Mediterranean). Nat. Hazards Earth System [J]. Science, 2011, 11: 475-484.

[115] HINKEL J. A global analysis of erosion of sandy beaches and sea-level rise: anapplication of DIVA [J]. Global planet change, 2013, 111: 150-158.

[116] ALEXANDRAKIS G, GHIONIS G, POULOS S. The effect of beach rock formation on the morphological evolution of a beach. The case study of an eastern mediterranean beach: ammoudara, greece [J]. Journal of coastal research, 2013, SI (69): 47-59.

[117] VOUSDOUKAS M I, WZIATEK D, ALMEIDA L P. Coastal vulnerability evaluation based on video wave run-up observations at a meso-tidal, reflective beach [J]. Ocean dynamic, 2012, 62: 123-137.

[118] 陈述彭，鲁学军，周成虎. 地理信息系统导论 [M]. 北京：北京科学技术出版社，1999：18-20.

[119] 朱恩利，李建辉. 地理信息系统基础及应用教程 [M]. 北京：机械工业出版社，2006：10-15.

[120] SU F, ZHOU C, SHAO Q, et al. Analysis of spatial-temporal fluctuations of East China Sea fishery resources using GIS: environmental studies series [Z]. RODRIGUEZ G, Brebbia C. Southampton: WIT Press, 2000.

[121] 王家耀，周海燕，成毅. 关于地理信息系统与决策支持系统的探讨 [J]. 测绘科学，2003，28 (1)：1-4.

[122] 池天河，张新，王雷，等. 海洋立体监测信息网络服务体系 [J]. 华侨大学学报：自然科学版，2003，24 (4)：439-442.

[123] RASHID I, AHMAD J, SIAL A R, et al. Tetanus in a surgically castrated beetal buck: a case report [J]. Matrix Science Pharma, 2017, 1 (2): 25-26.

[124] SHOUYU C. Relative membership function and new frame of fuzzy sets theory for pattem recognition [J]. The journal of fuzzy mathematics, 1997, 5 (2): 401-411.

[125] TURNER M G, GARDNER R H. Quantitative methods in landscape ecology [M]. London: Springer-Verlag, 1991: 59- 63.

[126] SUO A N, WANG C, ZHANG M H. Analysis of sea use landscape pattern based on GIS: a case study in Huludao, China [J]. Springplus,

2016，5（1）：1587－1595.

[127] 肖笃宁. 景观生态学［M］. 北京：科学出版社，2010：215－229.

[128] 索安宁. 海岸空间开发遥感监测与评价［M］. 北京：科学出版社，2017：112－118.

[129] RALF S，ALEXEY V. Optization methodology for land use patterns using spatially explicit landscape models［J］. Ecological modelling，2002，151（2）：125－142.

[130] 田颖，沈红军. 基于 GIS 的江苏太湖流域景观格局优化［J］. 污染防治技术，2016，29（2）：5－8.

[131] JIANG M Z，CHEN H Y，CHEN Q H，et al. Study of landscape patterns of variation and optimization based on non-point source pollution control in an estuary［J］. Marine pollution bulletin，2014，87（1－2）：88－97.

[132] 李洪庆，刘黎明，郑菲，等. 基于水环境质量控制的高集约化农业景观格局优化研究［J］. 资源科学，2018，40（1）：44－52.

[133] 欧定华，夏建国. 基于粒子群算法的大城市近郊区景观格局优化研究——以成都市龙泉驿区为例［J］. 地理研究，2017，36（3）：553－572.

[134] 吴涛，赵冬至，张丰收，等. 基于高分辨率遥感影像的大洋河河口湿地景观格局变化［J］. 应用生态学报，2011，22（7）：1833－1840.

[135] 刘建涛. 北戴河中海滩二浴场养滩效果分析［J］. 海洋地质前沿，2014，30（3）：56，63.

[136] PIZZOLOTTO R，BRANDMAYR P. An index to evaluate landscape conservation state based on land-use pattern analysis and geograph icinfo rmation system techniques［J］. Coenoses，1996，11（1）：37244.

[137] 苏奋振. 海岸带遥感评价［M］. 北京：科学出版社，2015：244－249.

[138] 李成范，尹京苑，赵俊娟. 一种面向对象的遥感影像城市绿地提取方法［J］. 测绘科学，2011，36（5）：112－120.

[139] ARROYO L A，HEALEY S P，COHEN W B，et al. Using object-oriented classification and high-resolution imagery to map fuel types in a Mediterranean region［J］. Journal of geophysical research-biogeosciences，2006，11：11－19.

[140] JIN X，DAVIS C H. Automated building extracting from High-resolution satellite imagery in urban area using structural，contextual and spectral information［J］. Journal of applied signal processing，2005，14：2196－2206.

[141] PLATT R V, RAPOZA L. An evaluation of an object-oriented paradigm for land use/land cover classification [J]. The professional geographer, 2008, 60 (1): 87-100.

[142] SHACKFORD A K, DAVIS C H. A combined fuzzy pixel-based and object-based approach for classification of high-resolution Multispectral data over urban areas [C] //IEEE, Transactions on Geoscience and Remote Sensing, 2003, 41 (10): 2354-2363.

[143] CLEVE C, KELLY M, KEARNS F R, et al. Classification of the wild land-urban interface: a comparison of pixel and object-based classification using high-resolution aerial photography [J]. Computers, environment and urban systems, 2008, 32 (4): 317-326.

[144] 陶超，谭毅华，蔡华杰，等. 面向对象的高分辨率遥感影像城区建筑物分级提取方法 [J]. 测绘学报，2010，39 (1)：39-45.

[145] 田波，周云轩，郑宗生. 面向对象的河口滩涂冲淤变化遥感分析 [J]. 长江流域资源与环境，2008，17 (3)：419-423.

[146] 刘书含，顾行发，余涛，等. 高分一号多光谱遥感数据的面向对象分类 [J]. 测绘科学，2014，39 (12)：91-103.

[147] SU W, LI J, CHEN Y, et al. Textural and local spatial statistics for the object-oriented classification ofurban areas using high resolution imagery [J]. International journal of remote sensing, 2008, 29 (11): 3105-3117.

[148] CAO K, SUO A N, SUN Y G. Spatial-temporal dynamics analysis of coastal landscale pattern on driving force of human activities: a case in south Yingkou [J]. Applied ecology and environmental research, 2017, 15 (3): 923-937.

[149] 夏东兴. 海岸带地貌环境及其演化 [M]. 北京：海洋出版社，2009：8-15.

[150] 索安宁，曹可，初佳兰，等. 基于 GF-1 卫星遥感影像的海岸线生态化监测与评价研究 [J]. 海洋学报，2017，39 (1)：121-129.

[151] TARIQ W, HUSSAIN S Q, NASIR D A, et al. Experimental study on strength and durability of cement and concrete by partial replacement of fine aggregate with flyash [J]. Earth sciences pakistan, 2017, 1 (2): 7-11.

[152] ZHENG J, LI R J, YU Y H. Influence of wave and current flow on sediment-carrying capacity and sediment flux at the water-sediment interface

[J]. Water science & technology, 2014, 70 (6): 1090 - 1098.

[153] LEENDERTSE J, ALEXANDER R, LIU D. S. A three-dimensional model for estuaries and coastal seas: priciples of computations [M]. Santa Monica Califomia: Rand Coporation, 1973.

[154] MELLOR G L. Users guide for a three-dimensional, primitive equation, numerical ocean model [M]. Princeton: Princeton University, 1998: 1 - 56.

[155] HAO L, BAOSHU Y, DEZHOU X Y Y. Numerical simulation of tides and tidal currents in Liaodong bay with POM [J]. Natural science progress, 2005, 15 (1): 47 - 55.

[156] BACKHAUS J D. A three-dimensional model for the simnlation of shelf sea dynamics [J]. Deutsche Hydrografische Zeitschrift, 1985, 38 (4): 165 - 187.

[157] LAHAYE S, GOUILLON F, BARAILLE R, et al. A numerical scheme for modeling tidal wetting and drying [J]. Journal of geophysical research: oceans (1978—2012), 2011, 116 (C3): 149 - 159.

[158] 吴水波，尹翠芳，张乾，等. 近海王维数值模型简介 [J]. 污染防治技术，2010，23 (5)：17 - 19.

[159] LAHAYE S, GOUILLON F, BARAILLE R, et al. A numerical scheme for modeling tidal wetting and drying [J]. Journal of geophysical research: oceans (1978—2012), 2011, 116 (C3): 149 - 159.

[160] CHEN C, LIU H, BEARDSLEY R C. An unstructured grid, finite-volume, three-dimensional primitive equations ocean model: application to coastal ocean and estuaries [J]. Journal of atmospheric and oceanic technology, 2003, 20 (1): 159.

[161] FORMAN M G G, CZAJKO P, STUCCHI D J, et al. A finite volume model simulation for the broughton archipelago, Canada [J]. Ocean modelling, 2009, 30 (1): 29 - 47.

[162] LIANG S, OLASCOAGA M, HAND S. River runoff on circulation pattern over complex topography [C]. International offshore and polar engineering conference, greece, 2012: 1368 - 1374.

[163] WARREN I R, BACH H K. Mike 21: a modelling system for estuaries, coastal waters nd sea [J]. Environmental software, 1992, 7 (92): 229 - 240.

[164] 申宏伟. DEFT3D 软件在水利工程中的数值模拟 [J]. 水利科技与经济，2005，11 (7)：440 - 441.

[165] GUESSOUS L. Incorporating matlab and fluent in an introductory computational fluid dynamics course [J]. Computers in education journal，2004，14 (1)：82 - 91.

[166] ZHANG H，PANG Y，LI Y. Numerical simulation of hydrodynamic tests using fluent [J]. Journal of system simulation，2010，22 (3)：566 - 569.

[167] 单慧洁，张钟，汪一航，等. 温州瓯江近海建设工程环境影响潮软潮流数值模拟 [J]. 海洋通报，2014，33 (3)：250 - 258.

[168] CHEN C，BEARDSLEY R. An unstructured grid，finite-volume coastal ocean model fvcom user manual [Z]. Second editioned，2006.

[169] BOUCHER J M，CHEN C，SUN Y，et al. Effects of interannual environmental variability on the transport-retention dynamics in haddock melanogrammus aeglefinus larvae on georges bank [J]. Marine ecology progress series，2013，487 (8)：201 - 215.

[170] MELLOR G L，YAMADA T. Development of a turbulence closure model for geophysical fluid problems [J]. Review of geophysics and space physics，1982，20 (4)：851 - 875.

[171] MELLOR G，BLUMBERG A. Wave breaking and ocean surface layer thermal response [J]. Journal of physical oceanography，2004，34 (3)：693 - 698.

[172] 穆景利，王菊英，洪鸣. 海水水质基准的研究方法与我国海水水质基准的构建 [J]. 生态毒理学报，2010，5 (6)：761 - 768.

[173] 王菊英，穆景利，马德毅. 浅析我国现行海水水质标准存在的问题 [J]. 海洋开发与管理，2013，30 (7)：28 - 33.

[174] 穆景利，王董，王菊英. 我国海水水质基准的构建：以三丁基锡为例 [J]. 生态毒理学报，2010，5 (6)：776 - 786.

[175] 冯华. 浅谈水质评价方法 [J]. 水利科技与经济，2014，20 (3)：15 - 16.

[176] 胡颖. 新型水质综合评价体系及其在水质预警中的应用研究 [D]. 上海：华东师范大学，2014.

[177] 潘怡. 上海海域水质模糊综合评价及趋势预测研究 [D]. 上海：上海交通大学，2008.

[178] 刘粤生. 灰色关联分析法在珠江广州河段水环境评价中的应用 [J].

广东水利水电，2008，5：33－34.

[179] 李炳南，张文鸽. 基于灰色聚类决策的水环境质量评价［J］. 东北水利水电，2004，9（22）：51－53.

[180] 何桂芳. 用模糊数学对珠江口近20年来水质进行综合评价［J］. 海洋环境科学，2007，26（1）：53－57.

[181] 邓超冰. 北部湾北部海洋环境质量的模糊数学综合评价［J］. 海洋环境科学，1989，8（3）：42－47.

[182] 郦桂芬. 环境质量评价［M］. 北京：中国环境科学出版社，1989.

[183] 平仙隐，沈新强. 灰色聚类法在海水水质评价中的应用［J］. 海洋渔业，2006，28（4）：326－330.

[184] 郑琳，崔文林，贾永刚. 青岛海洋倾倒区海水水质模糊综合评价［J］. 海洋环境科学，2007，26（1）：38－41.

[185] 王菊英，韩庚辰，张志锋，等，国际海洋环境监测与评价最新进展［M］. 北京：海洋出版社，2010：102－110.

[186] YASIN M，KHAN M S，KHAN M R. The modal analysis of rocks in the dwelling of Poonch and Sudhunhoti，Azad Jammu and Kashmir，Pakistan［J］. Pakistan journal of geology，2017，1（2）：7－15.

[187] KUMAR T S，MAHENDRA R S，NAYAK S，et al. Coastal vulnerability evaluation for orissa state，east coast of India［J］. Journal of coastal research，2010，26（3）：523－534.

[188] TESFAMARIAM S，SADIP R. Risk-based environmental decision-making using fuzzyanalytic hierarchy process［J］. Stochastic environmental research and risk evaluation，2006，21：35－50.

[189] 李洪兴，旺培庄. 模糊数学［M］. 北京：国防工业出版社，1994：97－99.

[190] ZADEH L A. Fuzzy sets［J］. Information and control，1965，8（3）：338－353.

[191] ZADEH L A. Fuzzy sets as a basis for a theory of possibility［J］. Fuzzy sets and system，1978，1（1）：3－28.

[192] 蒋泽军. 模糊数学教程［M］. 北京：国防工业出版社，2004：36－44.

[193] 汪培庄，陈永义. 综合评判的数学模型［J］. 模糊数学，1983，1（1）：61－70.

[194] MILLETI，WEDLEY W C. Modelling risk and uncertainty with the analytic hierarchyprocess［J］. Journal of multi-criteria decision analysis，2002，

11：97－107.

［195］CHANG D Y. Application of the extent analysis method on fuzzy AHP［J］. European journal of operational research，1996，95（3）：649－655.

［196］金菊良，魏一鸣，丁晶. 基于改进层次分析法的模糊综合评价模型［J］. 水利学报，2004，25（3）：65－70.

［197］张吉军. 模糊层次分析法［J］. 模糊系统与数学，2000，14（2）：80－88.

［198］SAATY T L. Scaling method for priorities in hierarchical structures［J］. Journal of mathematical psychology，1977，15（3）：234－281.

［199］SAATY T L. The analytic hierarchy process［M］. New York：McGraw-Hill，1980.

［200］SAATY T L，VARGASL G. Inconsistency and rankpreservation［J］. Journal of mathematical psychology，1984，28（2）：205－214.

［201］MARYAM A，ASLAM S，SAIF S，et al. Statistical analysis of risk factors affecting the prognosis of biliaryatresia in infants［J］. Matrix Science Pharma，2017，1（2）：20－24.

［202］曹惠美，蔡锋，苏贤泽，等. 海滩养护和修复工程的动态平衡滨线设计研究——以浙江省苍南县炎亭湾海滩修复工程设计为例［J］. 应用海洋学学报，2018，37（2）：38－46.

［203］PETRAKIS S，ALEXANDRAKIS G，POULOS S. Recent and future trends of beach zone evolution in relation to its physical characteristics：the case of the Almiros bay（island of Crete，South Aegean Sea）［J］. Journal of global nest，2013，16：104－113.

［204］张明慧，孙昭晨，梁书秀，等. 砂质海岸整治修复效果模糊综合评价研究——以营口月亮湾为例［J］. 海洋通报，2019，38（6）：698－706.

［205］霍增辉，张玫. 基于熵值法的浙江省海洋产业竞争力评价研究［J］. 华东经济管理，2013，27（12）：10－13.

［206］RASHID I，AHMAD J，SIAL A R，et al. Tetanus in a surgically castrated beetal buck：a case report［J］. Matrix Science Pharma，2017，1（2）：25－26.

［207］SHOUYU C. Relative membership function and new frame of fuzzy sets theory for pattem recognition［J］. The journal of fuzzy mathematics，1997，5（2）：401－411.

［208］邹志红，孙靖南，任广平. 模糊评价因子的赌权法赋权及其在水质评

价中的应用［J］.环境科学学报，2005，25（4）：552－556.

［209］刘洪顺.变异系数赋权法对水准网平差定权方法的改进机［J］.地理空间信息，2012，10（4）：142－143.

［210］李章平，陈玉成，罗林坤，等.图书馆读者满意度测评中的3种定性因子赋权方法的［J］.西南师范大学学报（自然科学版），2010，35（2）：242－246.

［211］张坤军，席广永，张玲彬.基于变权法的模糊综合评判在地面沉降危害评价中的应用［J］.测绘通报，2009（1）：45－47.

［212］GEORGE A，SERAFIM E P. An holistic approach to beach erosionvulnerability evaluation［J］. Scientific reports，2014，4：6078.

［213］LEONT'YEV I O. Numerical modeling of beach erosion during storm event［J］. Coastal engineering，1996，29（1－2）：187－200.

［214］ZHENG J，LI R J，YU Y H，et al. Influence of wave and current flow on sediment-carrying capacity and sediment flux at the water-sediment interface［J］. Water science & technology，2014，70（6）：1090－1098.

［215］USMAN M，YASIN H，NASIR D A，et al. A case study of groundwater contamination due to open dumping of municipal solid waste in Faisalabad，Pakistan［J］. Earth Sciences Pakistan，2017，1（2）：12－13

［216］曹惠美，蔡锋，苏贤泽，等.海滩养护和修复工程的动态平衡滨线设计研究——以浙江省苍南县炎亭湾海滩修复工程设计为例［J］.应用海洋学学报，2018，37（2）：38－46.

［217］HOUSTON J R. The economic value of beaches：a 2013 update［J］. Shore beach，2013，81：3－11.

［218］保继刚，梁飞勇.滨海沙滩旅游资源开发的空间竞争分析：以茂名市沙滩开发为例［J］.经济地理，1991，2：89－93.

［219］ALEXANDRAKIS G，POULOS S，PETRAKIS S. The development of a beach vulnerability index（BVI）for the evaluation of erosion in the case of the NorthCretan Coast（Aegean Sea）. Hell［J］. Journal of geoscience，2010，45：11－22.

［220］刘明，毕远博，龚艳君，等.典型海湾生态环境综合整治对策的初步研究——以辽宁省锦州湾和葫芦山湾为例［J］.大连海洋大学学报，2014，29（3）：272－275.

［221］ÖZYURT G，ERGIN A. Improving coastal vulnerability evaluations to sea-level rise：a new indicator-based methodology for decision makers［J］.

Journal of coastal research, 2010, 26 (2): 265 - 273.

[222] 刘建涛. 北戴河中海滩二浴场养滩效果分析 [J]. 海洋地质前沿, 2014, 30 (3): 56 - 63.

[223] SHAHZAD A, MUNIR M H, YASIN M, et al. Biostratigraphy of early eocene margala hill limestone in the Muzaffarabad area (Kashmir Basin, Azad Jammu and Kashmir) [J]. Pakistan journal of geology, 2017, 1 (2): 16 - 20.